와인의 역사

A Natural History of Wine
by Ian Tattersall and Rob DeSalle

A Natural History of

와인의 역사

Wine

이언 태터솔 Ian Tattersall · 롭 디샐 Rob DeSalle 지음

허원 옮김

한울

차례

우리가 가장 좋아하는 와인 전문가

진, 에린, 마세오에게

서문

당신이 마주한 이 특이한 책은 분자생물학자와 인류학자가 공동으로 작업한 결과물이다. 우리는 뇌의 진화, 인종 개념 등 인류와 관련된 주제에 대한 책을 여러 권 같이 집필했으며, 미국자연사박물관에서 같이 일하는 큐레이터이다. 당연히 같이 작업을 하면서 함께 어울리는 시간이 많았고, 책을 쓸 때는 항상 높은 수준의 영감이 필요하므로 머리를 긁적이다 보면 와인을 엄청나게 마시는 경우가 많았다. 그리고 일단 와인을 마시기 시작하면, 더구나 좋은 와인을 마실 때면, 대화의 주제는 자연스럽게 왜 인간은 술을 마시게 되었는지로 흘러갔다. 와인은 이런 술이다. 우리의 감각을 종합적으로 자극하는 술이기에 뒷전으로 제쳐두기는 어렵다. 그럼에도 와인과 치즈가 곁들여진 가증스러운 리셉션에서는 모두, 아무리 잘해도 와인은 배경을 장식하는 음료로 전락한다. 와인을 알아가는 것이 즐거움보다는 영화 〈솜SOMM〉에서 묘사된 것처럼 자의식적이고 지식에 대해 강박을 느끼게 해서는 곤란하다. 와인은 매혹적이고 만족감을 주며, 무엇보다도 편안한 기억으로 남아야 한다.

우리는 대화를 이어갈수록 와인이 물리학, 화학, 분자유전학, 체계생물학, 진화론, 고생물학, 신경생물학, 생태학, 고고학, 영장류학, 인류학에 이르기까지 거의 모든 주요 과학 분야에서 중요한 위치에 있다는 것을 깨닫게 되었다. 그리고 이 복잡한 음료가 무엇인지, 어디에서 왔는지, 우리가 어떻게 반응하는지와 같은 여러 주제에 대해 이해하게 되면서 와인이라는 음료를 즐기는 것이 얼마나 큰 도움이 되는지 알게 되었다. 따라서 이 책은 우리가 와인에 관해 나눈 많은 대화의 의도치 않은 결과물인데, 결과적으로 우리가 이전에 생각했던 것보다 훨씬 더 고차원의 내용을 포함하게 되었다.

물론 이런 종류의 전문 서적은 결코 무에서 유를 창조하듯이 쓴다는 것은 불가능하다. 수년 동안 우리는 여러 와인 전문가 및 애호가들과 교류했고, 많은 도움을 받아왔다. 전문가에 관해 언급하자면 특히 고대 와인에 대한 권위자 패트릭 맥거번과 세계 와인에 대한 방대한 지식을 겸비한 로리 캘러헌에게 빚진 마음을 전하고 싶다. 전문가 못지않은 아마추어 와인 애호가 중에서는 닐 타이슨, 마이크 더줄라이티스, 마티 곰버그에게 특히 감사드린다. 이들 모두 우리가 접할 수 없었을 멋진 와인을 많이 소개해 주었다. 비비언 슈워츠와 잔 켈리도 친절하게 원고를 읽고 의견을 제시해 주었으며, 익명의 검토자 세 명도 매우 유용한 도움을 주었다. 이 책은 예일 대학교 출판부의 편집자 진 톰슨 블랙의 열정적인 지원과 의견, 그리고 제작 과정을 함께한 새먼더 오스트로스키의 인내와 배려가 없었다면 결코 탄생할 수 없었을 것이다. 또한 원고를 엄격하게 다듬어준 원고 편집자 수전 레니어티와 시각적인 측면에서 함께 작업하는 것이 늘 즐거웠던 뛰어난 일러스트레이터 퍼트리샤 윈에게도 매우 감사한다. 또한 책의 우아한 디자인을 담당한 낸시 오베도비츠에게도 감사드린다.

1

와인의 뿌리

와인과 사람

"아레니 컨트리, 레드 드라이 테이블 와인"이라고 쓰인 라벨에는

특별할 게 없어 보였다.

뉴욕의 겨울 아침에, 아르메니아의 어느 구석에서 만들어진

이름 없는 와인에 대해 기대는 크지 않았다.

그러나 선홍색 과일과 검은 체리 향이 잔에서 솟아올랐고,

입맛을 돋울 만큼의 식감이 느껴지자 정말 놀라웠다.

게다가 와인의 발상지에서

겨우 몇 킬로미터 떨어지지 않은 곳에서 생산된 와인이었다.

거대한 아라라트Ararat산의 그림자 아래 있는 아르메니아의 수도 예레반Yerevan을 뒤로하고 남서쪽으로 향한다. 두 시간 정도 운전해서, 가장 오래된 와인 양조장에 도착했다. 소캅카스Lesser Caucasus 산악 지형의 거칠고 투박한 화산 고원을 가로질러 구불구불한 길을 따라 이곳 경사면에 이어서 펼쳐진 갈색 초원과 풍화된 산등성이를 지나 걷노라면, 어디 포도가 한 송이라도 자랄까 의심이 든다. 와인을 사랑하는 사람이 보기에 약속의 땅은 아니다. 하지만 잠시 후에, 어딘가 졸졸 흐르는 강줄기에서 생겨난 작고 푸른 오아시스가 눈앞에 펼쳐질 것이다. 바로 과수나무, 포도밭, 벌통 밭으로 이루어진 마을이다. 이 외딴 농경지의 중심에 '아레니Areni' 마을이 있다. 마을의 작은 건물들은 주변의 수풀에 가려 거의 보이지 않는다. 이 작은 마을을 아는 사람은 많지 않지만, 마을 이름은 잘 알려져 있다. 아르메니아 여러 지역에서 생산되는 와인 라벨에 "아레니"라고 쓰여 있다. 아레니는 현재 주요 와인 생산지는 아니지만, 아르메니아의 최고급 와인용 포도 이름이 이곳에서 유래했기 때문이다.

아르메니아에 와인을 마시러 온 방문자는 모두 짙은 루비색을 띤 아레니 와인을 한두 병 맛보게 된다. 그리고 운이 좋다면, 쉽게 잊히지 않는 은은한 향기, 묵직한 목 넘김, 마시고 나서도 머무르는 무르익은 자두와 흑체리의 풍미를 경험한다. 최고의 아레니 와인을 삼키고 나면 바로 검은 후추 맛이

감돌기도 한다. 더운 날 아르메니아의 축복받은 포도나무 아래 앉아, 냉장고에 보관한 와인병을 꺼내 바로 따라 마시는 평범한 아레니 와인에서도 괜찮은 맛이 난다. 하지만 아레니 마을 사람은 모두 자존감 높은 와인 전문가이며, 포도 전문가다. 다른 포도밭에서는 자신들만큼 아레니 포도를 잘 기를 수 없을 거라고 생각한다. 당연히 그럴 것이다. 아레니 마을에서 수 세기 동안 포도를 키워왔기 때문이다. 와인 제조의 역사는 이곳에서 아주 오래 전에 시작되었다.

와인 제조를 기록한 최초의 쐐기문자 기록은 기원전 7~8세기 동부 아나톨리아Anatolia에 위치한 아르메니아의 전신인 우라르투Urartu에서 기원한다. 우라르투는 인접한 국가인 아시리아에 와인을 대규모로 수출했다. 우라르투의 도시마다 수천 리터의 와인을 보관했다는 기록도 있다. 와인이 우라르투의 경제에서 얼마나 큰 비중을 차지했는지 말해준다. 이 지역의 와인을 처음으로 언급한 문헌은 기원전 4세기 크세노폰Xenophon이 저술한 『아나바시스Anabasis』인데, 그리스의 용병 군단이 바빌로니아에서 퇴각하는 내용을 담고 있다. 크세노폰의 기록을 보면 그리스 용병은 흑해로 이동하는 길에 아르메니아 남부를 통과하기 위해 전투를 벌였고, 그리스군은 "잘 지어진 건물 여러 곳에 …… 자리를 잡았다. 그곳에는 보급품이 충분했고, 와인은 넘치다 못해 저류조에 보관했다"고 한다. 크세노폰의 기록과 우라르투의 와인 저장고도 오래되었지만, 아레니 지방에서 와인의 역사는 그보다 훨씬 오래전에 시작되었다. 고고학자들이 아레니 근방의 동굴에서 6000년 전에 와인을 제조한 흔적을 발견했기 때문이다.

아레니의 전원적인 풍경을 벗어나면, 외부는 극적으로 달라진다. 풍요로운 계곡을 뒤로 아르파Arpa강을 따라 석회암이 돌출된 좁은 협곡이 나타난다. 그리고 우측의 경사진 절벽 아래쪽, 강줄기가 지천과 만나는 곳 앞에 동굴 입구가 있다. 이곳은 고고학자들이 '아레니-1Areni-1'이라 명명한 곳이다. 공교롭게도 이곳은 1960년대 냉전시대에 소련의 관리가 핵폭탄 공격이 발생할 경우 지역 주민이 대피할 곳을 조사하다가 찾아냈다. 아레니-1은 선사시대 연구자들에게 노다지나 다름없었다. 선사시대부터 역사시대까지 사람이 계속 거주했던 장소라는 특성 때문에, 아레니-1의 고고학적인 가치는 당연히 놀라운 것이었다. 골짜기 위쪽 최고의 위치에 자리 잡은 동굴의 넓은 공간과 아치형 입구는, 과거 인간에게 악천후를 피할 수 있는 최적의 장소를 제공했다. 이후 이어진 연구에서 동굴의 내부 구조는 고대인들의 유물과 그들의 시신을 보존하기에 최적 상태라는 것이 밝혀졌다.

소란스럽게 흐르는 아르파강 옆에 마구잡이로 자란 포도나무 그늘에 차를 세워두고 가파른 사면을 타고 오르면, 절벽 옆면에 높고 길게 트인 동굴 입구로 올라갈 수 있다. 비좁은 길을 따라 올라가 동굴 입구의 흙바닥에 다다르면, 부분적으로 발굴이 진행된 흔적을 볼 수 있다. 이 장소에서 고고학자들은 이미 인류가 장기간 동굴에서 거주한 흔적을 찾아냈다. 시험 발굴에서 오래된 거친 석기가 유적층 바닥에서 출토되었기 때문이다. 석기의 발견으로 호모사피엔스가 생겨나기 수십만 년 전인 빙하기 아레니에 채집·수렵꾼들이 살았던 것을 알 수 있다. 인근의 강에는 물고기가 많을 뿐만 아니라, 계곡에는 계절을 따라 이동하는 동물들이 모인다. 이 원시 인류들은 이런 조건을 충분히 활용했을 것이다. 동굴 앞에서 계곡의 사냥감을 기다리는 원시 인류의 모습이 머릿속에 그려진다.

그런 모습은 아직 상상만 가능할 뿐이다. 빙하기 생활 방식에 관심 있는 사람에게는 유감이지만, 아레니-1의 당시 거주자들에 대해 알려면 많은 시간을 기다려야 한다. 한편으로는 좋은 일이다. 빙하시대는 언제나 흥미롭지만, 아레니의 가장 오래된 유적층은 빙하기 이후 여러 시기의 유적층으로 덮여 있다. 그래서 빙하기의 유적층에 도달하려면, 이후 시대에 거주 흔적을 기록하고 제거해야 하는 엄청난 노력과 시간이 필요하다.

고고학자의 관점에서 급한 것은 없다. 최근의 유적층에서 전례 없는 놀라운 유적이 발굴되고 있기 때문이다. 그것은 고고학적으로 최근이지만 신석기시대와 철기시대 사이의 핵심적인 시기인 6000년 전의 거주 흔적이다. 이 시기 서아시아에서는 고도로 발달된 정착 사회가 생겨났다. 그 무렵 청동기 이전 순동시대에 아레니-1에 거주하던 사람들은 음울한 동굴 속에서 장례 의례를 만들어내고 있었다.

동굴 어귀의 밝고 선선한 입구를 뒤로하고 바위틈을 따라 들어가면, 한 줄로 이어진 전구가 자연광을 대체한다. 흐릿한 조명이 한쪽은 절벽인 길고 복잡한 길을 밝히고 있을 뿐이다. 길을 따라 오른쪽으로 방향을 틀면, 자연적으로 공기 흐름을 차단하는 역할을 하는, 좁은 터널에 이어 얕게 파인 넓은 공터가 나타난다. 초기 발굴에서, 순동시대의 다양한 생활 흔적이 이곳에서 발견되었다.

아레니-1에서 발견된 유적이 특별한 이유는 이곳의 차갑고 건조한 특성 때문이다. 이런 조건은 쉽게 썩거나 사라지기 쉬운 유기물을 보존하는 데 유리하다. 이런 조건 덕분에 끈과 피륙, 나무로 만든 도구도 아레니-1에 남아 있었다. 가죽으로 만든 신발도 온전하게 발견될 정도다. 보존 상태가 온전한 신발의 제작 연대가 밝혀지자, 큰 파장이 일었다. 구세계의 고고학적인 기록을 통틀어 비슷한 연대의 유물은 '외치의 빙하인Ötzi the Ice Man'의 손상된 신발뿐이다. 외치의 빙하인은 자연발행 한 미라로, 1991년 알프스 빙하가 녹으면서 발견되었다. 그러나 아레니의 모카신은 풀을 채워서 만든 외치의 신발보다도 수백 년 이상 오래되었다.

그보다 놀라운 것도 있다. 아레니-1에서 발견된 고대 인류의 생활 흔적

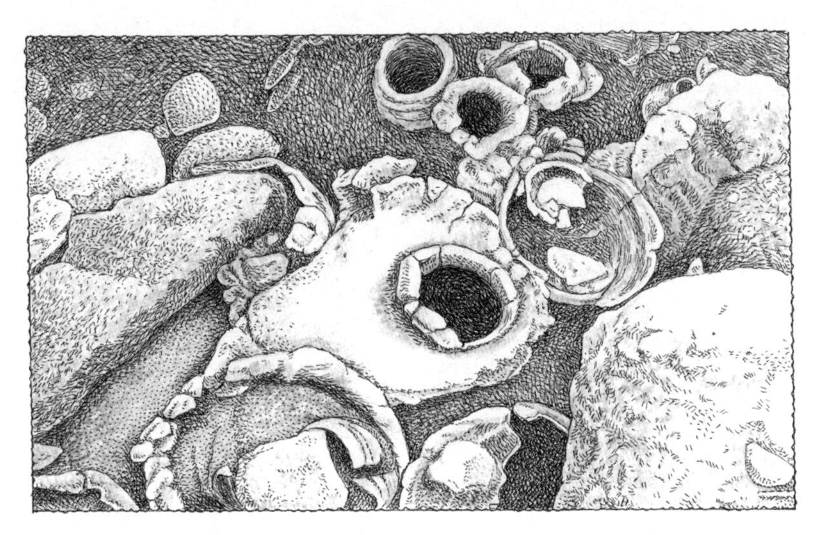

그림 1.1 아레니의 포도를 밟는 틀과 그 끝에 연결된 파묻힌 용기(중앙), 그리고 주변의 포도즙 단지
보리스 가스파르얀(Boris Gasparyan)의 사진에서 발췌했다.

은 놀라울 정도로 다양했다. 고대 인류는 이곳을 튼튼한 벽과 매끈하게 고른 바닥이 있는 보금자리로 만들었다. 장작불에 음식을 익혀 먹었고, 규질암과 흑요석으로 도구를 만들었다. 평평한 돌 위에서 곡식을 갈기도 했고, 무엇보다도 그들은 와인을 만들었다. 인류는 순동시대의 아레니-1에서 세계 최초의 포도 양조장 흔적을 남겼다. 발효된 포도 음료를 향한 인간의 열망이 담긴 최초의 물질적 증거다.

2007년에 고고학자들은 아레니-1에 쌓인 얕은 주거 흔적을 제거하고 있었다. 발굴된 유적은 동굴 한쪽에 쌓였고, 한 층을 더 파 내려가자 단단한 점토층을 깎아서 만든, 전이 올라와 있는 얕고 평평한 통 모양이 드러났다. 바닥은 아래쪽에 묻힌 약 60리터 용량의 큰 토기 쪽으로 경사져 있었다. 과학자들은 바로 이 평평한 곳에서 과거에 포도즙을 짰다는 사실을 알아차렸다. 아마 맨발로 밟아 포도즙을 짜냈을 것이다. 즙은 자연스럽게 항아리 안으로 흘러들어 가고, 항아리 안에서 숙성되었다. 차갑고 건조한 동굴은 와인을 숙성시키고, 이후에 와인을 항아리에서 보관하기에 적절했을 것이다. 이런 기발한 유물의 용도는 와인 양조장의 구조와 유사했기 때문에 포도를 짜는 장소로 쉽게 밝혀졌지만, 이 외에도 동굴 바닥에는 지금도 사랑받는 와인 포도 품종인 '비티스 비니페라Vitis vinifera'의 씨와 줄기가 흩어져 있었다.

상상하기 어려울 만큼 오래된 와인 양조장이 발견되자 사람들은 흥분했다. 생각보다 큰 숙성용 항아리의 규모와 고도로 발전된 압착기의 구조 때문이다. 지금까지 역사 초기의 와인 제조와 음주를 연구하려면, 연구자는 와인을 담았던 용기에 남은 찌꺼기 같은 간접적인 화학적 흔적에 의존해야 했다. 고고학에서 이런 잔여물 연구는 재미있는 사례를 남겼다. 스트래퍼드 어폰 에이번Stratford-upon-Avon에 있는 윌리엄 셰익스피어의 정원에서 발굴된 엘리자베스 시대의 도자기 담배 파이프에서 마리화나의 흔적이 발견되었다. 하지만 이런 증거는 때로 해석하기 난해한 점이 있다. 하나의 예로 아레니-1의 와인 압착기 바닥에서 발굴된 토기 조각을 살펴보자. 탄소동위원소로 연대가 6100년에서 6000년 전으로 측정된 유물에 '말비딘malvidin'이 남아 있는 것으로 판명되었다. 이는 포도 껍질에 많은 색소로 와인이 붉은 색을 내게 한다. 훌륭한 발견이지만, 명확한 발견은 아니다. 이 색소는 지금 아레니 근처에 흔한 석류에도 있는 물질이기 때문이다.

말비딘이 포도에서 나온 것이 아닐 수도 있다는 것이다. 그래서 분자고고학의 선구자인 패트릭 맥거번Patrick McGovern은 도자기 파편에서 타르타르산의 흔적이 나타났으면 좋았을 것이라고 했다. 말비딘과 달리, 이 지역의 자연환경에서 '타르타르산tartaric acid'[1]은 포도에만 있기 때문이다. 아레니-1이 와인 양조장이었다는 여러 부가적인 증거를 고려하면, 사실 말비딘의 출처는 포도주라고 봐도 무방할 것 같다. 아레니-1의 발견은 운이 좋았지만, 이렇게 오래된 와인 양조장을 찾은 것이 놀라운 일은 아니다. 맥거번은 아레니의 양조장이 발견되기 전에 아레니보다 오래된 유적지인 이란의 자그로스Zagros산의 '하지 피루즈 테페Hajji Firuz Tepe'에서 발굴된 항아리에서 타르타르산을 발견했기 때문이다.

문제의 항아리는 지금부터 약 7400년 내지 7000년 전에 만들어졌고, 테러빈 나무terebinth에서 얻은 수지가 검출되었다. 수지는 항아리에 와인을 보존하기 위해 사용한 것이다. 그래서 수지 향을 첨가한 그리스의 와인 레치나Retsina와 비슷한 맛을 냈을 것으로 보인다. 수지를 첨가해 와인을 보존하는 방법은 고대 기록에도 남아 있다. 수지는 단순히, 유약을 바르지 않은 토기를 밀봉하기 위해 사용되었을 수도 있지만, 하지 피루즈 테페에서 발견된 수지 잔여물은 항아리 안에서 포도가 우연히 발효된 것이 아니라 인위적으로 술을 만들었을 가능성이 있다고 말해준다.

◆ ◆ ◆

역사적 관점에서 보면 상황을 더 잘 이해할 수 있다. 하지 피루즈 테페의 진흙 벽돌로 만들어진 거주지는 신석기시대 후기부터 존재했다. 마지막 빙하기가 끝나면서 빙하는 북쪽으로 후퇴하고, 신석기인들은 서아시아에서 농경과 사육을 기반으로 한 정착을 시도하고 있었다. 신석기시대 초반에는 해부학적으로 인간과 유사한 인류들이 지구상에 이미 15만 년 이상

---

1 타르타르산: 우리말로는 주석(酒石)산으로 술의 돌이라는 뜻이다. 와인을 담그면 포도에 많은 주석산이 침전해 마치 술에 생기는 돌처럼 보이기 때문이다. 이하 각주는 옮긴이 주이다.

존재하고 있었다. 그리고 그 절반의 시간이 지나면서 현대 인간이 가진 창의적인 마음이 싹트기 시작했다. 현생 인류의 기원이 아프리카에서 약 10만 년 전으로, 점점 더 과거로 거슬러 올라간다. 프랑스에서 가장 오래된 동굴 벽화는 3만 년 전에 그려졌다. 라스코Lascaux와 쇼베Chauvet 동굴을 벽화로 꾸민 천재 화가들도 수렵·채집 생활을 고수하고 있었다. 채집과 수렵은 과거로부터 이어온 생활 방식이고, 지구상에서 인간의 밀도는 높지 않았다. 따라서 신석기시대에 인류가 정착하기 시작한 것은 경제적으로도, 사회적으로도 선사시대를 통틀어 가장 강력한 혁신이었다. 마을과 도시로 발전한 촌락은 과거와의 완전한 결별을 의미했다. 정착 사회는 인간과 세상의 관계에 혁명을 가져왔다.

빙하기까지 사람들은 자연의 순리에 따라, 자연이 주는 것을 받으며 살아왔다. 하지만 북극의 빙하가 줄어들기 시작하며, 세계 여러 곳에서 농경을 기반으로 영구적으로 거주하게 되었다. 이 시기에 남겨진 시리아의 '아부 후레이라Abu Hureyra' 유적은 당시의 상황을 많이 알려준다. 지금으로부터 1만 1500년에서 1만 1000년까지 수렵·채집 사회를 벗어나는 동안의 변화를 기록하고 있다. 비록 1만 400년 전에는 농경이 수렵과 채집을 보조하는 수단에 불과했지만, 9000년 전에는 농경과 가축 사육이 병행되었다. 수렵과 채집은 보조적으로 계속 이어졌다. 이러한 변화는 인간 사회가 완전한 정착을 하도록 했다. 그리고 정착이 시작되면서 사회적으로 기술적인 발전 속도는 또 가속화되었다. 서아시아 지역에서 성벽으로 보호된 마을이 8500년 전에 생겼고, 이어서 주변에 복잡한 계층의 도시 사회가 나타나기까지 3000년밖에 걸리지 않았다.

하지 피루즈 테페는 큰 규모의 마을은 아니었다. 그러나 경제적으로, 사회적으로 큰 변화가 일어나고 있을 때 존재했다. 아레니-1의 와인 양조장은

하지 피루즈 테페보다 몇천 년 늦은 메소포타미아의 수메르문명의 시작과 같은 시대에 존재했다. 하지 피루즈 테페와 아레니-1 모두 토기가 사용된 시기 이후의 유적이다. 반면 아부 후레이라 같은 유적지는 토기가 보편화되기 이전인 신석기시대의 것이다. 이때도 정착 생활 방식은 나타나고 있었지만, 토기를 만드는 기술은 생겨나지 않았다. 와인은 하지 페루즈 테페와 같은 시대에 서아시아에서 이미 오랫동안 만들어지고 있었다. 그러나 와인이 인류가 만든 첫 발효음료인지는 확실하지 않다.

와인이 최초의 발효음료인지 아닌지 분명하지 않은 이유는, 인류가 처음으로 경작한 작물이 곡식이기 때문이다. 서아시아에서는 밀과 보리를 키웠고, 중국에서는 쌀을 키웠다. 곡물을 경작하게 되면서 발효음료가 생겨났을 것이다. 중국의 허난 동부 지역에서는 9000년 전에 쌀, 꿀, 그리고 포도와 같은 과일을 이용해 맥주를 만든 것으로 보이는 흔적이 남아 있다. 서아시아에서 초기 신석기인들도 주변의 곡식으로 비슷한 시도를 하고 있었을 것이다. 토기가 사용되기 시작하면서, 이러한 시도가 있었다는 사실은 분명하다. 서아시아에서 첫 번째 곡물 가공품이 빵이었는지, 술이었는지에 대한 논쟁이 지금도 이어지고 있다.

그러나 곡물을 발효시키는 것보다 과일을 채집해서 발효시키는 것이 간단하다는 사실이 중요할 수 있다. 곡물을 발효시키려면, 상당한 노력을 들여서 녹말을 당분으로 먼저 바꿔야 하기 때문이다. 그래서 맥주보다는 와인을 만드는 것이 더 쉽다. 그 이유는 바로 와인이 저절로 만들어지기 때문이다. 그리고 아부 후레이라에서 발견된 포도 씨의 존재는 사람들이 토기 기술이 나타나기 전부터 포도라는 과일에 관심을 보였다는 사실을 나타낸다. 하지만 중국에서 고대 맥주는 오래전부터 만들어진 반면, 중국의 포도 재배 역사는 기록상 2300년에 불과하다. 흥미롭게도 초기의 포도 재배 흔적은 신장

新疆 지역에서 발견된다. 신장 지역은 실크로드를 통해 서아시아의 영향을 받았을 수 있다. 중국 한漢나라의 쌀 중심 사회는 곡물 기반의 주류에 익숙한 나머지 포도주를 받아들이지 않았을지도 모른다.

동아시아의 경향과는 무관하게, 유럽 대륙의 서쪽에서 포도 재배와 와인 제조는 오랜 역사에 걸쳐 꾸준히 나타났다. 캅카스 남부에서 포도나무가 처음 재배되었다는 학설은 최근의 DNA 검사를 통해 재확인되었다. 이유는 알 수 없지만, 서부 캅카스 지역사회에는 와인 종주국인 프랑스보다 와인과 와인 관련 관례에 대한 깊은 역사가 남아 있다. 조지아와 아르메니아에 방문하면, 포도나무를 키우지 않는 집이 없고, 손님 접대에 와인을 얼마나 중요하게 생각하는지 느끼게 될 것이다.

약 5000년 전에 포도 재배가 메소포타미아, 요르단 계곡, 이집트까지 퍼져나갔다는 고고학적 증거는 많다. 캅카스에서 포도가 빠르게 전파되었다고 해도, 속도를 고려하면 신석기시대 초기에, 아레니-1의 와인 양조장이 만들어진 시기 이전에 이미 포도 재배가 시작되었다고 보아야 한다. 포도 재배가 와인 제조를 위해 시작된 것인지, 과일로 먹기 위해 만들어진 것인지에 대해서는 논란이 많다. 하지만 와인용 포도 재배와 식용 포도 재배가 비슷한 시기에 이루어졌을 것이라는 사실은 확실하다.

아레니-1에서 와인 양조장이 와인 용기를 유골함으로 사용한 공동묘지 안에 위치하고 있었다는 사실은 흥미롭다. 장례용 용기에는 다양한 연령대 사람들의 유해가 담겨 있다. 남성의 경우 화장으로 처리되었지만, 여성과 아이들의 시신은 절단했다. 매장소 근처에서 동물 뼈로 만든 술잔도 발견되었다. 아레니-1의 발굴 작업을 주도한 보리스 가스파르얀은 화장, 절단, 매장 풍습과 포도주 제작에 깊은 관계가 있었다고 주장한다. 만일 사실이 그렇다면, 아레니-1은 고대 시대 후반부에 흔히 기록된 발효된 음료를 장례와 같은 풍습에 사용하는 현상의 첫 번째 사례이다.

술에 의미를 부여하는 것은, 모든 경험에 상징적 의미를 부여하고 행동을 의식화하려는 인간의 경향성에 잘 부합한다. 술의 경우 정신적으로 영향을 주기 때문에 더욱 그럴 것이다. 고대부터 와인은 사회적 갈등을 완화하는 기능이 있었다. 여기에 더해, 상호 관계를 공식화하고 사회적인 의례를 돕는 용도로 쓰였다. 그리고 와인은 샤머니즘적인 의식에서도 중요한 역할을 했다. 역사 초기의 유인원들이 자연적으로 발효되는 과일을 먹다 취하는 경우가 종종 있었을 것이다. 그리고 어쩌면 초기의 수렵꾼이나 채집가들은 과일이나 꿀을 발효시키는 방법을 토기 발명 전에, 혹은 아주 오래전에 찾아냈을지도 모른다. 하지만 술에 의례적인 맥락을 부여하는 것은 현대의 인간들에게만 국한된 행동이다. 지금도 성찬식에 와인을 마시거나 토요일에 훌리건들이 폭음하는 것까지, 이런 경향이 이어지는 것을 볼 수 있다.

◆ ◆ ◆

조지아의 와인 제조업자들은 '크베브리Qvevri'라고 불리는 땅에 묻은 큰 독 안에서 와인을 발효시켰다. 크베브리는 아레니에서 술을 만드는 용도로 쓰인 큰 항아리의 후손이다. 와인이 탄생한 장소답게, 와인은 이곳 사람들의 생활 방식과 깊이 관련된다. 만찬의 주최자나 손님은 관습에 따라서 건배를 제의하는 사람('타마다Tamada')을 뽑아, 와인 마시는 분위기를 돋운다. 타마다는 주로 사람을 대하는 능력이 뛰어나고 말재주가 좋은 사람이 맡는다. 만찬은 타마다가 품위 있고 재치 있는 건배사를 제안하고, 손님들이 화답하는 식으로 진행된다. 건배사는 나라에 대한 경의부터, 함께 참석한 혹은 고인이 된 친구에 관한 내용이 담긴다. 건배사를 하고 나면 사람들은 모두 잔을 비운다. 원칙적으로는 건배사를 말한 이후에만 술을 마시는 것이 관례지만, 참가자들은 기분 좋을 정도로 마시고 취할 수 있다. 그러나 타마다는 축제가 끝날 때까지 몇 잔이고 비워야 하는데도, 취한 기색은 드러내지 않도록 인내를 발휘해야 한다. 현대 조지아의 음주 의례를 보면, 와인을 마시고 즐기는 행위와 관습 사이에 어떤 갈등도 없다는 것을 보여준다. 그리고 이러한 관례는 규칙, 의식, 종교적인 믿음과 늘 연관된다. 와인이 비싼 수입품인 지역에서는 더욱 그렇다.

고대부터 와인은 사치와 계급의 상징이었다. 기원전 3190년 상이집트 선왕조 시대의 왕 스콜피온Scorpion 1세 묘지의 세 개 묘실에는 와인을 보관한 것으로 보이는 용기가 가득 차 있다. 그 속에는 하지 피루즈 테페의 유적처럼 포도 씨, 와인의 화학적 잔여물, 밀봉용 '테러빈 나무' 수지가 발견되었다. 그리고 와인에는 무화과를 넣은 것으로 보였다. 와인의 맛을 좋게 하거나, 무화과의 효모와 당분으로 발효를 도우려던 것 같다. 묘실에는 전부 700개의 와인병이 있었다. 스콜피온 1세가 사후 내내 마시고도 남을 양의 와인이다. 와인은 묘지에서 수백 킬로미터는 떨어진 남부 레바논의 서해안에서 가져온 것으로 보인다. 스콜피온 1세의 장례 풍습에 따라 용기 자체는 이집트에서 다시 밀봉된 것일 수도 있다.

이집트에서 스콜피온 1세 말고도 와인을 사랑한 사람은 많다. 이집트 북부 '사카라Saqqara'에 있는 '조세르Djoser'의 계단식 피라미드에 새겨진 기원전 2550년으로 추정되는 기록에 따르면, 이집트 파라오 법원의 구성원 '멧젠Metjen'은 나일강 삼각주에 있는 포도밭에서 와인을 엄청나게 많이 만들었다. 나일강 삼각주는 지중해와 인접해 온도가 온화한 지역이다. 고대 이집트인은, 현재 우리에게 현대적이라고 생각되는, 관례도 많이 만들었다.

그림 1.2 이집트 테베 서쪽, 신왕조 무덤 벽화
(위) 카엠와세트(Khaemwaset) 무덤의 포도 수확 벽화(제19왕조).
(아래) 우세르하트(Userhat) 무덤의 그림(제19왕조).
(왼쪽) "고인이 된 여성 노지메트(Nodjmet)를 위한 하이집트의 와인"이라고 새겨진 도자기(제18왕조).

삼각주 지역에서 와인 제조가 표준화되었고, 이집트인은 와인을 분류하는 체제도 만들었다. 훗날 프랑스에서 사용되는 품종, 지역, 품질의 평가 방식과 유사한 평가 체제였다. 와인병에는 제조 지역, 연도, 제조자의 이름이 적혔다. 가장 훌륭한 와인 제조자는 '파라오의 와인'을 만드는 자들이라고 불렸다. 이집트 와인은 등급 외로 분류되거나 진품, 좋음, 아주 좋음으로 구분되었다.

와인이 유행하면서 부유한 이집트인이 죽으면 미라로 되기 전에 모두 와인으로 몸을 닦고, 묘지에 훌륭한 와인과 함께 묻히는 것이 당연한 일이 되었다. 그리고 이러한 유행은 곧 관습화되었고, 기원전 2200년 무렵에는 이집트의 권력자들 모두가 당연히 나일강 삼각주 다섯 지역의 유명한 와인과 함께 묻혀야 한다고 생각했다. 현대인들에게 와인이 전시품이고 투자 상품인 것처럼, 이집트에서 가장 훌륭한 와인은 아무도 마시지 않았다. 하지만 이집트인들은 이런 유행의 와중에도 실용적인 태도를 보였다. 와인이 구하기 어렵거나 비싸지면서 무덤 벽화에 와인을 그리거나 적어두는 것도 허용했다.

고대 이집트에서 와인은 병을 치료하는 데 사용하기도 했다. 와인에 함유된 알코올은 수지와 약초 성분을 잘 녹인다. 이 때문에 치료약 성분을 농축시켜 환자에게 먹이는 수단으로 사용되었다. 기록에 따르면 기원전 1850년부터 이집트에서 약초를 우려낸 와인은 복통, 호흡 곤란, 변비, 단순 포진을 치료할 때 사용되었다. 그리고 오래전부터 이집트에서 의학적으로 와인을 사용했다는 사실은 분자고고학으로 확인되었다. 화학 분석에 따르면 5200년 전 스콜피온 1세의 무덤에 묻혀 있던 와인 항아리 하나에는 고수, 민트, 세이지, 차풀, 향유의 혼합물이 포함되어 있었다. 이런 복합적인 조합은 의학적인 용도로 쓰였을 수 있다. 스콜피온 1세는 사후에 이런 것이 왜 필요했던 것일까?

스콜피온 1세의 장례는 세세한 절차를 거쳐 진행되었지만, 그 당시에 가장 화려한 사건은 아니었다. 기원전 870년 아시리아의 아수르나시르팔 Assurnasirpal 2세는 티그리스 계곡 북쪽에 있는 새로운 수도 님루드Nimrud에서 역사상 최고로 화려한 파티를 열었다. 10일 동안 계속된 이 파티에 7만 명이 참가했으며, 와인 1만 부대, 소 2000마리, 양 2만 5000마리, 새, 가젤, 물고기, 달걀도 몇천 개씩 준비되었다. 와인 말고도 1만 개의 맥주 항아리가 준비되었다. 항아리 하나에는 가죽 부대만큼 술을 담을 수 있어, 맥주도 몇 리터는 들어갔을 것이다. 맥주는 아시리아 사회에서 중요한 상징적인 의미를 지녔다. 기원전 3400년부터 메소포타미아의 일꾼들은 봉급으로 맥주를 받을 정도였다. 하지만 님루드를 기념하는 부조에서 축제의 모습을 나타낸 조각을 보면, 아시리아의 왕이 맥주를 마시는 모습은 보이지 않는다. 아수르나시르팔은 와인 잔을 들고 있다.

이집트에서 와인 제조 기술이 발달하고, 레반트Levant의 가나안인Canaanite이 와인 유통을 발달시키면서 그리스인도 상당한 득을 보았다. 지중해의 장거리 와인 운반을 개척한 것은 레바논의 백향목으로 만든 선박이었다. 장거리 항해술 덕분에 수출을 목적으로 한 와인을 생산할 수 있게 되었고, 와인을 누구나 마실 수 있는 상품으로 만들어 많은 사람에게 보급했다. 기원전 5세기 지중해와 맞닿은 프랑스 해안에 좌초된 배를 수중 고고학적으로 탐사한 결과, 1만 개의 와인 '암포라amphora'가 발견되었다. 지금의 기준으로 보면 와인병 30만 개가 실려 있었던 셈이다. 여러 기록에 따르면 그리스인들은 포도를 압착하기 전에 보자기 위에서 말리고, 일찍 수확해 산도를 보존하는 노하우를 알고 있었다. 그리스인들은 자신들만의 와인 문화를 만들었다. 와인을 스트레이트로 마시는 야만족과 달리, 그들은 '향연symposion'이라는 형식을 거쳐 와인에 물을 타 마셨다. 하지만 당시 와인에 첨가한 불순물은 물뿐만이 아니었다. 당시 와인 라벨 표시법을 보면, 와인 평가에 수많은 사기 행각이 있었다는 것을 알 수 있다. 오래된 와인에 대한 선호가 생겨나고, 지역마다 특별한 모양의 암포라로 자신의 와인을 포장하는 경향이 나타나면서 와인 레이블링labeling에 허위광고가 나타난 것이다. 현대사회의 문제가 등장하기 시작한 것이다. 모두 와인 때문이라고 비난해도 변명의 여지가 있다.

◆ ◆ ◆

로마 문화는 그리스로부터 많은 것을 물려받았다. 로마인들의 와인 사랑도 그리스에서 유래한 것이다. 기원전 2, 3세기에 로마는 포에니 전쟁에서 승리하고 지중해 질서의 새로운 주인이 되었다. 가나안인과 페니키아Phoenicia인에 의해 시작되었고, 그리스인과 카르타고Cartago인이 발전시킨 와인 거래망의 중심에 로마가 자리했다. 지금까지 발견된 가장 오래된 라틴 문헌은 기원전 160년에 카토 디 엘더Cato the Elder가 쓴 와인 재배 매뉴얼이다. 이 문헌은 기원전 3세기에 카르타고인 마고Mago가 쓴 문헌을 참고했다고 한다. 여기에는 포도 재배뿐만 아니라 증식, 거름, 관개, 가지치기, 포도 착즙, 숙성까지 설명하고 있다. 마고가 저술한 포에니 문헌은 소실되었지만 카토의 문헌은 그 시대 와인 제조가 얼마나 발달했고, 와인을 제조하는 지중해 국가들의 경제에 얼마나 큰 역할을 했는지 보여준다.

와인의 제조와 수출이 발달하면서, 어느 시점부터 이탈리아반도의 곡식 생산은 실제로 중단되었다. 그 대신 로마는 북아프리카의 식민지에서 생산하는 곡식에 의존했다. 이와 동시에 로마가 제국 곳곳에 수출하는 와인의 양이 늘어났다. 와인 제조에 부수적으로 맥주도 함께 제조했다. 식민지 사람들이 와인을 즐기게 되자, 식민지 곳곳에서도 와인을 생산하기 시작했다. 기원전 154년에 로마는 와인 수출을 장려하기 위해 알프스산맥 너머에서 포도를 재배하는 것을 제한했다. 기원전 3세기까지 로마 시민권자가 아니면 와인 제조를 금지했다. 이후에는 현재 북유럽의 와인 생산 지역으로 유명한 당시의 식민지에서 와인 제조를 독려했다. 특히 이런 경향은 지금의 프랑스와 독일 지역에서 나타났다. 기원전 1세기 말 즈음, 프랑스산 와인은 로마의 이름난 와인 애호가들에게도 명성을 떨쳤을 정도다. 카르타고

인들 덕분에 스페인은 이미 안정적으로 와인을 제조하고 있었다. 기원전 2세기에 알 수 없는 이유로 이탈리아의 와인 제조량이 떨어졌을 때, 부족한 와인 생산을 이베리아에서 보충했다.

로마인들은 빈 와인병 속에 유황 초를 넣고 태우면 식초 냄새를 없앨 수 있다는 사실을 발견하고, 와인에 이산화황을 방부제로 첨가하기 시작했다. 그래서 와인은 오래 보존이 가능한 상품이 되었고, 품질에 따라 세금이 매겨졌다. 세금을 와인으로 내는 경우도 흔했다. 로마의 관리들은 이러한 방식으로 얻은 와인으로 인맥을 공고히 하거나, 제국의 변방을 위협하는 야만인에게 로비했다. 예를 들자면, 로마는 갈리아Gaul에도 다량의 와인을 보냈다. 기원전 500년에 에트루리아인Etruscan이 와인을 소개한 이후에, 갈리아에서도 품질 낮은 와인이 생산되었다. 로마에서 수입한 와인은 론Rhône 강 하구의 항구로 향했다. 항구에서 켈트 상인은 와인을 암포라에서 나무통으로 옮겨 강 상류로 운송하고, 와인을 꿀이나 목재와 교환했다. 여기서 와인을 나무통에 보관하는 새로운 전통이 시작되었다. 로마와 밀착 관계인 포도주 제조업자들의 저항에도 불구하고, 새로운 와인 보관 기술은 론 계곡과 프랑스 내륙에서 와인 제조업을 빠르게 발전시킨 일등 공신이 되었다.

로마제국에서 가장 좋은 와인은 로마로 보내졌다. 로마에서 훌륭한 와인은 부와 계급의 상징이었다. 당시 로마인들이 이구동성으로 훌륭하다고 칭찬하는 와인은 나폴리 북쪽의 팔레르누스Falernus에서 생산되었다. 팔레르누스 와인은 '아미네안Aminean' 품종으로 만들었는데, 황금색이나 호박색을 띠며, 알코올 도수는 높았을 것으로 추정된다. 플리니 디 엘더Pliny the Elder의 기록에 따르면 와인 가까이에 불씨를 가져다 대면 불을 붙일 수 있다.[2]

---

2 팔레르누스 와인은 신화 속의 이야기에 가깝다. 팔레르누스의 지명이나 위치도 의문인데,

기원전 121년산 팔레르누스 와인이 가장 유명했다고 한다. 당대에 찬사를 받은 데다가, 이로부터 100년 후에 율리우스 카이사르에게 진상된 와인이기 때문이다. 기원후 39년에 로마의 3대 황제 칼리굴라Caligula에게도 160년 된 이 와인을 권하는 용감한 사람이 있었으니, 카이사르도 분명히 만족스러운 반응을 보였을 것이다.

◆ ◆ ◆

취할 때까지 와인을 마시는 그리스와 로마 문화는 디오니소스Dionysus와 바쿠스Bacchus[3] 숭배와 연결되어 있다. 와인을 마시면 정신적으로 사람을 해방시킨다고 생각했고, 이에 의미를 두었다. 와인이 영적인 상징과 계급을 의미한 이집트와 달랐다. 그럼에도 불구하고 로마와 그리스에서 와인은 문명의 상징이었다. 로마에서는 와인의 사회적·경제적 중요성이 가장 중요했다. 하지만 로마의 식민지 활동은 여러 주변 지역에 와인을 퍼뜨리고, 지역마다 와인을 마시는 새로운 문화 현상을 만들어냈다. 로마가 제국의 통합을 위해 만든 해로와 육로를 통해 와인과 상품이 아닌, 원래 의도하지 않았던 다른 것도 유통되기 시작했다. 기원전 1세기, 오랜 와인의 전통을 간직한 레바논에서 흘러 들어온 신생 종교도 이 길을 따라서 전파되기 시작했다.

현재 라벨에 팔레르누스라고 인쇄된 와인은 많다. 포도를 발효한 와인의 알코올 농도는 15퍼센트 수준이기 때문에 불이 붙지도 않는다. 팔레르누스는 로마인의 마음속에 생겨난 이상향이 아니었을까 생각된다.

3 디오니소스는 그리스 신화에 등장하는 포도나무와 와인의 신이고, 바쿠스는 로마신화에 등장하는 술의 신이다.

종교의 창시자인 예수는 전통적으로 와인과 깊이 연관된 분위기에서 자라났다. 예수가 이끄는 유대인 집단에서 와인은 적당하게 마실 때, 신이 주신 선물이라고 불렸다. 만취할 때까지 와인을 마시는 것은 강력하게 금지되었다. 그리고 『성서』에서 부정적으로 표현되었기 때문에, 어떤 종파는 와인 마시는 것을 금지했다. 하지만 그리스도교는 전체적으로 와인에 너그러웠다. 노아가 방주에서 내려 제일 먼저 한 일이 포도나무를 심는 것이었다. 예수와 동시대의 유대계 특권 시민은 하루에 평균적으로 와인 1리터를 마셨다. 그리고 「요한복음」에 따르면 예수의 첫 번째 기적은 물 여섯 동이를 훌륭한 와인으로 만들어 곤란한 상황에 처한 결혼식을 구제한 것이다. 예수의 일대기를 살펴보면 물과 포도주는 반복해 나타나는 주제다. 예수는 자신을 포도나무에, 제자들을 가지에 비유했으며 「마태복음」, 「마르코복음」, 「누가복음」에 모두 기록된 최후의 만찬에서 예수가 제자들에게 와인을 주며 "이것은 나의 피, 새 언약이다"라고 말했다는 기록이 남아 있다. 유대인이 유월절에 와인을 마시는 것처럼, 기존 유대계 전통에서도 의식의 일환으로 와인을 마시는 행위는 빈번히 나타난다. 그리고 예수의 발언은 추종자에게 와인을 특별히 중요한 것으로 만들었다. 그 이후로 그리스도교에서 와인은 물화된 예수의 피라는 상징적 의미로 쓰였다.

교회는 초창기부터 성찬식을 거행하면서 와인을 마셨고, 주류 종파는 와인을 물로 대체한 그노시스주의자Gnostics를 비판했다. 경제적·정치적인 변화에도 불구하고 생활양식이 와인과 밀접히 연관되었던 '레반트'[4] 지역에서도 성찬 의식을 쉽게 받아들였다. 상당히 정치적인 동기로 4세기 초에 콘스

4 레반트는 현재의 팔레스타인과 시리아, 요르단, 레바논을 포함하는 과거의 서아시아 지역을 통칭하는 지역명이다.

탄티누스는 그리스도교를 로마제국의 국교로 정했다. 그래서 4세기의 '니케아 신조Nicene Creed'에서는 그리스도의 말씀을 찾아보기 어렵다. 로마의 공식 종교라는 정치적인 이유로, 교회는 관료화의 길을 걷게 되었고, 395년 동로마와 서로마가 분리되는 변화에도 불구하고, 성찬식은 크게 변하지 않았다. 이를 통해 와인은 로마와 기독교 사회에 연속적으로 이어지는 믿음과 상징으로 볼 수 있다. 예수와 바쿠스 모두 인간 여자에게서 태어난 신이다. 그리고 모두 죽음 이후의 삶이라는 모티프를 가진다. 심지어 바쿠스도 와인을 물로 바꾸는 기적을 보인 적이 있다. 학자들은 바쿠스와 연관된 상징이 초기 그리스도 신화에서도 나타나는 것을 발견했다. 와인은 고대와 현대 사회의 음료일 뿐만 아니라 두 시대를 이어주는 상징이 되었다.

410년 서고트가, 455년 반달이 로마를 침략한 이후 유럽은 5세기 동안의 암흑기를 거치게 된다. 로마제국의 도시가 대부분 사라지고, 파괴된 제국 곳곳에서 발생한 혼돈에도 불구하고, 기존에 제국의 식민지였던 지방의 경제는 여전히 발전하거나 유지되었다. 무엇보다도, 와인 제조 문화가 생겨났던 대부분 지역에서는 여전히 와인을 만들었다. 포도를 재배하기에 기후가 맞지 않는 곳에서만 와인 문화가 시들해졌다. 로마가 끼친 많은 영향 가운데 가장 오래 살아남은 것은 와인에 대한 사랑이다.

이교도 중에도 와인 애호가는 많았지만, 유럽에서 기독교가 빠르게 전파되면서 와인을 퍼뜨린 일등 공신은, 와인이 예수의 피라는 상징적 의미였다. 일반적으로 문맹률이 높아지는 상황에서, 종교 기관은 역사, 문화, 농경 지식의 수호자가 되었다. 초기 기독교 시설에서는 와인 제조량이 한정되어 있었고, 성찬식과 수도원 생활을 유지할 만큼만 와인을 생산했다. 그러다가 일부 수도원의 와인이 유명세를 치르자, 수도원은 더 넓은 포도밭을 구매하여 현지의 와인 제조자들에게 임대했다. 결과적으로 와인 시장이 활성화되었다.

과거 로마제국의 일부였던 지역에서 와인 문화는 끊임없이 퍼져나갔다. 유럽뿐만 아니라 지중해 연안 북아프리카, 레바논, 페르시아, 실크로드 근처 여러 중앙아시아 오아시스에서도 포도가 재배되었다. 하지만 7세기에 이슬람 세력을 넓히면서, 와인 문화에 변화가 생겼다. 8세기 무렵 이슬람 군대가 중동부터 지중해 연안의 북아프리카와 이베리아반도까지 점령한 것이다. 이슬람이 점령한 곳에서 포도 재배는 아니더라도, 와인 제조는 확실히 중단되었다.

설화에 따르면 예언자 마호메트는 젊었을 때 결혼식에 참석한 적이 있다고 한다. 결혼식 하객들은 와인을 마시고 기분이 좋은 상태였다고 한다. 마호메트는 와인에 축복의 말을 하고 이 자리를 떠났다. 하지만 마호메트가 다음 날 결혼식장에 돌아오자 식장은 난장판이 되어 있었다. 하객은 밤새 만취해 싸움을 벌이고 만신창이가 되어 있었다. 이 모습을 본 마호메트는 와인에 내린 축복의 말을 저주의 말로 바꾸었다고 한다. 이후로 마호메트는 자신의 추종자들이 와인을 마시는 것을 허용하지 않았다. 마호메트의 낙원에서는 감미로운 액체가 강을 따라 흘렀지만, 지상의 인간들에게는 감미로운 음료를 절도 있게 마실 자격이 없다고 여겼다.

마호메트가 금지한 것이 무엇인지를 놓고 『성서』를 분석한 사람은 많다. 그리고 그만큼 금기에 대한 해석도 다양하다. 와인 제조를 금지하는 방법의 하나로 와인을 만드는 토기를 금지하는 규율이 있었다. 하지만 가죽 부대는 허용되었다. 마호메트의 아내도 남편을 위해 물에 대추나 건포도를 넣고 약간 숙성시킨 음료를 만들기도 했다. 아라비아어로 이 음료는 '나비드nabidh'라 불린다. 직역하면 대추야자 와인이다. 하지만 이 번역은 주관적이고 논쟁의 여지가 있다. 이슬람 문화권에서 알코올을 전면 금지하는 경향이 강해졌기 때문이다. 시대와 장소에 따라 『쿠란』의 규범을 느슨하게 해석하는 문화도 등장하곤 했다. 11세기 페르시아 시인 오마르 하이얌Omar Khayyam은 "와인 파는 사람은 무엇을 살까/ 무얼 사도 와인의 반도 못할 텐데"라는 시를 남길 정도였다. 그러나 이슬람이 점령하고 지배한 곳에서 와인의 생산과 소비는 멈췄다.

그렇다고 해서 이슬람 문화에서는 언제나 음주는 금지되고, 기독교 문화에서는 술을 즐겼다고만은 볼 수 없다. 지금도 어떤 이슬람 국가에서는 와인이나 술에 대해 온건한 입장이지만, 기독교 국가에서도 주류에 대한 태도는 나라마다 천차만별이다. 와인의 장단점을 모두 경험한 문화권에서는, 사회계층에 따라서 혹은 개인별로 매우 심각한 불협화음이 생겨났다. 이에 대한 가장 대표적인 예시는 미국의 금주법 시대일 것이다.

◆ ◆ ◆

미국의 초창기에 토머스 제퍼슨Thomas Jefferson과 그의 동료들은 와인, 특히 프랑스산 와인의 열렬한 팬이었다. 대외적으로 벤저민 프랭클린Benjamin Franklin은 "와인은 신이 우리를 사랑하고, 우리가 행복해하는 모습을 사랑한다는 변함없는 증거다"라고 썼다. 하지만 19세기 초 미국의 급격한 도시화 결과로 알코올 소비와 중독이 급증했다. 이로 인해 노예제도가 폐지된 1840년 즈음에 금주운동이 활발하게 시작되었다. 많은 교회와 민간단체들이 노예제도 폐지에 사용되었던 동력을 악마의 음료를 향해 돌렸다. 처음에는 술을 마시는 사람들에게 자제를 권하는 데에서 시작한 금주운동은 주의회 의원에게 알코올을 전면 금지하라고 요구하는 방향으로 바뀌었다.

남성의 알코올 남용으로 여성과 아동이 피해자가 되는 경우가 빈번했다.

이 때문에, 19세기 말에 여성들의 금주운동은 지역적으로 큰 성공을 거두었다. 성공한 원인 중 하나는 캐리 네이션Carrie Nation이 주도한, 도끼로 주점을 부수는 캠페인 덕분이었다. 이런 성공을 발판으로 최초의 로비 집단인 '살롱 반대 연맹'이 만들어졌다. 이 단체는 직접적으로 또 효율적으로 주 의회 의원들의 투표 기록을 목표로 삼았다. 보수적인 개신교 정신을 기반으로 금주 연합에 참정권 확대론자, KKK단, 세계 산업노동자 연맹, 그리고 여기에 존 록펠러John D. Rockefeller까지 가세한 기상천외한 조합이 전국의 알코올 금지령이라는 목표 아래 결성되었다. 그리고 20세기 초에, 여러 우연한 사건들이 연쇄적으로 일어나며 금주운동을 도왔다. 금주 연합이 성공한 원인 중 하나는 주류 산업계에 독일 이민자들의 비율이 높았다는 사실이다. 미국이 제1차 세계대전에 참전하면서, 독일 이민자에 대한 혐오가 곧바로 나타났다. 애국자라면 맥주를 마시면 안 된다고 생각할 정도였다. 연방소득세가 생기면서, 정부에서 주류에 매기는 세금의 필요성이 줄어든 것도 영향을 주었다. 무엇보다도 금주운동의 윤리적인 당위성은 미국인들에게 많은 설득력을 얻었다. 여러 정치적인 문제의 영향으로, 정치인들은 단체의 압박에 위축되었다. 이로 인해 「금주법」이 통과되었다. 1917년 말에 주류 제조와 판매를 금지하는 「수정헌법」 18조가 상하 양원에서 통과되었다. 그리고 이 법이 각 주에서 추인되며 1920년부터 적용되기 시작했다.

「금주법」에 동의한 사람은 많았지만 「금주법」이 실제로 어떤 영향을 끼치게 될지 생각한 사람은 많지 않았다. 인간 역사에서 유구하게 나타나는 불변의 경험적 법칙이 있다면, 세상만사는 뜻대로 굴러가지 않는다는 것이다. 그리고 이런 경험칙은 「금주법」에서도 분명하게 나타났다. 주류가 금지된 이후에도 사람들의 술에 대한 수요는 줄어들지 않았다. 「금주법」의 영향으로 먼저 술값이 오르고, 현대의 마약 관련 전쟁에서 그렇듯, 폭력 조직을 억만장자로 만들었다. 경제적으로는 소비 저하와 지방정부의 예산 부족으로 나타났다. 아이러니하게도 사회적인 명분으로 통과된 「금주법」은 사회 전반으로 법을 무시하는 비윤리적인 행동이 생겨나게 했다. 거의 모든 사람이 불법을 저질렀고, 많은 공무 집행인들이 조직폭력배와 한통속이 되어, 술을 팔아서 번 돈을 받았고, 부정부패는 늘었다. 이런 반정부적인 행태는 오래 가지 않았다. 「수정헌법」 18조는 1933년 말에 폐지되었다. 폐지의 가장 큰 이유는 「금주법」이 전반적으로 법을 경시하는 결과를 불러일으켰다는 판단 때문이다. 설득력 있는 이유였다.

「금주법」은 좋은 뜻으로 시작한 반주류 정책이 실패한 대표적인 예다. 하지만 미국의 「금주법」 말고도 유사한 시도는 많았다. 20세기만 해도 주류 판매는 러시아, 페로제도, 스칸디나비아의 몇몇 지역, 헝가리 등 기독교 중심 국가에서 금지되었다. 금지되는 이유는 항상 같았다. 주류는 분명 삶의 질을 올리는 일등 공신이다. 그러나 신의 선물은 끔찍한 남용의 대상이 되기도 하고, 엄청난 고통의 원인이 되기도 한다. 이런 시각에서 보면, 술은 인류를 비춰보는 거울이다. 문명과 야만을 동시에 보여주고, 인간 안에 있는 최악이나 최선의 모습도 드러낸다. 술이 이런 상반된 영향을 끼치는, 즉 인간이라는 복잡하고 양면적인 종족이 존재하는 한, 사람들은 와인과 술에 대해 복잡하고 모순투성이의 갈등 어린 관계를 유지할 것이다.

2

우리는
왜 와인을 마시는가

사람들은 왜 술을 마실까?

의심의 여지없이, 오래전부터 과일을 섭취했다는 사실과 관련이 있다.

실제로 나무 위에 살던 우리의 조상은 자연적으로 발효된 에탄올 향기에 이끌렸고,

높이 매달린 가장 달콤하고 농익은 열매를 찾아 헤맸다.

그래서인지 우리는 '술 취한 원숭이' 가설에 영감을 준 영장류에게 감사하는 듯한

라벨이 붙은, 저렴한 뉴질랜드 와인을 하나 찾아내고 기분이 좋았다.

소비뇽 블랑Sauvignon blanc과 고함원숭이howler monkey 사이에

연관성은 딱히 없지만, 마시기에 아주 좋은 와인이었다.

뉴질랜드 와인답게 풀 향기와 자몽 향기가 뒷맛으로 남았다.

원숭이도 이 와인을 좋아했을 것이다.

이제, 지금까지의 논의를 잠시 멈추고 사람들은 왜 이렇게 와인과 술을 좋아하는지 살펴볼 시간이 되었다. 하지만 놀랍게도 술을 좋아하는 존재는 인간만이 아니다. 공교롭게도 와인에 들어 있는 에탄올은 저절로 만들어지고 야생의 여러 장소에서 발견된다. 당분을 만드는 식물이 존재하는 곳이라면 어디에서도 술이 만들어진다고 해도 과언이 아니다. 자연계에서 꿀을 제외하면, 과육에 당분이 가장 많다. 공룡 시대가 끝나가면서 꽃을 피우는 속씨식물은 가능한 모든 방법으로 진화했고, 속씨식물이 자라는 곳마다 다양한 과일이 생겨났다. 그리고 과일을 주식으로 섭취하는 동물이 많이 생겨나기 시작했다. 동시에 다양한 미생물도 과일로 옮겨오고, 이곳에서 생활을 이어가기 시작했다. 이런 미생물 중에서 대표적인 것이 단연 효모다. 효모는 단세포 곰팡이에 속하는데, 5장과 6장에서 상세하게 논의할 것이다. 효모는 과일의 당분을 발효시켜 에탄올을 만들어낸다. 오래전에 효모가 에탄올을 만들도록 진화한 이유는, 다른 미생물들이 효모의 생활 영역에 침입하는 것을 막기 위한 것으로 추정된다. 과일 껍질로 미세하게 흘러나오는 당분과 거처를 차지하기 위해 경쟁하는 것이다. 이런 설명이 신빙성이 있는 이유는 많은 미생물에게 알코올이 치명적이기 때문이다. 그리고 효모에 의해 당분이 발효되는 일은 어디서나 흔히 일어난다. 반면에 효모가 만들어내는 알코올의 농도는 그렇게 높지 않다. 많은 생물들, 특히 과일을 섭취

하는 동물은 적은 양의 알코올을 해독하는 능력이 있다.

인간을 포함한 여러 생물에게 적당량의 알코올 섭취는 이롭다. 과학자들이 낮은 농도, 중간 농도, 높은 농도의 에탄올 병에 각각 초파리를 넣고 알코올 증기에 노출시키는 실험을 했다. 초파리는 중간 농도의 알코올에 노출된 조건에서 더 오래 살고, 알도 많이 낳았다. 이에 대한 이유는 모두 밝혀지지 않았지만, 에탄올 냄새가 초파리들이 과일을 찾는 중요한 단서 중 하나라는 사실을 확실히 알게 되었다. 알코올은 초파리가 효과적으로 먹이를 찾도록 활동을 도울 뿐만 아니라, 다른 측면에서도 중요한 역할을 한다. 기생충에 시달리는 초파리 유충은 에탄올이 포함된 음식을 먹고 몸에 있는 기생충을 치료한다는 것이다. 그리고 이 현상을 관찰한 과학자에 의하면, 다른 생명체에서도 알코올은 유사한 역할을 한다. 알코올이 우리 몸을 치료하지는 못하겠지만, 기분 전환에는 확실히 도움이 된다. 다른 연구 그룹에서 1977년에 수행된 연구에 따르면, 번식 기회가 주어지지 않는 수컷 초파리는 번식에 성공한 초파리보다 알코올을 강하게 선호했다고 한다.

여기서 핵심은 알코올의 양이다. 초파리 실험에서 보여준 알코올의 장점은 알코올을 과량 섭취하면 관철되지 않았다. 이것은 일반적으로 '호르메시스hormesis'라고 알려진 현상이다. 호르메시스는 많은 양을 섭취했을 때 동물에게 독성을 나타내지만, 적은 양을 섭취했을 때는 유익하고 기분 좋은 효과를 나타내는 현상을 의미한다. 호르메시스는 자연계에서 흔하게 관찰된다. 작용 원리는 여전히 논란이 있지만 이에 대한 가설 중 하나는, 적은 양의 독소는 생체의 생리학적 치유 메커니즘을 활성화하고, 치유 메커니즘이 활성화되면 독소 외의 다른 것도 같이 치료한다는 것이다. 소량의 독소는 체내의 항산화를 촉진한다는 가설도 있다. 둘 중 어떤 것이 옳든, 알코올은 적당량 섭취했을 때 사람의 몸에 긍정적인 영향을 끼치는 듯하다. 이에 관한 연구도 상당히 진행되어 있다.

이런 흥미로운 발견에도 불구하고, 동물의 세계에서 알코올의 긍정적인 영향을 즐기는 동물이 얼마나 되는지 알려진 바는 없다. 어떠한 포유류들은 음주를 그냥 좋아하기도 한다. 혈중 알코올 농도가 높으면 '에피네프린' 혹은 '아드레날린'의 생성을 촉진하기 때문에 그렇다. 에피네프린 호르몬은 뇌에서 자제력을 줄이는 역할을 한다. 그래서 남아프리카의 코끼리들은 자연 발효되는 '아마룰라amarula' 나무 열매에 취해 휘청거리며 걸어 다니는 것으로 잘 알려져 있다. 그러나 코끼리나 다른 동물은 과일이 열리고 발효되는 특정 시기에만 음주가 가능하다. 그래서 과음은 동물의 세계에서 흔한 일은 아니다.

말레이시아의 작은 붓꼬리나무두더지는 특별한 경우다. 인간이 왜 술을 좋아하는지 설명할 수 있는 중요한 단서가 될 수 있다. 나무두더지는 분류학적으로 호모사피엔스가 속한 유인원에 가장 가까운 친척 중 하나이기 때문이다. 나무두더지는 6500만 년 전 포유류의 시대가 시작될 때 살던 조상들과 완전히 같은 종은 아니지만 외형, 크기, 생활 방식 측면에서는 거의 비슷하다.

2008년에 독일의 연구자들은 말레이시아 서쪽의 열대우림에 사는 나무두더지의 생태에 관해 연구를 시작했다. 나무두더지는 체중이 50그램도 되지 않는 작은 동물이다. 그들의 관찰에 따르면, 나무두더지는 숲속에서 베르탐 야자나무bertam palm를 찾아내 배를 채운다. 베르탐 야자나무는 나무 기둥이 없어 낮게 자란다. 그리고 연중 상당한 기간 동안 꽃에서 꽃꿀을 분비하면서, 꽃가루를 옮겨줄 다른 생물을 끌어들인다. 꽃꿀은 만들어지자마자 거품이 생기고, 기체 방울이 올라오며 '양조장 냄새'를 낸다. 자연의 효모가 꽃꿀을 발효시키고 있다는 신호다. 알코올은 3.8퍼센트까지 올라간

그림 2.1 베르탐 야자나무 주점의 붓꼬리나무두더지

다. 미국 가게에서 파는 보통 맥주와 비슷한 알코올 도수다. 연구가 진행되는 동안, 나무두더지 외에 다양한 포유류가 베르탐 야자나무의 꽃꿀을 마시기 위해 밤마다 찾아왔다. 유인원 친척인 늘보원숭이도 술을 찾아 헤매는 동물이다. 하지만 나무두더지는 다른 어떤 동물들보다도 열정적이었다. 하루에 두 시간이 넘게 꽃꿀만 마시는 때도 있을 정도였다. 신기하게도, 나무두더지는 취하는 일이 없다. 몸의 크기를 감안하면, 성인 인간이 취해 정신을 잃을 정도로 마셨을 때도, 이 작은 동물은 멀쩡했다. 연구 팀은 나무두더지의 혈중 알코올 농도가 높은 것을 확인했지만, 과음으로 인한 신체적인 부작용은 관찰하지 못했다. 주변에 작은 동물을 노리는 포식자는 항상 있기 때문에, 나무두더지는 항상 위험을 민감하게 감지해야 하고 빠르게 반응해야 한다. 다행스러운 일이다. 섭취 시간으로 미루어 보아 야자 꽃꿀이 말레이시아 나무두더지의 중요한 식량원이라는 것을 알 수 있다. 사람에게도 종종 빵보다 영양소가 많은 맥주가 식량 역할을 하지 않는가. 한편 두더지 애주가에게는 알코올이 신체에 미치는 영향을 해소하는 적절한 메커니즘이 있다. 그렇지 않다면, 이들에게는 큰 문제가 생겼을 것이다.

나무두더지의 예를 보면, 유인원도 발효 음료를 선호하고 알코올을 분해할 수 있는 생리적 능력을 오래전에 가지게 되었을 것으로 추정할 수 있다. 그래서 유인원 시기에 획득한 생리 기능의 흔적을 인간의 몸에서도 찾아볼 수 있다. 알코올을 분해하는 알코올 탈수소효소alcohol dehydrogenase와 같은 효소는 간에서 만들어진다. 전문가의 설명에 따르면, 간은 생리적 능력의 10분의 1까지도 알코올 분해 효소를 만들고 알코올을 분해하는 쪽으로 사용될 수 있다고 한다. 과학자들은 알코올 분해라는 하나의 특정 목표에 간의 자원이 지나치게 많이 할당된다는 점이 놀랍다고 한다. 다만 간에서 알코올이 분해되어 얻어지는 물질은 일상적인 소화 과정에서 생기는 분자와 같다. 이러한 측면에서 알코올 분해는 생리적으로 이득이 되는 기능이다.

알코올 섭취량의 문제도 고려해야 한다. 작은 나무두더지는 야자나무의 꽃을 핥는 것만으로 원하는 만큼 술을 마실 수 있지만, 그보다 신체의 부피가 천 배가 넘는 인간은 그럴 수 없다. 인간은 자연 발생하는 알코올에 만족하지 못했다. 그래서 술을 만들 수 있는 지적 능력과 기술이 갖춰졌을 때부터, 인류는 인위적으로 알코올음료를 만들기 시작했다고 보아야 할 것이다.

당연히 나무두더지와 호모사피엔스를 진화론적으로 비교하기에는 거리가 너무 멀다. 그런데 우리에게는 역시나 애주가이며, 덩치가 크고, 더 가까운 친척이 있다. 아메리카 중부의 고함원숭이는 나무두더지보다 훨씬 크다. 몸무게가 9킬로그램까지 자랄 수 있다. 그리고 고함원숭이는 '아스트로

카리움Astrocaryum' 야자나무의 주황색 과일을 즐겨 먹는다. 유명한 일화가 있다. 파나마에서 고함원숭이 한 마리가 신나서 날뛰는 모습을 보고, 원숭이가 원래 그런 게 아니라 알코올에 취해서 날뛰는 것으로 의심한 과학자가 있었다. 그런데 술에 취한 것이 맞는다고 밝혀졌다. 고함원숭이가 섭취하는 오렌지 식사량과 반쯤 먹다 나무에서 떨어뜨린 오렌지의 알코올 농도를 측정했다. 고함원숭이는 식사 한 번에 술집에서 열 잔을 마시는 정도의 알코올을 섭취했다는 것을 알 수 있었다. 과학자들이 관찰한 결과, 원숭이의 신체에 즉각적인 부작용은 없었다. 숙취가 있는지는 알 수 없지만, 원숭이는 그렇게 마셔도 나무에서 떨어지지 않는다는 사실을 알게 되었다.

고함원숭이의 즐거운 난동은 생물학자 로버트 더들리Robert Dudley의 '술 취한 원숭이' 가설과 잘 맞아떨어진다.[1] 현생 인류가 알코올에 대한 애착을 가지는 것을 진화론적으로 설명한 이론이다. 더들리는 우리가 전통적으로 과일을 섭취하는 종족의 후손이라고 주장했다. 최초의 유인원은 과일을 섭취했다. 그리고 인접한 종족은 잎이나 식물의 다른 부위를 먹기 시작했다. 그러나 700만 년 전 인류의 뿌리가 되었던 유인원 집단은 과일 위주의 식단을 지켜왔다. 과일이 내뿜는 에탄올 증기는, 초파리가 그런 것처럼, 후각이 예민한 영장류가 과일이 있는 위치를 찾을 수 있게 도움을 준다. 더들리는 과일을 먹는 초기의 원숭이와 유인원은 알코올 향으로 익은 과일을 찾았다는 가설도 제안했다.

과일의 색깔보다 에탄올의 존재 여부가 당분 함량을 더 잘 나타낸다는 사실이 2004년에 밝혀지면서, 이런 시나리오가 힘을 받았다. 더 중요한 사

1 더들리 교수의 저서 *The drunken monkey*는 『술 취한 원숭이』로 번역되어 국내에서도 출판되었다.

실은 발효된 과일을 먹기 시작하면서 알코올의 에너지가 추가로 같이 섭취된다. 다른 중독성 물질과는 달리 에탄올은 칼로리가 높다. 에탄올의 열량은 탄수화물의 거의 두 배다. 맥주 뱃살의 원인이 바로 이것이다. 만약에 세상에 맥주가 없었더라도 와인 뱃살이라고 불렸을 것이다. 그래서 여러 가지 상황이 복합적으로 작용하겠지만 과일을 주식으로 섭취하는, 그러나 항상 배가 고팠던 우리의 조상에게 에탄올은 매력적이었을 거라는 생각이 든다. 그리고 에탄올을 선호하는 취향은 후손에게로 이어졌다.

'진화적 숙취evolutionary hangover' 가설은 흥미롭지만, 특별히 인간에게 적용하면 문제가 있다. 아프리카에서 우리의 조상은 수백만 년 전에 숲에서 산림지대와 초원으로 거주 환경을 옮겨가면서, 진화의 관점에서 보면, 식단이 크게 바뀌었다. 그러나 넓은 지역에서 흩어져 사는 침팬지는 현재도 새로운 식사 자원을 무시하고 과일과 잎으로 이루어진 식단을 유지하고 있다. 숲에서 먹었던 익숙한 자원에만 의존하는 것이다. 반면에 우리의 유인원 선조들은 결국에 잡식성이 되었다. 과일 섭취를 줄이고 덩이뿌리, 과일 줄기, 동물성 단백질을 식사에 추가한 것이다. 우리 조상이 숲을 떠나면서 식단의 중심은 더는 과일이 아니었다. 여기에 더해, 파나마의 고함원숭이와 다르게, 숲에 사는 많은 원숭이와 유인원은 에탄올 함유량이 높은 농익은 과일은 피한다. 그래서 과일을 주로 섭취하는 고등한 유인원들이 모두 알코올을 좋아한다고 볼 수 없다. 이들 중 일부만이 에탄올이 알려주는 과일의 숙성도뿐만 아니라, 알코올이 행동에 끼치는 영향도 좋아한다.

인간의 관점으로 볼 때, 우리의 선조들이 과일 위주의 식단을 따랐다는 사실에서 알 수 있는 가장 중요한 점은, 주류를 선호하지 않았어도 낮은 농도의 알코올에 지속적으로 노출되었을 거라는 사실이다. 소량이라고 해도 꾸준하게 알코올을 섭취했기 때문에, 현대의 인간이 상당한 알코올 해독 능력을 갖추게 된 것으로 생각할 수 있다. 그런데 이런 현상은 분자 수준에서 발생한 우연한 사건으로 이해할 수 있게 섭취 가능한 알코올 양의 한계가 동물에 따라 다르다는 것은 당연하다. 나무두더지의 알코올 내성은 작은 몸체에도 불구하고 의외로 높다. 고슴도치의 내성은 사람과 큰 차이를 보인다. 달걀 리큐어liqueur를 먹고 사망한 채로 발견된 고슴도치의 혈중 알코올 농도는 뉴욕시 운전자 혈중 알코올 허용치의 절반에도 못 미쳤다. 그 이유는 분자생물학 연구를 통해 밝혀졌다.[2] 유인원과 인간들이 공유하는 가장 마지막 공통 조상의 유전자에서 작은 변화가 일어나, 에탄올 분자를 분해하는 능력이 뛰어난 효소가 생겨났다는 것이다. 이런 차이를 생각해 보면 인간은 술을 좋아하는 반면, 어떤 유인원은 숙성된 과일을 피한다는 사실이 이해가 간다. 어떤 이유든 호모사피엔스는 특수한 체질을 지니게 되었고, 새로운 유전적 성향은 인간이 발효를 경제적 수단으로 이용하게 만들었다.

인류는 정착 생활을 시작한 이후, 계절에 따라 과일과 곡식을 얻을 수 있는 곳으로 혹은 동물이 풀을 뜯는 곳을 따라 이동할 수 없었다. 그러므로 인류는 상하기 쉬운 음식을 오래 보관해야 한다는 난제에 직면했다. 아무리 농경이 발달한다 해도, 고정된 장소에서의 농업은 사계절 내내 생산량이 같을 수 없다. 저장된 음식은 산화와 같은 화학적 반응에 노출되거나 혹은 썩고, 쥐와 곤충 같은 해충의 약탈에 취약하기 마련이다.

---

2 여러 동물의 유전자를 비교하는 연구에서 인간이 지닌 알코올 분해 효소 ADH4는 침팬지와 고릴라에도 있지만, 오랑우탄은 가지고 있지 않다. 약 1000만 년 전 일어난 침팬지와 고릴라 공통 조상의 ADH4 유전자 변이로, 알코올이 포함된 과일을 먹어도 문제가 없도록 진화했다고 추정한다. ≪미국국립과학원회보(Proceedings of the National Academy of Sciences, PNAS)≫, 112(2)(2015.1.13), pp.458~463.

이 때문에 정착 생활을 선택한 인간은 모두 음식을 보존할 방법을 찾아야 했다. 그리고 신석기시대의 인류는 발효라는 방법을 흔히 선택했을 것이다. 동물학자 더글러스 레비Douglas Levey는 인류학적 시각에서 의도적인 발효는 "통제된 부패"라고 말했다. 알코올 농도가 조금이라도 높으면 음식을 썩게 하는 미생물은 대부분 생존할 수 없다. 그래서 보존된 음식이 산소에 노출되는 정도를 조절해 한정된 양의 알코올이 발효되게 만들었다. 신석기시대 농부들은 곡식의 신선도를 포기하고 이 방법으로 영양소를 보존할 수 있었다.

그러나 지금까지 발견된 음식 보존 방식 중에서 발효가 가장 오래된 것은 아니다. 마지막 빙하기의 말미인 약 1만 4000년 전, 얼음으로 뒤덮인 중부 유럽 평원의 거주자들은 영구 동토층을 파낸 깊은 구덩이에 고기를 넣어, 일 년 내내 사용 가능한 냉장고를 만들었다. 물론 신석기시대 서아시아의 온화한 기후에서는 이런 방법을 쓸 수 없었다. 그 대신 햇빛 아래 건조해 저장하는 것이 적당한 방법이었다. 실제로도 햇빛 건조는 널리 사용되었을 것이다. 그러나 발효는 분명히 신석기시대 농부들이 선호하던 식품 보존 방식이다. 그래서 레비는 신석기시대의 발효가 본래는 보존을 위해 사용되기 시작했다고 주장한다. 발효로 주류를 만들기 시작한 것은 그 이후의 일이라고 한다.

추상적인 사고가 가능한 우리 종족은 세상과 자신에 대한 정보를 특별한 방식으로 수용했다. 결과는 놀라웠지만, 그래도 우리는 여전히 불완전한 동물이다. 우리의 행동은 여전히 통계학자들이 표준 분포라고 부르는 테두리를 벗어나지 못한다. 벨 커브bell curve라고 불리는 정규 분포는 사람의 행동 대부분과 신체적 표현이 대체로 비슷하다는 사실을 의미한다. 그리고 표준과 크게 다른 행동일수록 발생할 확률은 낮아진다. 예를 들면, 대부분의 사람은 상대방에게 상식적인 수준에서 호의적이다. 반면에 극단적으로 악하거나 선량한 사람은 드물다. 술고래와 비음주자 사이의 범위도 비슷한 모습을 보인다. 사회에서 금욕적인 사람과 애주가의 비율이 낮은 이유다. 게다가 사람들 사이에는 관습과 부정적인 분위기도 영향을 준다. 토요일 밤이면 폭음을 하지만, 다른 날에는 금주를 해야 한다는 것이다. 저변에 깔린 이러한 경향은 기본적으로 변하지 않는다. 호모사피엔스는 적당량의 알코올을 섭취하는 능력을 갖춘 동시에 때때로 과음한다. 그러나 자연을 살펴보면 알코올을 섭취하고 때때로 과음하는 다른 생명체도 분명히 존재한다.

호모사피엔스의 경우에 특별한 점은 알코올을 원하는 만큼 대량으로 생산할 수 있다는 것이다. 알코올 대량생산은 알코올 중독이나 자제력 결핍을 일으킨다. 그래서 알코올음료가 과음을 유발하고 결과적으로 사회악으로 간주되는 과정은 필연적으로 보인다. 인간 사회는 대부분 알코올 섭취를 규제하기 위한 규칙을 만들었다. 그리고 인간에게는 좋다고 생각하는 규칙을 비논리적인 수준까지 전개하는 경향이 있어서, 이런 규칙은 종종 엄격한 규율이 되었다. 무수한 법, 전통이나 규제가 알코올의 생산, 분배, 음주를 제한했다. 동시에 그리스도의 피부터 악마의 약물까지, 동일한 문화 집단에서 혹은 심지어 같은 사람 사이에서도 와인에 대한 태도는 모두 다르다. 그만큼 사람은 모순된 동물이다. 그러므로 아레니-1 와인 양조장에서 만들어진 와인은 엄격한 관례에 따라 생산되고 다소 강압적으로 섭취되었을 것이다. 와인과 술에 대한 상반된 태도는 인류 역사를 통해 언제나 존재해 왔을 것으로 보인다.

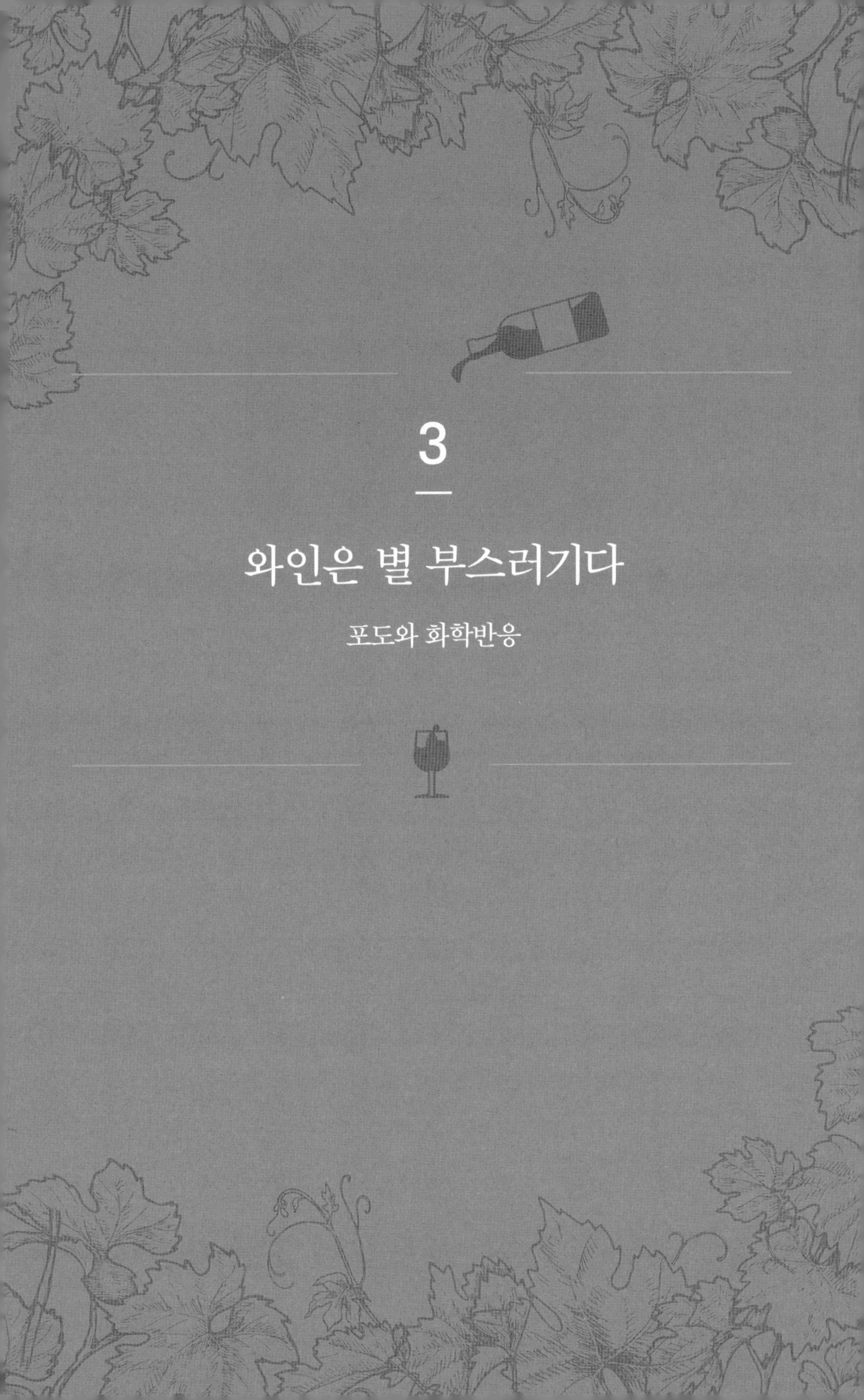

3

와인은 별 부스러기다

포도와 화학반응

와인 이야기는 별 부스러기에서 시작된다.
와인이나 별 부스러기를 구성하는 물질에 대한
그럴듯한 이야기의 출처는 바로
천체물리학자이며 와인을 사랑하는 친구이자 동료인
닐 더그래스 타이슨Neil degrasse Tyson이다.+
우리는 천체 물리학적 이름과 주제를 지닌 와인을 골라달라고 했고,
그는 바로 호주의 클래런던 힐Clarendon Hill 포도원의
'시라Syrah' 품종을 주로 사용하는 '아스트랄리스Astralis'를 권했다.
받침목 없이 홀로 크게 자란 거친 우주만큼이나
오래되어 보이는 포도나무에서 수확한 포도로 만들었다고 한다.
"그러면 와인은 어때?" 닐에게 물었다. 그가 말했다.
"굉장해, 대단하지. 아름답고, 모든 감각을 깨우지.
마치 별 그 자체와 같아."

\+ 닐 타이슨은 칼 세이건(Carl Sagan) 이후 가장 인기 있는 천문학자다. 우리나라에서도 『기발한 천체물리』(사이언스북스, 2021), 『나의 대답은 오직 과학입니다』(반니, 2020) 같은 책으로 잘 알려져 있다.

포도를 으깨두면 어떻게 와인으로 변할까? 와인이 만들어지는 과정을 설명하려면 와인뿐만 아니라, 바로 우주를 구성하는 요소인 원자와 분자까지 거슬러 올라가야 한다. 빅뱅과 함께 탄생한 최초의 원자이면서 동시에 가장 간단한 원자인 수소는 우주 공간에서 흩뿌려진 먼지가 되고 결국 은하, 별, 행성을 만들었다. 다음엔 다른 원자들이 서로 결합하기 시작했고, 이런 장면이 이어지면서 현재 존재하는 모든 것이 만들어지는 것처럼 우주가 진화해 온 것이다. 닐 타이슨은 웅변하는 말투로 우리는 모두 상징적으로, 동시에 말 그대로, 별 부스러기로 만들어졌다고 열변을 토한 적이 있다. 그리고 인간도 별 부스러기로 만들어진 것처럼 와인도 결국은 마찬가지라고 말했다.

와인의 우주적 기원론에 대한 굉장한 비유는 몇 년 전 천체물리학자 벤저민 저커먼Benzamin Zuckerman과 동료들이 태양계가 속한 우리 은하 중심 근처에 놓여 있는 밀도가 높은 분자구름에 알코올이 들어 있다는 사실을 발견했을 때 절정에 달했다. 타이슨이 ≪내추럴 히스토리Natural History≫에 기고한 「은하수 주점Milky Way Bar」이라는 원고에는, 구름 속의 물 분자가 알코올 분자보다 훨씬 많아서 사실은 지구상에서 마시기에는 약간 실망스러울 수 있다고 너스레를 떨었다. 사실, 타이슨이 지적한 바와 같이 분자구름의 알코올은 약 0.001프루프[1]에 불과할 것이다. 그러나 광대한 은하계 중심 부근의 구름의 양은 매우 거대하여 많은 양을 증류할 수 있다면 200프루프의 진짜 독주 100억 리터를 얻을 수 있다.

역사에 남아 있는 문명은 모두 한결같이 당분 즙액을 알코올로 바꾸는 방법을 알고 있었다. 초기의 양조 기술자나 와인 제조자는 원자나 분자, 산과 염기, 수소결합이나 전자궤도에 대해서는 무지했다. 그러나 그들은 전문 기술자이며 화학자의 원조였다. 인간을 존재하게 만든, 간단하면서도 가장 중요한 화학반응을 다루었다. 바로 설탕을 알코올로 바꾸는 것이다. 비록 우리 조상이 분자의 존재는 알지 못했어도, 시행착오를 통해 설탕을 알코올로 바꾸는 화학반응의 원리를 터득했다. 시행착오적 경험을 통해 와인의 맛볼 때 왜 쓴맛이 나는지 혹은 신맛이 나는지, 알코올 함량이 15퍼센트를 잘 넘지 않고, 와인을 발효시키는 시간이 필요한 이유와 보관할 때 어떻게 주의해야 하는지 이해하게 되었다.

발효라는 화학반응이 일어나는 분자 세계의 스케일에 대해 먼저 이야기를 시작해 보자. 분자의 크기는 은하수와는 엄청난 차이가 난다. 수소와 같은 원자와, 물이나 설탕과 같은 작은 분자의 크기는 아주아주 미소하다. 오늘날 마시고 있는 '키안티Chianti' 와인을 담은 유리잔의 높이는 약 10센티미터, 지름은 5센티미터, 무게는 약 30그램이다. 이와는 극단적으로 비교되는 분자를 구성하는 기본 단위인 원자의 일반적인 크기는 25~200피코미터이다. 여기서 피코미터pm는 0.000000000001미터이므로 와인 잔 높이보다 약 0.0000000001배 더 작은 단위이다. 원자를 서로 포개 쌓아서 유리잔의 바닥에서 아가리까지 도달하려면 1000억 개의 원자가 필요하다. 물 분자의 직

---

1 프루프는 술 알코올의 농도를 표시하는 단위로, 100프루프는 알코올 50퍼센트에 해당한다. 알코올 농도를 과학적으로 측정하지 못하던 과거에, 술에 불을 붙여 알코올 포함 여부를 확인하던 방법에서 유래했다.

경은 2.5옹스트롬이다[크기의 또 다른 척도인 옹스트롬(Å)은 0.0000000001 미터이다]. 물 분자 길이와 와인 잔의 직경의 비율은 0.0000005이며, 물 분자를 서로 연결시켜 와인 잔을 가로지르려면 약 5000만 개가 필요하다. 포도즙의 주성분인 포도당은 0.000000000000000000001그램보다 180배가 무겁다. 결국 포도당 분자 하나는 와인 잔 무게의 0.000000000000000000002에 불과하다. 잔을 채운 와인은 셀 수 없이 많은 포도당이 필요하다. 발효는 분자와 분자 사이에 일어나는 일이다. 발효가 진행되는 동안 분자들이 상호작용하는 규모는 인간의 생각으로 가늠하기에는 너무나 미세하다. 단 1그램의 설탕으로 알코올을 만들려 해도 아주 작은 공간에서 몇조 번의 반응이 일어나야 한다.

◆ ◆ ◆

알코올이나 설탕 등을 구성하는 원자의 구조를 이해하는 것이 중요하다. 그 이유는 구조가 바로 원자의 특성과 상호작용을 결정하기 때문이다. 현재 과학자들은 난해한 그림으로 원자를 설명하지만, 와인을 이해하기 위해 양성자와 중성자가 모인 핵과 주변 궤도를 따라 전자가 돌고 있는 단순한 원자구조를 생각하면 된다. 핵을 따라 도는 전자궤도는 매우 복잡하고, 이것을 파고드는 양자물리학은 정말 이해할 수 없을 만큼 어렵다. 그러나 우리는 안정된 원자가 전자를 잃거나 얻을 때 일어나는 일에만 주목하면 된다. 여기서 안정된 원자란 양성자와 전자의 개수가 같은 기본 상태의 원자를 말한다. 원자끼리 서로 전자를 주고받는 것은 빈번한 현상이다. 만일 그렇지 않다면 우주에는 원자보다 더 복잡한 것은 생겨나지 않았을 것이다. 심지어는 와인도 와인을 마시는 사람도 존재하지 않을 것이다. 전자는 원자 사이를 춤추듯 뛰어넘어 다닌다. 핵 주위를 공전하는 전자는 외부의 힘 때문에 떨어져 나가거나 심지어는 예외적으로 이탈하기도 한다.

이탈한 전자가 안정된 원자로 옮겨 가면 양성자와 전자의 불균형이 생긴다. 그 원자의 양성자보다 전자가 더 많아지고, 음전하를 띠게 된다. 이런 원자를 -1의 전하를 가진다고 한다. 반대로 전자를 하나 잃어버린 원자는 +1의 전하를 가지는 양전하 원자가 된다. 그러나 장부에서 수입과 지출의 균형을 맞추는 회계사와 같은 것이 바로 이 우주다. 당연히 전자를 잃은 원자는 하나를 다시 얻을 수 있고, 전자가 많은 원자는 하나를 쫓아내 버릴 수 있다. 그러나 우주는 안정을 원하므로, 전하를 가진 원자들을 서로 결합시켜서 균형을 맞춘다. 이렇게 원자가 서로 결합해 전자를 주고받는 상호작용은 큰 분자를 형성하는 방법이며, 이를 화학결합이라고 부른다. 전자를 잃거나 얻은 원자들이 서로 이온결합을 하거나 다른 형태의 화학결합을 형성한다. 이러한 화학결합은 작은 분자를 서로 연결하고 또 연결해 생물학적으로 중요한 DNA나 단백질과 같은 거대분자도 만든다.

이쯤에서 보면 주기율표의 115개 원소 중에서 단지 몇 개만이 와인 생물학과 관련이 있다는 것은 정말 다행스럽다. 그리고 더욱 다행스럽게도 와인에 있는 거대분자의 종류는 정말 몇 종류뿐이다. 단지 몇 종의 원자가 생물체를 구성하기 때문이다. 실제로 동물은 탄소C, 수소H, 질소N, 산소O, 인P, 황S의 여섯 원소만 가지고 있다. 학생들은 이 원소기호로 만든 단어 CHNOPS를 사용해 기억한다. 그러나 더 정확하게는 OCHNPS가 되어야 한다. OCHNPS는 동물의 몸을 구성하는 원소가 많은 순서로 나열한 것이다. 와인 양조효모를 구성하는 원소의 적절한 순서는 어색하지만 OCHNClPS다. 이는 효모의 원소 구성이 동물의 구성과 약 99.9퍼센트 동일하지만, 효모는 염소Cl를 더 많이 포함하고 있기 때문이다. 포도 덩굴과 같은 식물의 경우 상황은 여전히 더 복잡하다. 풍부한 원소 순서로 나열하면 OCHNKSiCaMgPS이다. 식물에서 존재해, 추가된 새로운 원소는 실리콘Si, 칼슘Ca, 마그네슘Mg, 칼륨K이다. 이런 원소기호로 만든 단어는 외우기 어렵고 또 외울 필요도 없지만, 식물에는 동물이나 효모보다 몇 가지 더 많은 기본 원소가 존재한다는 것을 보여준다. 그럼에도 불구하고 인간이나 효모, 심지어 식물은 모두 네 가지 원소OCHN를 많은 순서 그대로 공통으로 가지고 있으며 P와 S도 모두 가지고 있다. 의미심장하게도 OCHNPS는 단백질을 구성하는 분자 아미노산과 DNA를 구성하는 염기의 기본 구성 원자들이다. 이어서 더 자세히 살펴보자.

인간의 몸이 다른 원자가 아닌 OCHNPS로 구성된 이유는 진화라는 한 단어로 답할 수 있다. 오래전부터 지구상의 생명체를 구성하는 분자의 모양과 분자의 상호작용은 자연선택으로 다듬어져 왔다. 처음에 생명의 진화는 아무 방향으로나 진행되고 있었을 것이다. 예를 들어 어떤 분자는 마치 왼손이나 오른손의 모양처럼 거울에 비친 대칭 모양을 가진다. 같은 원자로 만들어진 아미노산 분자는 하나는 오른손, 다른 하나는 왼손처럼 거울상으로 존재한다. 각각 같은 수의 탄소, 수소, 산소, 질소로 같은 화학결합을 하지만 하나는 왼손 모양이고 다른 하나는 오른손 모양이므로 두 분자의 특성은 다르다. 머릿속으로 오른손 모양을 적당히 회전시켜 왼손 모양을 만들어보라. 곧 그렇게 하는 것이 불가능하다는 것을 알게 된다. 마찬가지로 왼손 모양의 분자만 작용하는 화학반응에 오른손 모양의 분자를 대신 사용하면 실패한다.

지구상의 생명체에 중요한 분자의 대부분은 왼손 모양으로 진화했다. 매우 초기 단계의 분자 진화 과정에서 왼쪽 모양의 자연선택이 모든 분자에 대한 일반적인 경향으로 적용되었다는 것이 가장 타당한 설명이다. 생명체를 구성하는 여섯 개의 원소 CHONP와 알코올도 마찬가지다.

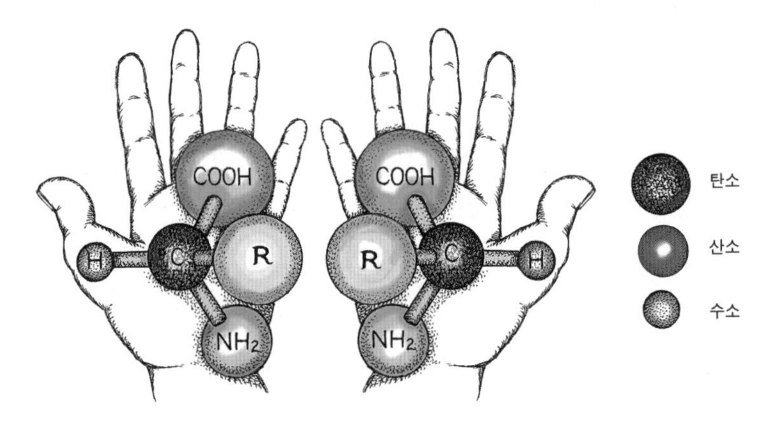

그림 3.1 왼손과 오른손 모양을 같이 보여주는 아미노산의 일반적인 구조
여기서 R은 20개의 아미노산에서 각각 달라지는 부분을 통칭한다.

세포에서 원자뿐만 아니라 에너지도 중요한 요소다. 알코올을 만드는 발효 과정은 에너지를 효율적으로 생산하는 방법이다. 세포도 에너지가 필요했기 때문에, 진화 과정에서 발효하는 능력을 다듬고 발전시켜 왔다. 그러나 세포에서 발효 능력이 자리 잡고 남아 있게 된 이유는 우연의 문제, 그 이상 혹은 그 이하도 아니다. 간단히 말하자면 진화에는 설계도가 없었고, 적응의 문제는 즉흥적으로 해결되었기 때문이다. 만약 발효 과정에서 에너지를 얻을 수 있는 좀 더 좋은 메커니즘이 있었다면, 알코올은 구경도 할 수 없었을 것이다.

세상에는 여러 종류의 원자가 있고 서로 결합하는 방법이 다양하다. 이런 다양성 때문에 우리가 사는 세계가 복잡한 것이다. 왜냐하면 같은 원소로 구성된 분자라 하더라도 모양과 공간적 배열에 따라 분자의 특성이 크게 좌우되기 때문이다.

가장 기본적인 원자 중 하나인 산소를 자세히 살펴보자. 산소는 지구 표면에서 가장 풍부한 원소다. 수소와 산소가 1 : 2의 비율로 구성된 것이 바로 물이다. 물은 지구상 모든 생명체의 몸에 존재하고, 몸을 구성한다. 산소가 포함된 다른 분자는 대기 중에 있는 이산화탄소다. 이산화탄소는 산소와 탄소의 비율이 2 : 1이다. 물 분자는 각각 세 개의 원자, 즉 수소 원자 두 개와 산소 원자 한 개로 안정적인 구조를 형성한다. 여기서 화학결합은 이온화된 원자의 결합이 아니라 전자의 서로 주고받는 방식이다.

닉 레인Nick Lane은 『산소: 세상을 만든 분자Oxygen: The Molecules That Made the World』에서 지구상의 생명체는 산소가 관여하는 두 가지 기본적인 현상, 즉 호흡과 광합성에 의존한다는 사실을 강조했다. 호흡과 광합성 반응에서 전자의 흐름을, 비유적으로 우리가 사는 지구에서는 생명의 경제라고 주장하는 것은 당연해 보인다. 광합성은 이산화탄소와 물을 흡수해 산소와 에너지로 바꾸는 과정으로, 식물이나 조류 및 시아노박테리아와 같은 매우 작은 생명체에서 일어난다. 호흡은 모든 생명체의 생명을 유지하게 하며, 대기 중 산소를 사용해 에너지와 물, 이산화탄소를 만든다.

◆ ◆ ◆

화학자는 화학식을 좋아한다. 그래서 와인의 성분이 무엇인지 확실하게 알고 싶으면 화학식이 등장해도 참을 수밖에 없다. 화학반응식을 해독하는 것은 로제타스톤Rosetta Stone을 읽는 것과 비슷해 보일 수 있지만, 몇 가지 규칙만 알면 의외로 간단하다. 화학반응식에서 분자를 표시하는 방법으로 분자에 포함된 원자 기호를 모두 나열한다. 여기서 아래 첨자는 원자의 수를 표시한다. 따라서 하나의 탄소와 두 개의 산소를 가진 이산화탄소는 CO_2로 표기된다. 그러나 화학식으로 분자를 표시하는 방식은 어떤 원자가 포함되는지 보여주지만, 분자의 배열이나 모양을 나타내지는 않는다. 분자의 기능을 이해하려며 분자의 배열이나 모양을 아는 것이 중요하다. 그래서 화학자는 분자의 모양 정보를 추가하기 위해 행맨 게임에 사용되는 막대기 모양과 유사한 막대 표기법을 사용한다. 각각의 원자에는 몸통에서 튀어나온 정해진 개수의 막대가 있다. 수소는 대부분 막대가 하나뿐인 반면에, 산소에는 일반적으로 두 개, 탄소는 네 개가 있다. 막대의 개수는 원자 번호와 그 주위를 돌고 있는 전자의 궤도에 의해 결정된다. 이산화탄소의 화학 구조식은 막대 표기법으로 다음과 같다.

$$O = C = O$$

그런데 종이 위에 그릴 수 있는 화학 구조식은 평면일 수밖에 없다. 실제로 분자는 입체적인 모양을 가지고 있고 3차원 공간에 존재한다. 그래서 마치 장부에 기록하는 것과 같은 화학식과, 구와 막대로 표현 가능한 자연 상태의 분자모형은 서로 다르다. 이산화탄소의 경우에는 장부상에 기록하는 화학식과 3차원 구조가 크게 다르지 않다. 그러나 다른 분자는 대부분 장부상의 화학식으로 원자 사이에 연결되는 각도를 명확하게 표기할 수 없다. 이 점은 생물학자에게 중요한 문제다. 자연은 화학식보다 분자의 모양을 더 중요시하기 때문이다. 분자 수준에서 발효를 살펴보면 확실히 그렇다. 분자가 왜 그렇게 생기게 되었는지 신경 쓸 필요 없이, 분자의 겉모습으로 이해하자. 그래서 이제는 분자의 크기에 대한 지식과 화학식으로 무장하고, 포도의 탄소 원자가 어떻게 알코올로 바뀌는지 추적해 보자.

지금까지는 비교적 복잡하지 않았지만, 사실 원자는 실제로 다른 원자와 정해진 각도로 결합하고 있다. 이어지는 한 줄로 이산화탄소를 그려도, 분자의 탄소와 산소 사이의 결합이 물리적으로 180도의 일직선에 있다는 것

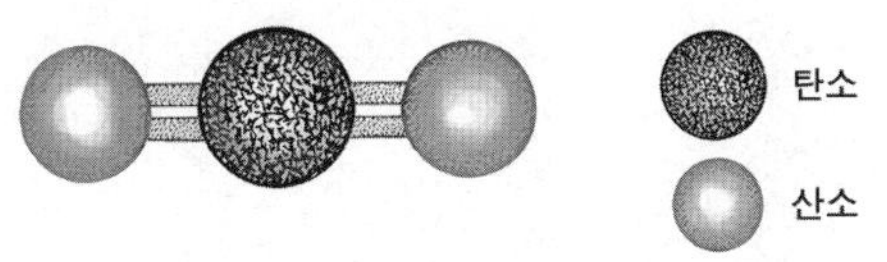

그림 3.2 막대-구 모델로 표현된 자연 상태 이산화탄소의 구조

을 의미하지는 않는다. 원자의 결합각은 분자의 모양에 분명하게 영향을 준다. 분자의 모양이 달라지면 특성도 달라진다. 이것이 바로 화학과 생물학에서 계속 등장하는 핵심 사항이다. 이 장의 뒷부분에서는 세포에서 특정한 역할을 하는 거대분자인 단백질에 대해 다루는데, 단백질의 모양이 변형되면 단백질의 움직임도 약간 달라진다는 것을 알 수 있다. 극단적인 경우에는 변형된 단백질을 생산하는 생명체의 생존까지 힘들게 할 수도 있다.

알코올은 와인에 포함된 분자 중에서 가장 단순한 분자일 것이다. 알코올 분자에도 몇 종류가 있는데, 모두 구-막대 모델 그림으로 나타낼 수 있다. 여기서 는 산소이고, 는 수소다. 는 탄소이고, R이 적힌 구는 측쇄[2] 구조를 단순하게 나타낸 것이다. 측쇄란 하나의 원자가 아니라 주로 탄소와 수소로 구성된 몇 개의 원자 모임이다. 알코올 분자의 모형에서 가운데, 즉 정중앙에 있는 탄소는 화학결합이 완결된 상태로 모두 다른 원자와 연결되어 있다. 화학결합이 완결되었다는 의미는 탄소에 세 개의 측쇄R 혹은 원자 그룹이 각각 연결되고, 네 번째로 산소와 수소 OH가 이어서 붙어 있다는 것이다. 수산화 작용기라고 부르는 OH는 모든 알코올 분자에는 존재한다.

---

2 측쇄는 영어의 side chain을 말하는데, 원자가 몇 개 모인 '원자 그룹' 혹은 '원자단' 같은 화학 용어와 혼용된다. 정확하게는 중심 분자쇄에 붙어 있는 원자의 모임을 지칭할 때 주로 사용한다.

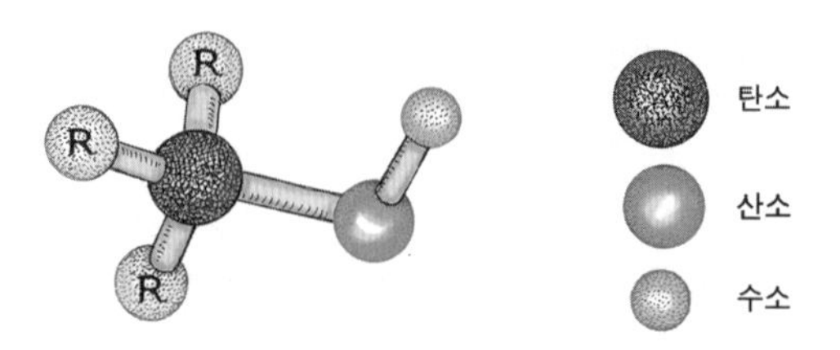

그림 3.3 구-막대로 표현한 알코올 분자의 모형

알코올 중에서 분자의 크기가 가장 작은 것은 메탄올이다. 메탄올의 측쇄 R은 모두 수소H다. 그림에서 R을 모두 수소H로 생각하면 화학식은 CH_3OH인 메탄올이 된다. 메탄올은 나무를 증류해 얻을 수 있다. 그래서 나무 알코올이라는 뜻의 '목정'으로도 불린다. 메탄올은 증류 과정에서 쉽게 얻어지기 때문에, 잘못 만든 술을 증류시키면 메탄올이 부산물로 남는다. 반면 에탄올은 와인과 맥주 및 기타 알코올음료에 생명력을 불어넣는 진짜 알코올이다. 다음 그림에서 볼 수 있듯이 측쇄 중 하나는 CH_3-이고 나머지는 수소이며, 모두 분자의 중심 탄소에 연결되어 있다. 따라서 분자식, 즉 원자의 구성은 CH_3-CH_2-OH이다. 이 사랑스러운 분자가 바로 포도주를 담거나 술을 만들 때 우리가 원하는 에탄올이다. 놀랍게도 독성이 있는 메탄올 분자와는 생긴 모습이 겨우 조금 다를 뿐이다. 차이점은 바로 단순히 중심 탄소에 연결된 측쇄 CH_3- 그룹이다. 바로 이 미세한 차이가

유해한 메탄올:

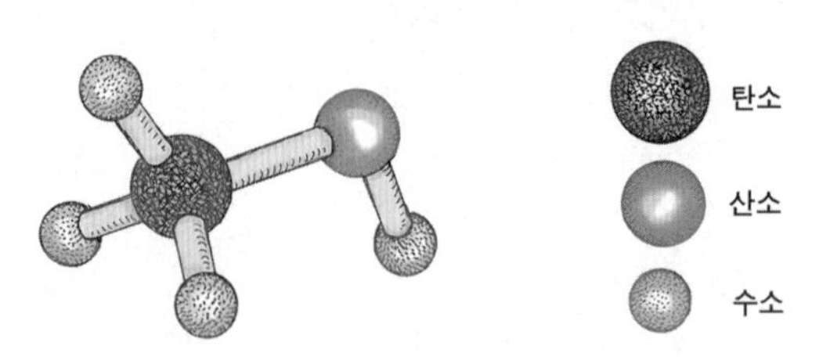

그림 3.4 메탄올 분자의 구-막대 모델

그리고 무해한 에탄올:

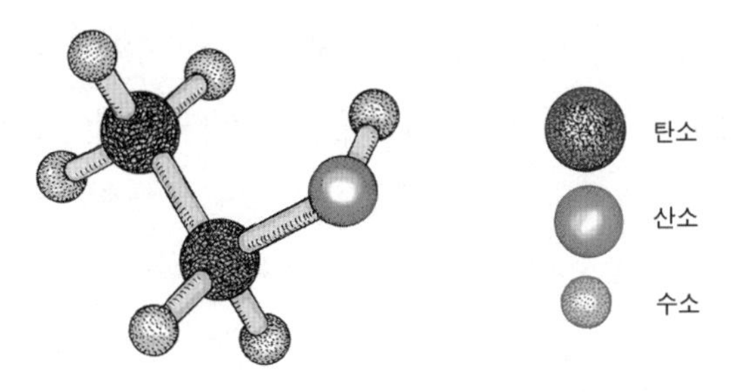

그림 3.5 에탄올의 분자의 구-막대 모델

사이에 존재한다. 완전히 측쇄 CH_{3-}의 존재 여부에 따라 심각한 질환을 일으키거나 그냥 기분을 좋게 해주는 차이를 만든다. 특히 우리 눈의 시신경에 대한 독성을 가지고 있는 메탄올을 마시면 실명까지 이어질 수 있다.

이 외에도 중요한 알코올이 두 종류가 더 있다. 부탄올butanol과 프로판올propanol은 발효 과정에서 얻어지는 부산물이기 때문이다. 각각 박테리아와 효모가 생산한다. 발효 온도가 높으면 '클로스트리듐 아세토부틸리쿰Clostridium acetobutylicum'이라는 이름의 박테리아[3]가 '부탄올'을 만들고, 고온에서 자라는 효모는 '프로판올'을 만든다. 맥주나 와인에 있는 이런 알코올은 모두 원치 않았던 불순물에 해당한다. 발효 과정에서 에탄올은 설탕이 분해되어 만들어지고, 메탄올, 부탄올 및 프로판올은 모두 셀룰로오스가 분해되어 생긴다. 우리의 사랑하는 에탄올은 단순하게 탄소 원자 두 개와 수소 몇 개, 그리고 산소로 구성된 분자다. 그러나 이러한 원자들이 서로 연결된 방식과 입체적인 모양에 따라 알코올 분자가 신경계에 주는 영향은 결

3 박테리아의 우리말은 세균이다. 곰팡이는 균이라고 부른다.

정적으로 달라진다. 단순하게 에탄올에서 측쇄 CH_3 그룹을 떼어버리면 말 그대로 살인 알코올인 메탄올이 되기 때문이다.

이제 당분에 대해 알아보자. 와인 양조에서 가장 필수적인 분자가 바로 당분이다. 당분도 알코올처럼 여러 모습을 하고 있다. 커피에 단맛을 내는 설탕이 바로 우리에게 가장 친근한 당분이다. 설탕의 사촌에 해당하는 말토오스maltose와 유당도 있다. 이들은 모두 단순당 분자 두 개가 연결되어 만들어지는 이당류에 해당한다. 설탕도 이당류에 속하는데, 단순당 분자인 과당과 포도당이 결합해 만들어진 것이다. 단당류나 이당류보다 더 복잡한 당분 분자는 다당류라고 부른다. 기본적인 단당류 분자는 '글리콜리틱 glycolytic' 화학결합이 끊어져 만들어진다. 반대로 단당류 분자들이 결합하면 이당류 분자가 만들어진다. 이러한 결합을 글리콜리틱 결합이라고 한다. 중요한 사실은 단당류 두 분자가 글리콜리틱 결합을 하면 물 분자가 하나 방출된다. 글리콜리틱 결합은 매우 강해서 물 분자를 다시 가져오는 가수분해에 의해서만 분해될 수 있다. 단당류의 분자는 고리 형태의 모습을 하고 있다. 알코올이나 물처럼 선형의 분자 모양과는 다르다. 단당류는 종류에 따라 5각 혹은 6각의 고리 구조를 가지고, 탄소 원자의 개수에 따라 5탄당 혹은 6탄당으로 구분한다. 분자 고리의 꼭짓점에 탄소 원자가 위치하고 화학 균형을 맞추기 위해 서로 다른 원자 그룹이 탄소의 위아래로 붙어 있다. 설탕에서 단맛이 나는 이유는 고리의 탄소 주변을 장식하는 원자들이 우리 혀의 미각 수용체와 상호작용을 하기 때문이다. 다른 당 분자에서는 고리 주변을 장식하는 원자들이 모인 형태가 다르다. 따라서 미각 수용체와 접촉하는 방식도 다르고, 설탕의 단맛과는 다른 단맛을 낸다. 이렇게 당 분자 구조에서 탄소로부터 신호등 모양으로 튀어나온 측쇄 원자 그룹에 따라 단당류 분자의 종류가 구별된다. 예를 들어 포도당 분자의 고리 모양을

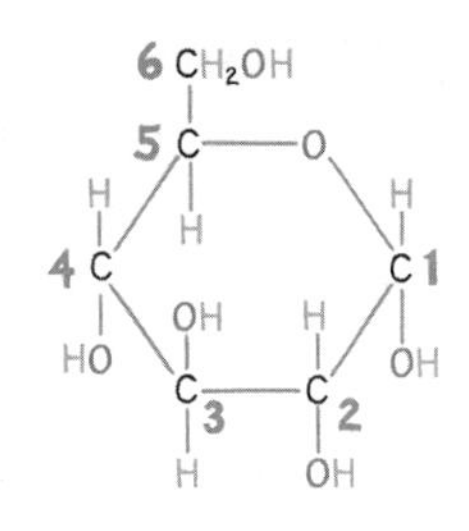

그림 3.6 포도당의 화학구조

보자. 고리의 꼭짓점을 따라 존재하는 탄소는 시계 문자판의 숫자처럼 번호를 매길 수 있다. 단당류이고 6탄당인 포도당 고리에는 여섯 개의 탄소가 있으며 3시 방향의 탄소 원자부터 번호를 붙인다. 여기에 측쇄에 해당하는 히드록실기(-OH 혹은 HO-)는 고리 꼭짓점의 탄소 원자의 위쪽 또는 아래쪽에 붙어 있다. 단당류에서 -OH 측쇄의 배열 방향에 따라 분자의 구조와 모양이 결정된다. 게다가 더 중요한 점은 그 분자가 어떻게 작용하는지 결정한다는 것이다. 〈그림 3.6〉에서 포도당 분자의 탄소 원자 1번부터 4번까지 붙어 있는 -OH 그룹의 배열은 아래, 아래, 위, 아래다.

그런데 2번 탄소에 붙어 있는 HO- 측쇄 그룹을 뒤집어 위로 향하게 하면 다른 단당류인 '마노스Mannose'가 된다. 단맛을 내는 것은 같지만 마노스는 자연계에서 불안정하고 흔하지도 않다. 〈그림 3.7〉과 〈그림 3.8〉에서 볼 수 있듯이 마노스의 탄소 원자 1번에서 4번까지 붙어 있는 -OH 그룹은 아래, 위, 위, 아래 방향으로 정렬되어 있다. 탄소 원자 1번과 2번에 붙어 있는 -OH 그룹이 모두 뒤집혀 위를 향하면 '베타 마노스'가 되는데, 여기서 탄소 원자 1번에서 4번까지 붙어 있는 OH 그룹이 위, 위, 위, 아래 방향으로 배열되고 실제로 쓴맛을 낸다. 이런 차이는 결정적이다. 단당류 분자에서 1번부터 4번 탄소에 붙어 있는 OH 그룹이 서로 다르게 정렬하면 16개의 경우의 수를 가질 수 있다.

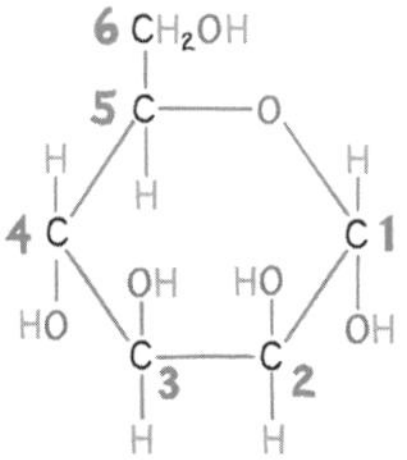

그림 3.7 불안정한 마노스의 화학구조

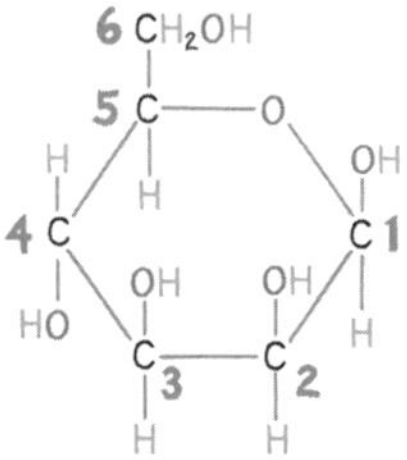

그림 3.8 쓴맛을 내는 베타 마노스의 화학구조

◆ ◆ ◆

지구상의 생명체는 태양에너지에 의존해 살아간다. 식물의 생존에 특히 필수적이다. 그리고 동물도 마찬가지다. 동물은 식물이나, 식물을 먹는 동물을 먹고 생존을 유지하기 때문이다. 식물은 햇빛을 받아 세포가 사용할 에너지를 만든다. 햇빛의 에너지는 식물 세포의 엽록체에서 일어나는 화학반응인 광합성을 통해 흡수되고, 흡수된 에너지는 고분자 형태의 당분으로 포도 같은 열매에 저장된다. 식물은 아주 오래전 먼 과거에 박테리아를 삼키고 흡수해 엽록체라는 세포 내 소기관으로 만들었다. 식물의 엽록체에서 일어나는 광합성 반응이, 와인의 주요 구성 요소인 당 분자를 만들어내는 데 결정적인 셈이다.

식물의 광합성 세포에는 여러 종류의 작은 분자가 관여한다. 그중에는 식물의 잎을 녹색으로 보이게 하는 색소인 엽록소가 가장 많다. 엽록소는 빛을 매우 잘 흡수하지만, 주로 빨간색과 파란색 스펙트럼의 빛에 국한된다. 반면에 엽록소는 녹색 스펙트럼의 빛을 반사하기 때문에 흡수하지 못한다. 이것이 바로 잎의 색깔이 우리에게 녹색으로 보이는 이유다. 색상을 보는 방법에 대한 자세한 내용은 9장에서 더 자세하게 다룬다. 엽록소 분자는 엽록체의 틸라코이드 막에 모여 있고, 빛을 흡수하고 다른 엽록소 분자에 에너지를 전달한다. 에너지가 전달되는 과정에서의 부산물로부터 당분이 만들어지는데, 와인 제조 관점에서 광합성의 가장 중요한 부분이다.

식물에는 에너지를 얻는 광합성과 이를 저장하는 과정이 있다. 에너지를 저장하기 위해 먼저 물 분자에서 전자를 제거하는 방법이 사용된다. 떨어져 나온 고에너지 전자는 이산화탄소를 변형시키고 탄소가 포함된 큰 분자를 만드는 데 사용된다. 바로 에너지가 축적된 당분 분자가 얻어진 것이다. 에너지가 충전된 당분 분자 중에서 가장 중요한 것은 포도당이다. 식물은 포도당 분자를 연결한 긴 사슬을 만들어 에너지를 매우 효율적으로 저장할 수 있다. 이렇게 만들어지는 긴 사슬 모양의 분자에는 여러 종류의 전분과 셀룰로오스가 있다. 전분이나 셀룰로오스도 역시 당분이지만 분자 크기가 너무 커서 입 안의 미각 수용체에 상호작용하기 어려워 달콤한 맛을 느끼게 해주진 않는다.

전분에도 두 종류가 있는데, 하나는 포도당 분자가 '글리코사이드glycoside' 결합으로 길게 반복 연결해 형성된 단순한 직쇄 분자인 '아밀로오스amylose'다. 두 번째는 포도당 분자가 길게 연결되지만 동시에 중간에 가지를 치듯이 연결되어 나뭇가지처럼 생긴 '아밀로펙틴amylopectin'이다. 우리가 식물을 가공해 얻는 전분이라고 부르는 가루에는 아밀로펙틴과 아밀로오스가 3 : 1로 섞여 있다. 셀룰로오스는 포도당이 글리코사이드 결합으로 길게 연결되지만, 연결 방식이 달라 구조적으로 단단한 격자를 형성하는 포도당 사슬이다. 셀룰로오스는 종이의 원료지만, 상추와 같은 식품의 주요 성분이기도 하다. 양상추나 잎이 많은 녹색 채소를 식단에 포함하도록 권장하는 이유가 바로, 섬유질인 셀룰로오스는 소화기관에서 거의 분해되지 않기 때문이다. 셀룰로오스와 전분은 모두 포도당이 연결되어 만들어진 긴 사슬 분자이지만 각각 매우 다른 특성을 가진 물질이라는 점이 중요하다. 포도는 전분과 셀룰로오스를 모두 포함하고 있다. 따라서 많은 양의 포도당도 함유되어 있고 물론 과당도 포함되어 있다. 포도당이나 과당은 모두 포도나무 잎에서 광합성으로 생성되는 물질에서 만들어져 포도 알맹이로 전달된 것이다.

식물이나 특히 포도에서 햇볕이 있다고 해서 당분이 저절로 생성되지는 않는다. 세포에는 단백질이라고 불리는 거대분자가 포함되어 있다. 단백질은 세포 주변에서 다양한 작업을 수행하는 기계 역할을 한다. 모든 식물이 그렇듯이 포도도 단백질로 가득 차 있다. 단백질은 세포의 기능에 필수적이므로 계속해서 만들어지기 때문이다. 효모와 같은 단세포 생물도 끊임없이 단백질을 만든다. 세포 내부를 유지·보수하고 외부 환경 변화에 대응하기 위해서다. 단백질은 아미노산이라고 부르는 기본 단위로 구성되는데, 앞에서 설명한 당분 분자와 매우 유사한 기본적인 중심 구조로 되어 있다. 〈그림 3.9〉에서 아미노산의 일반적인 구-막대 모델을 볼 수 있다. 아미노산의 양 끝에는 '아미노' 말단(N_2H)과 '카복실산' 말단(-COOH)이 있다. 그리고 가운데에는 중심 탄소가 있으며, 여기에도 수소 원자와 R'로 표기되는 측쇄가 막대로 연결되어 있다. 여기서 측쇄 R'은 약 20개 혹은 그보다 더 많을 수 있는 원자 그룹으로 교체될 수 있음을 나타낸다. 교체되는 측쇄에 따라 아미노산의 화학적·생물학적 및 물리적 특성은 달라진다.

원자의 개수가 가장 적은 아미노산의 명칭은 '글리신glycine'이다. 글리신의 분자구조에서 측쇄 R'은 수소H 원자 하나로 되어 있다. 측쇄에 H가 있으면 물에 잘 녹는 극성 아미노산이 된다. 양이온과 음이온이 동시에 존재하므로 극성이지만 균형을 이루기 때문에 전하를 띠지 않은 상태와 같다. 측쇄에 메틸기CH3-가 붙어 있으면 다른 아미노산인 '알라닌alanine'이 된다. 역

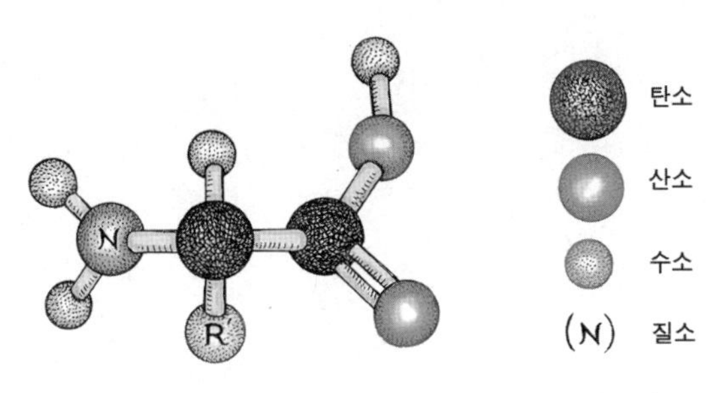

그림 3.9 일반적인 아미노산의 구-막대 분자 모델

시 이온으로 존재하지만 물을 싫어하는 비극성 분자가 된다. 글리신과 알라닌은 측쇄의 작은 변화 때문에 화학적 특성이 달라진다. 가장 무거운 아미노산은 '트립토판tryptophan'으로, 많은 수의 탄소와 수소 그리고 산소 원자 그룹이 측쇄를 형성하고 있다. 측쇄 원자 그룹은 아미노산의 극성과 전하에 거의 영향을 미치지 않지만, 측쇄의 부피가 크기 때문에 이런 아미노산을 많이 포함할수록 단백질의 모양은 상당한 영향을 받는다.

단백질도 당분 분자처럼 긴 사슬로 만들어진다. 아미노산의 한쪽 끝에 있는 카복실 그룹이 다른 아미노산의 다른 쪽 끝에 있는 아미노 그룹에 끌리기 때문이다. 아미노산은 이렇게 연결되는 반응을 선호하므로, 단백질은 구슬이 꿰인 목걸이와 비슷하게 된다. 그리고 꼬인 이어폰 선을 풀어본 경험이 있다면 알고 있듯이, 길게 연결된 것은 쉽게 접히고 감긴다. 원래의 긴 사슬 모양과는 달리, 때로는 단단하며 풀기가 어렵게 바뀐다. 그러나 마음대로 엉킨 이어폰 선과는 달리, 단백질 사슬은 20종 아미노산의 배열에 따라 접히고 감긴다. 아미노산의 배열이 달라지면 단백질 사슬이 다르게 접히거나 감겨서 다른 입체적 구조가 된다. 단백질마다 아미노산 배열이 다르기 때문에 엄청나게 다양한 모습을 띠며 이에 따른 다양한 기능을 한다.

과학자들은 종종 단백질이나 효소를 분자 기계로 묘사한다. 대부분 효소

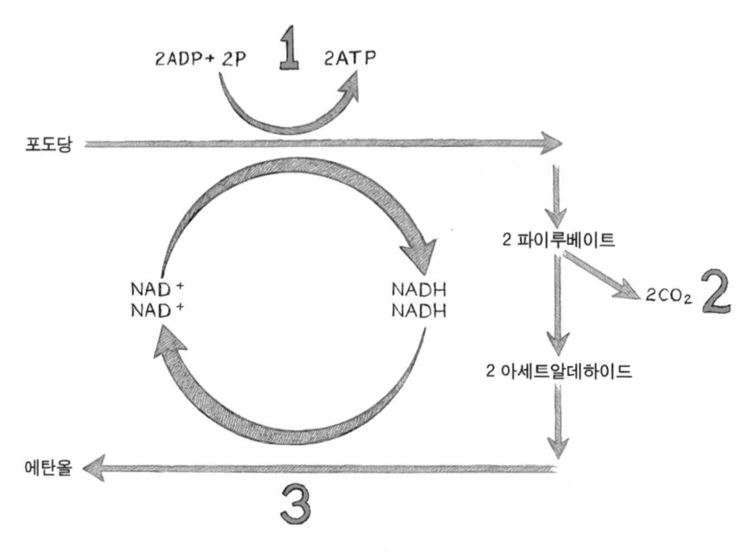

그림 3.10 포도당의 에탄올 전환 과정

는 마치 독립형 분자 기계처럼 스스로 외부의 도움 없이 주어진 작업을 수행한다. 그러나 어떤 단백질이나 효소는 마치 오래된 괘종시계의 부속과 같아서, 주어진 기능을 하기 위해서는 톱니바퀴처럼 연결된 복잡한 상호작용이 필요하다. 포도주 양조 및 알코올 생산에 관련된 분자 기계는 대부분 독립형이다. 인산염 분자를 연결하거나 분자 결합을 끊는 기능을 하는 독립형 기계다. 이 기계는 수백만 년 동안 진화되어 왔고 알코올을 만드는 여러 단계의 순차적 반응 중 하나에 참여할 뿐이다.

와인 양조에 필수적인 당분, 색소 및 기타 분자를 생산하는 식물의 단백질도 중요하지만, 더 중요한 것은 발효를 가능하게 하는 효모의 단백질이다. 효모는 3단계 과정을 통해 당분 분자를 알코올로 바꾼다. 복합적인 분자 기계가 작용하는 2단계와 간단한 화학반응 1단계로 구성되어 있다. 첫 번째 단계에서 분자 기계들의 역할은 포도당과 같은 큰 분자를 '파이루베이트pyruvate'라는 작은 분자로 만드는 것이다. 두 번째 단계는 파이루베이트를 크기가 더 작은 '아세트알데하이드acetaldehyde'로 변환시킨다. 마지막 간단한 화학반응에서 아세트알데하이드는 알코올로 바뀌게 된다. 첫 번째 단계에서는 여러 종류의 분자 기계들이 복합적으로 작용해 당분 분자를 분해하는 해당 과정을 수행한다. 해당 과정에서 탄소 원자가 어떻게 변해가는지 자세하게 이해하려면, 여기에 관여하는 아홉 종류의 단백질 분자 기계의 기능에 대해 알아야 한다. 분자 기계들의 기능은 대부분 당분 분자에 인산염P과 같은 분자를 추가하거나, 중간 단계에서 생성되는 분자의 결합을 끊는 것이다. 여기에 중간 단계에서 얻은 고에너지 전자는 '니코틴아마이드 아데닌 디뉴클레오티드 포스페이트 옥시다제nicotineamide adenine dinucleotide phosphate-oxidase'라는 긴 이름의 분자 기계를 통해 NADPH, NAD+ 혹은 NADH를 만들어낸다. 여기서는 해당 과정의 세부 사항에 대해 더 이상 자세하게 다루지 않는다. 그러나 해당 과정의 작동 방식이 너무나 정교한 나머지, 더 간단하게 만들 수 없는 최고 복잡성의 예시라는 지적 설계론을 주창하는 사람들이 존재할 정도다. 그러나 해당 과정에 대한 지적 설계론은 대단히 틀린 생각이라는 점을 덧붙인다. 사람의 눈이 공통 조상으로부터 여러 단계의 진화를 통해 발전된 것이 중간체의 존재로 밝혀진 것처럼, 해당 과정 역시 같은 방식으로 진화해 왔기 때문이다.

파이루베이트는 탄소 세 개, 산소 세 개, 수소 세 개의 원자로 구성된 작은 분자다. 분자구조를 나타낸 구-막대 모델 그림에서 왼편에 표시된 점선은 탄소의 양쪽에 있는 두 산소 원자가, 즉 '카복시' 그룹이 전자를 공유하고 있다는 표시다. 이것이 바로 파이루베이트 분자가 화학반응에 적극적인 이유다. 알코올이 만들어지는 과정에서 카복시 그룹 제거 효소라는 이름의 분자 기계가 작용해 파이루베이트의 카복시 그룹을 제거한다. 이 효소 기

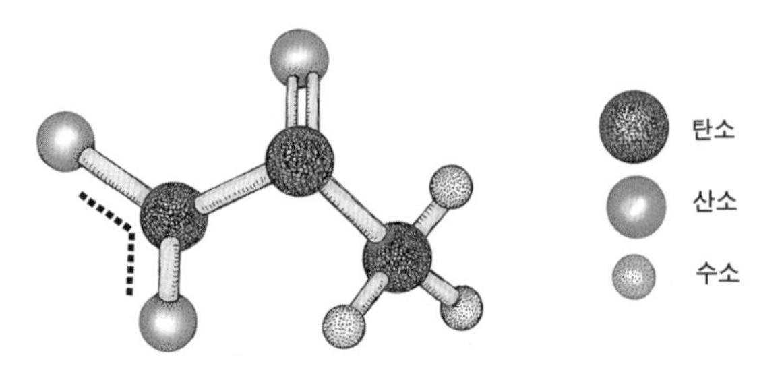

그림 3.11 파이루베이트 분자의 구-막대 모델

계는 반응성이 높은 파이루베이트 분자에 결합해 카복시 그룹을 제거하고 그림의 구-막대 다이어그램에서 볼 수 있는 아세트알데하이드를 방출한다. 자연계에서 회계 처리는 철저하다. 반응 이전의 원자 수는 반응 이후에 추가된 수소와 균형을 이루어야 한다. 제거된 카복시 그룹이 있던 위치가 수소로 대체되면 이산화탄소가 방출된다.

이제 얼마나 에탄올에 가까이 왔을까? 에탄올의 화학식은 C_2H_6O(혹은 C_2H_5OH)임을 기억해 보자. 아세트알데하이드 분자의 화학식은 C_2H_5O이므로 수소 원자가 하나가 추가되어야 에탄올로 변한다. 수소는 쉽게 아세트알데하이드에 첨가되는데, 아세트알데하이드는 알코올과 '토토머tautomer'의 관계이기 때문이다. 같은 물질인데 분자구조가 다르게 바뀐 것을 화학자의 언어로 토토머라고 부른다. 사실, 알데하이드 종류의 분자는 이중결합을 가진 알코올인 '에놀enol'과 토토머의 관계다. 최종적으로 에탄올이 만들어지기 위해서는 양성자를 제공하는 분자로 원래부터 잘 알려진 NADPH 분자에서 하나의 양성자를 받으면 된다.

효모가 알코올을 만드는 데 필요한 분자 기계를 가지도록 진화했다는 점은, 와인 애호가들에게 다행스러운 일이다. 이러한 분자 기계는 효모 세포 내부에서 작동하면서 와인이나 맥주를 만들고 또는 제빵사가 빵을 만들 수

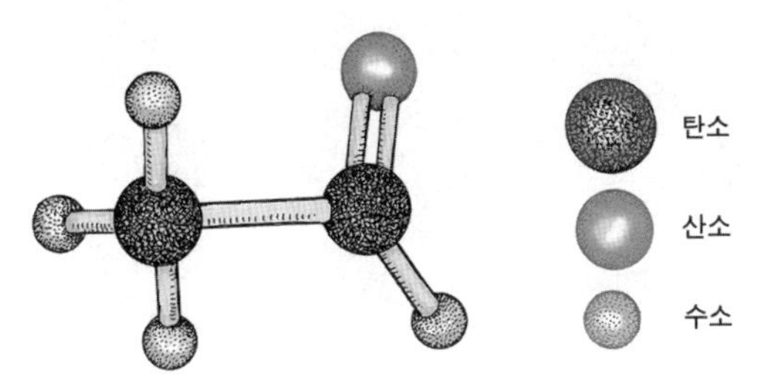

그림 3.12 아세트알데하이드의 구-막대 분자 모델

있게 한다. 효모 발효의 부산물이 이산화탄소와 에탄올이다. 빵을 만드는 과정에서 효모는 가스CO_2와 에탄올을 모두 배출한다. 이산화탄소는 빵 반죽에 기포를 만들어 부풀리고, 빵이 구워지는 동안 사라진다. 그런데 에탄올도 같이 만들어지는데, 왜 빵은 취하게 하지 않을까? 아마도, 빵이 구워지는 고온의 조건에서는 에탄올이 대부분 증발하기 때문이다. 갓 구운 빵의 에탄올 함량은 약 0.04~1.9퍼센트 정도로 알려져 있다. 알코올이 가장 많은 경우가 약한 맥주의 알코올 함량의 약 절반이고 와인의 알코올 함량의 10분의 1보다 약간 더 많다. 빵을 먹고 취하고 싶다면 오븐에서 꺼내자마자 바로 먹어야 한다. 식히는 동안에 에탄올이 증발하기 때문이다.

이 외에도 발효와 관련된 여러 가지 화학반응이 존재한다. 그중에는 와인 양조와 와인 음주에 영향을 주는 중요한 반응 두 가지가 있다. 효모는 진화를 통해 분자 기계 세트를 갖추고 당분을 처리할 수 있는 화학반응 능력을 갖추게 되었다. 박테리아 역시 당분 분자를 알코올로 만들 수 있게 되었지만, 알코올을 만드는 반응 경로는 다르다. 해당 과정을 통해 파이루베이트를 만드는 것까지는 같지만, 박테리아는 파이루베이트 분자를 다른 방식으로 처리한다.

파이루베이트는 반응성이 좋아 박테리아 세포 내에서 NADPH를 만나면

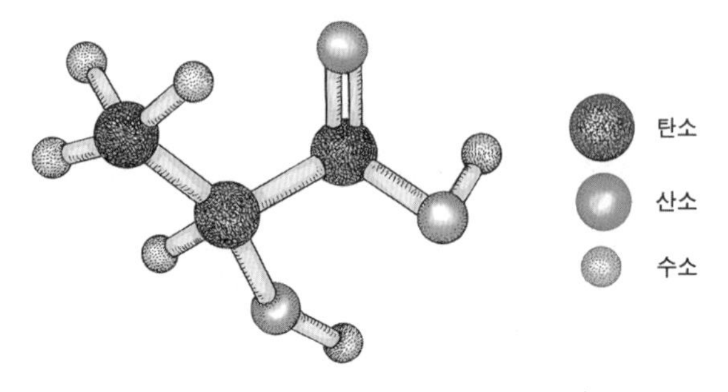

그림 3.13 젖산의 막대-구 모형의 분자구조

전자를 가져오고 NADPH를 NADP로 만든다. 이때 산소가 존재하지 않아야 하고, '아세트알데하이드 탈탄산효소acetaldehyde dehydrogenase' 역시 존재하지 않아야 한다. 효모에는 아세트알데하이드 탈탄산효소가 있지만 박테리아에는 없다. 이 때문에, 박테리아가 파이루베이트를 처리하는 방식은 다르다. 박테리아는 얻어진 전자로 파이루베이트를 환원시키고 그림에서 보이는 것과 같은 젖산으로 알려진 작은 분자로 변환시킨다. 달라진 점은 파이루베이트 분자의 가운데 탄소에서 관찰할 수 있다. 가운데 탄소와 이중으로 결합된 산소가 수소를 흡수해 화학자들이 말하는 환원반응이 진행된 것이다. 그 결과로 탄소에 연결된 -OH 그룹을 형성한 것이다. 이 반응에서 NADP가 생성되는데, NADP는 해당 과정에서 재사용된다. 박테리아 세포는 이런 방식으로 전자를 처리하는 독특하고 경제적인 방법을 진화시킨 것이다.

박테리아와 효모가 각각 파이루베이트로 만드는 발효 산물을 비교하면, 에탄올과 젖산은 서로 매우 다르다는 것을 알 수 있다. 두 물질은 맛도 다르다. 그렇다고 박테리아에서 발효가 잘못되었다는 것은 아니다. 박테리아의 발효 산물은 젖산이고, 젖산은 와인뿐만 아니라 여러 식품에서 사용되기 때문이다. 미국 농무부의 규정에 따르면 요구르트에는 '락토바실루스 불가리스

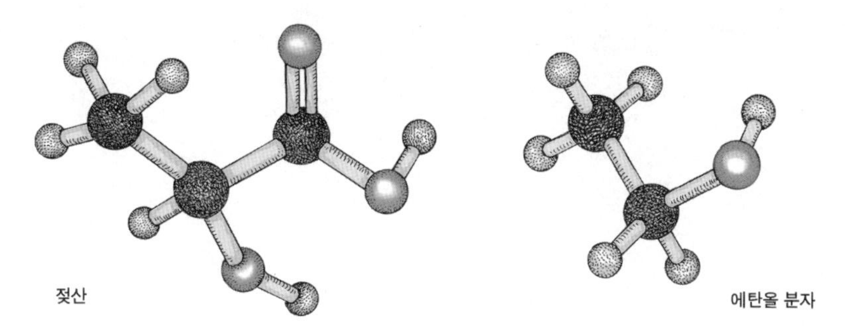

그림 3.14 박테리아 발효 산물(왼쪽)과 효모 발효 산물의 막대-구 분자 모델

Lactobacillus bulgaricus'와 '스트렙토코쿠스 서모필루스Streptococcus thermophilus' 두 종류의 박테리아가 들어 있어야 한다. 게다가 박테리아 발효는 김치와 소금에 절인 양배추와 같이 톡 쏘는 맛이나 신맛을 가진 다른 음식에도 이용된다. 그리고 젖산은 발효유의 중요한 성분일 뿐만 아니라 우리 몸에서 만들어지는 생리적 부산물이다. 일부 와인에서도 그렇다. 특히 '샤르도네' 품종의 와인은 대부분 제조 과정에서 박테리아를 사용해 2차 발효를 한다. 그 결과로 시큼한 맛을 내는 능금산의 일부분은 젖산으로 전환되고 와인에서는 버터의 풍미가 생긴다.

다행스럽게도 화학반응은 대부분 가역적이다. 알코올 적당량은 기분을 좋게 하는 정도로 뇌에 영향을 주지만 세포에는 독성을 미친다. 그러나 우리 몸은 오래전 진화 과정 중 획득한 분해 메커니즘을 이용해 알코올을 해독한다. 이 메커니즘은 원래 다른 물질을 처리하려는 목적이었는데, 10장에서 자세히 논의할 것이다. 단순한 분자인 알코올은 알코올 탈수소효소ADH라는 분자 기계의 작용으로 더 작고 독성이 약한 분자로 분해된다. 이 특별한 분자 기계가 없었다면 우리는 알코올의 독성을 견딜 수 없었고 와인, 맥주 또는 기타 알코올음료를 마실 수 없었을 것이다. 심지어 갓 구운 따뜻한 빵을 먹지 못할 수도 있다.

◆ ◆ ◆

소믈리에를 위한 와인 교과서 대부분에는 발효가 다음의 수식만큼 쉽고 간단하다고 쓰여 있다.

설탕 + 효모 = 알코올 + 이산화탄소

세상이 이렇게 간단하면 좋겠지만, 이 식에서 오른쪽 항과 왼쪽 항에는 많은 것들이 생략되어 있다. 소믈리에의 역할을 와인의 종류와 그 맛이 어떤지 아는 것으로 제한한다면, 발효는 미지의 세계로 남아 있게 될 것이다. 그런데 맛은 과학을 통하지 않고 숙달하기에는 상당히 어려운 기술이다. 여기서 발효가 어떻게 진행되는지 단순화해 설명했지만, 와인 양조에 관련된 포도와 효모 그리고 부수적인 요소를 완전히 이해하는 데 중요하다고 생각하는 배경 지식을 추가해 보도록 하자.

◆ ◆ ◆

와인 발효의 성패는 포도를 수확하는 시점보다 훨씬 이전에 결정된다. 와인 생산자가 재배 포도의 품종을 선택하는 시점이 훨씬 더 중요하다는 말이다. 포도의 색상, 당 함량, 풍미와 숙성 특성에 따라 품종이 선택된다. 결국 포도 성분을 구성하는 분자에 따라서 모든 것이 결정된다. 이 외에도 선택해야 하는 것은 많다. 이러한 선택 사항은 모두 '머스트must'에 분자 조성

물로 녹아 있게 된다. 머스트는 포도를 으깬 포도즙액인데, 여기에 효모가 자라면 와인이 만들어지기 때문이다.

포도를 압착하면, 으깨진 포도 알갱이의 과육 세포에서 당분 분자가 흘러나온다. 당분 분자는 당연히 물에 녹은 상태이고, 여기에 다른 분자도 섞여 있다. 껍질 안쪽에서 주로 나오는 다른 성분은 색소와 섬유질 분자다. 포도를 압착할 때 씨나 줄기에서 나오는 물질도 머스트 포도즙에 남게 된다. 머스트에는 탄닌이라는 크기가 비교적 작은 분자뿐만 아니라, 셀룰로오스도 많아지고, 발효와 무관한 여러 분자도 섞여 있다. 포도 과육에서 유래한 단백질이나 탄수화물과 같은 거대분자도 포함되어 있다. 포도 껍질의 표면에 존재하던, 와인 발효의 주인공인 박테리아나 효모도 결국 포도즙액에 혼합된다.

결과적으로 우리는 발효 화학식에서 당분만 표시된 왼쪽 항은 다른 성분을 생략하고 단순화한 것이다. 실제로 포도 과육에는 수천 개의 단백질이 있다. 포도는 약 1만 5000개의 유전자로 구성되어 있는데, 이 중에 75퍼센트는 단백질을 만들어낸다. 따라서 포도알의 과육 세포에는 포도당이나 탄수화물 외에도 약 1만 가지 종류의 단백질이 떠돌아다니고 있다. 씨앗과 포도 껍질의 유전자를 조사해도 비슷한 결과를 얻는다. 결국 포도알과 씨 그리고 포도송이 줄기를 압착시켜 얻은 포도즙인 머스트에는 엄청나게 많은 종류의 단백질이 항상 존재한다.

대부분 와인 제조에서 따로 배양하여 준비해 둔 특별한 효모를 바로 머스트에 첨가한다. 그런데 종종 포도 껍질 표면에 서식하거나 공중에 떠다니던 효모나 박테리아도 같이 포도즙에 들어갈 수 있다. 이들은 심지어 발효를 시작하기 전에도 포도즙에 영향을 줄 수 있다. 그러나 배양한 효모를 충분하게 첨가하면, 결국 배양 효모가 우세하게 자라게 된다. 포도즙은 효모 세포가 잘 자라도록 완벽한 영양소를 제공한다. 으깬 포도알의 세포는 파괴되고, 여기서 흘러나온 단백질은 불안정하게 변화하고 분해되기 시작한다. 효모는 으깨진 포도 세포를 헤집고 다니면서 먹을 수 있는 것은 모두 먹어치운다. 머스트에는 크기가 작은 포도당 분자와 탄수화물과 같은 거대 분자가 남아 있지만, 시간이 지나면서 이 역시 분해되기 시작한다.

이제부터는 발효 방정식의 오른쪽 항을 이해하도록 해보자. 단백질은 어떤 종류라도 모두 아미노산이라는 작은 분자로 분해되어, 효모 세포의 영양소가 될 수 있다. 포도당은 단일 고리 모양의 6탄당 분자인데, 효모에 의해 탄소를 포함하는 에탄올 2분자와 이산화탄소로 분해된다. 머스트에 당분이 남아 있는 한 효모는 식사 파티를 멈추지 않고 계속 에탄올을 만든다. 결국 효모가 만들 수 있는 에탄올은 시작할 때 포도즙액에 있는 당분의 양에 따라 결정될 뿐이다. 일단 포도즙액의 당분이 모두 에탄올과 이산화탄소로 바뀌면, 효모는 굶기 시작해 성장을 멈추고 서서히 죽어간다. 당분이 남아 있어도 이러한 일이 생긴다. 효모가 만든 에탄올이 15퍼센트에 도달해 세포에 독성을 나타내기 시작하면, 효모는 에탄올을 더는 만들지 못하고 서서히 죽어 없어진다. 이것이 바로 대부분 와인의 알코올 비율이 9~15퍼센트인 이유다. 그래서 발효를 마친 후에는 바닥에 죽어가는 효모 침전물이 남아 있게 마련이다. 와인 제조 시 필터로 가라앉은 효모를 제거하거나 혹은 가라앉은 효모 위에 있는 맑은 와인을 다른 통으로 옮기는 이유다.

효모나 박테리아에 의한 발효가 와인을 만드는 핵심이지만, 포도즙에서 와인이 만들어지는 전부는 아니다. 색소, 탄닌, 페놀류 및 알칼로이드 같은 분자는 발효가 끝나거나 포도당이 모두 분해되어 없어져도 남아 있다. 와인의 색은 색소 분자 때문에 생기는데, 우리가 익숙한 빨간색은 주로 안토시아닌이라는 분자에서 비롯된다. 이뿐만 아니라 탄닌도 와인의 색조에 영향을 미칠 수 있다. 탄닌과 색소는 포도를 재배하는 동안은 껍질에 갇혀 있다. 껍질 속에 있는 탄닌과 색소는 포도당처럼 쉽게 추출되지 않고, 머스트에 쉽게 녹아 나오지 않는다.

레드와인은 탄닌과 색소를 녹여내기 위해 포도 껍질을 같이 넣고 발효시킨다. 반면에 화이트와인은 껍질을 대부분 제거하고 발효시킨다. 그래서 화이트와인의 색은 오크 통에서 숙성시킬 때 생긴다. 그러나 화이트와인도 포도 껍질을 바로 걸러내지 않고 같이 발효시키는 '메세라시옹maceration'을 거치면 색조가 짙어진다. 이런 방식으로 만드는 오렌지 와인에는 움브리아Umbria 지역의 '파올로 베아Paolo Bea' 혹은 프리울리Friuli 지역의 '조스코 그라브너Josko Gravner'와 '스탄코 라디콘Stanko Radikon'이 있다. 과거 이탈리아의 전통 방식으로 포도 껍질과 같이 발효해 만드는 화이트와인이다. 몇 달 동안 백포도 껍질을 와인에 넣은 상태로 발효와 숙성이 진행된다. 껍질에서 스며 나온 추출물 때문에 와인이 뿌옇고 끈적끈적하게 변한다. 이런 와인을 좋아하는 사람이 많다고는 볼 수 없지만, 가장 복잡하고 오묘한 와인이라는 데는 논쟁의 여지가 없다. 와인을 오크 통에서 숙성시키면 레드와인의 붉은색이나 화이트와인의 투명함이 영향을 받는다. 오크 통에서 다양한 분자들이 스며 나오기 때문이다. 오크에서 얻은 분자는 이후에 와인병 속에서 서서히 분해된다. 노화 과정을 통해 오크 통에서 유래한 분자들끼리 상호작용하고 분해되어 와인의 색과 풍미도 변화시킨다. 이렇게 병에서 숙성시키는 동안 와인의 색은 서로 수렴하게 된다. 화이트와인의 색은 시간이 지날수록 어두워지고 레드와인의 붉은색은 옅어진다. 라벨을 읽지 않으면 아주 오래된 와인은 원래 색을 알기 어려울 수 있다.

적포도로 로제와인을 만들려면, 포도를 압착하고 일정 시간이 지나서 포도 껍질을 걸러낸다. 포도 껍질이 포도즙에 섞여 있는 동안만 붉은색소와 향미 분자가 와인에 녹아 들어가는데, 붉은색상의 깊이는 일반적으로 껍질이 같이 담겨 있는 하루 내지 삼 일 정도의 기간에 대체로 비례한다. '세니에 saignée'로 만드는 로제와인도 있다. 레드와인을 제조하기 위해서 적포도를 큰 발효 통에 채우면, 압착하기 전에도 피를 흘리듯 흘러나오는 포도즙을 '세니에'라고 부른다. 핑크색의 세니에가 빠지면 통에 남은 포도의 당도는 더 올라간다. 세니에는 버리지 않고 따로 발효시켜 로제 와인을 만든다. 화이트와인과 레드와인을 섞어 옅은 색을 띠는 와인을 만드는 방법도 있다. 적포도의 색소가 백포도에서는 무색인 플라보노이드 분자에 결합해 옅은 색을 낸다. 이런 제조법을 탐탁지 않게 여기는 지역도 있다.

마지막으로, 기포를 내는 발포 와인을 만들려면 발효 과정에서 방출되는 탄산가스를 병 속에 가두면 된다. 화이트, 로제 또는 때로는 레드와인 모두 발포 와인으로 만들 수 있다. 샴페인은 샴페인 지역의 전통 방법으로 와인병에서 발효시켜 탄산가스를 가두는 것이다. 지금은 다른 지역에서도 이 방법을 사용한다. 포도를 압착시키고, 으깨어 대형 스테인리스스틸 통에 넣으면 1차 발효가 시작된다. 발효시켜 얻은 비발포 와인은 필요에 따라 블렌딩 과정을 거치게 된다. 블렌딩을 마친 와인은 와인병에 담고 설탕을 소량 추가하면 2차 발효가 시작된다. 임시로 크라운 캡을 사용해 병을 밀봉한다. 병에서 발효가 진행되는 동안 탄산가스 기포가 만들어지고, 효모는 결국 죽어 침전물로 가라앉는다. 샴페인병을 거꾸로 세워 오래 두면 효모 침전물은 병목의 바닥으로 이동한다. 효모가 모두 병목에 모이고 나머지 부분은 맑은 와인이 된다. 이후 병목을 매우 차가운 소금물에 담가 순간적으로 침전물을 동결시킨다. 이어서 크라운 캡을 제거하면 탄산가스의 압력으로 효모 침전물이 덩어리째 튀어나온다. 그리고 발포 와인의 단맛을 조절할 목적으로 설탕이 들어간 '도사지dosage'를 신속하게 첨가하고, 익숙한 손놀림으로 와이어 케이지를 이용해 영구 코르크를 삽입한 후 고정한다. 전통적인 샴페인의 탄산화 공정은 매우 노동 집약적인 과정이다. 그래서 어디서나 쉽게 살 수 있는 '프로세코prosecco'[4]를 포함한 대부분의 발포 와인 2차 발효는 대규모 온도와 압력이 조절되는 대형 스테인리스스틸 탱크에서 진행된다. 그리고 압력이 높은 상태로 발포 와인병에 충진된다.

◆ ◆ ◆

별의 부스러기에서 원자가 만들어지는 과정이 바로, 현재의 우주가 형성되는 결정적인 국면으로 진입하는 시작이었다. 마찬가지로 분자가 복제되기 시작하는 시점 역시 생명의 존재를 가능하게 만든 결정적인 이정표가 되었다. 자연은 아마도 몇 차례의 시행착오를 통해 생명체의 복제를 가능하게 만든 데옥시리보핵산DNA이 주성분인 화학 용액을 찾아내게 되었을 것이다. DNA는 유전되는 분자다. 우리는 모두 각자의 유전자 청사진을 가지고 있으며, 세대를 넘어서 이것을 공유한다. 그리고 DNA는 생물학자에게는 모든 측면에서 매력적인 분자다. 분자의 모양이나 대칭성과 상보성 그리고 기능까지 모두 그렇다.

DNA는 기다란 선형 분자다. '뉴클레오티드nucleotide'[5]라고 부르는 '구아

---

4 프로세코는 이탈리아에서 생산되는 발포 포도주다. 발포 와인은 지역마다 다른 이름으로 불리는데 원산지 표기법 협약에 따라 프랑스의 샹파뉴(Champagne) 지역에서 제조되는 발포 와인만 샴페인이라고 부른다.

5 뉴클레오타이드 혹은 뉴클레오티드는 데옥시리보 뉴클레오티드의 줄임말이다. 더 줄여서 간단히 염기라고도 한다. 뉴클레오티드 A, T, G, C 분자에서 공통적인 부분 외에 서로 다른 부분이 염기이기 때문이다. 그래서 염기서열이나 뉴클레오티드 서열이나 모두 같은 의미다.

닌', '아데닌', '티민', '시토신' 네 종류의 단위 염기 분자가 포함되어 있다. 이들은 각각 약자로 G, A, T, C로 표시된다. DNA는 두 가닥이 코일 모양으로 꼬인 사다리 같은 이중나선을 형성하고, 사다리의 각 단에서는 뉴클레오티드 G는 C와 그리고 T는 A와 짝지어 존재한다. 이러한 조건 때문에 DNA는 아름답고 대칭적이며, 복제 가능한 분자가 된다. 다른 측면에서 과학자들을 매료시킨 DNA의 특징은 뉴클레오티드가 다음 뉴클레오티드에 이어서 결합하기 때문에 비롯된 선형의 배열이다. DNA 분자에서 뉴클레오티드 배열은 특정 단백질을 생산하도록 코딩된 것이다. 그리고 DNA는 선형이기 때문에 DNA에 코딩 정보로부터 만들어지는 단백질은 기본 구조에서도 선형이다. 단백질은 20종류의 아미노산으로 구성되어 있지만, DNA의 뉴클레오티드는 네 종이다. 뉴클레오티드에 아미노산을 각각 1 : 1로 대응시키면 뭔가 잘못될 것이다. 만일 하나의 아미노산에 두 개의 뉴클레오티드로 대응시킨다고 하더라도, 단백질은 20종류의 아미노산으로 구성되어 있고, 뉴클레오티드는 네 종류이므로 다소 어렵다. 뉴클레오티드 두 개를 배열하는 방법은 16가지밖에 없으므로, 하나의 아미노산에 대해 뉴클레오티드 코드 두 개를 대응하는 것도 불가능하다. 그렇다면 세 개의 뉴클레오티드를 사용하면 어떨까? 뉴클레오티드 세 개의 조합은 4^3인 64개 배열을 생성한다. 따라서 자연은 '코돈codon'이라고 부르는 뉴클레오티드 세 개를 사용하는 방식에 도달하게 된다. 자연선택은 중복성에는 크게 신경 쓰지 않았다. 따라서 DNA의 뉴클레오티드에 배열된 코돈 CCA, CCG, CCT, CCC는 동일한 아미노산인 '프롤린proline'을 지정한다. 하나의 아미노산에 해당하는 코돈 중복은 다섯 개가 될 순 없지만, 최대 중복은 여섯 개까지 가능하다.

DNA가 이중나선으로 감기고 접혀서 복잡한 구조를 생성하는 것처럼, 단백질도 복잡한 구조를 형성한다. 대부분 DNA 분자는 이중나선으로 감기는

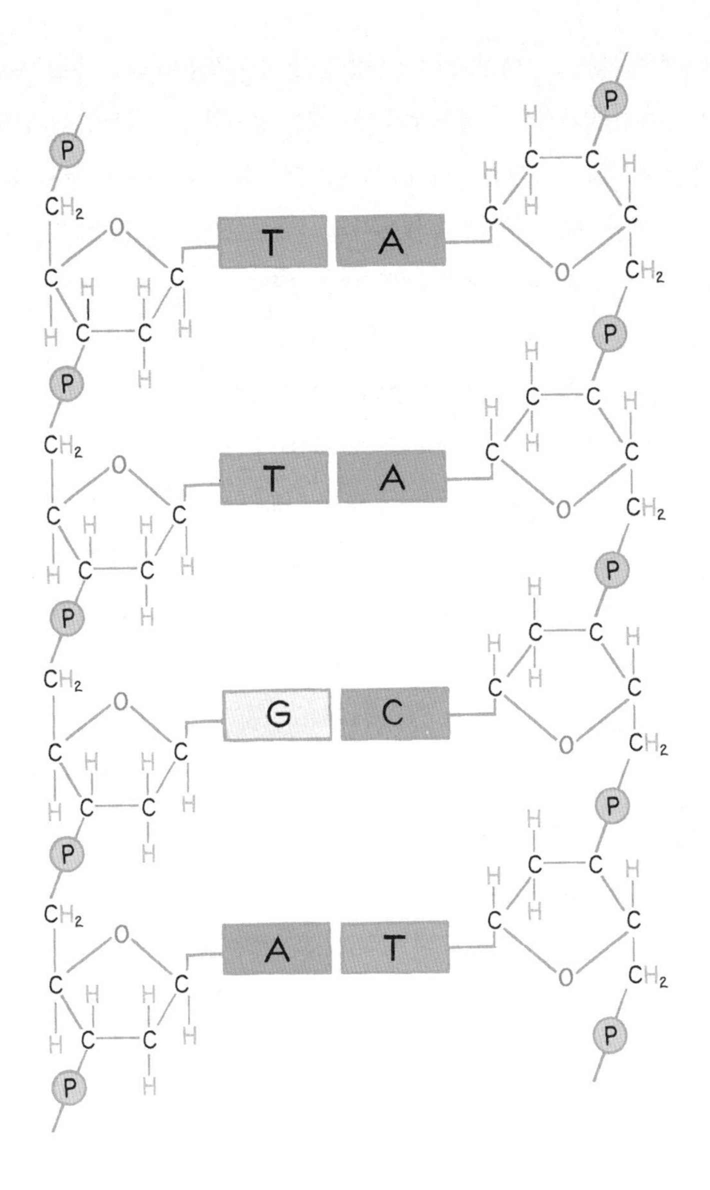

그림 3.15 두 가닥 DNA 분자의 구조

뉴클레오티드라고 불리는 기본 구성 요소 ATGC가 네 개의 염기쌍을 구성하고 있다. 여기는 A는 T와, G는 C와 짝을 짓는 것을 볼 수 있다. 왓슨과 크릭이 1953년 알아낸 것처럼 DNA 분자는 이중나선 구조이지만 여기서는 보기 쉽게 평면으로 나타냈다.

것을 선호하지만, 단백질은 여러 다양한 방식으로 접히고 감긴다. 이렇게 접히고 감겨서 특정한 입체 구조를 형성하는 필연적인 과정을 통해, 단백질은 특정한 기능을 가지게 된다. DNA에 코딩된 유전정보에서 단백질이라는 도구가 만들어지고, 단백질이 모여서 궁극적으로 생명체의 발달 과정이나 환경과 상호작용하는 완성된 유기체의 모습을 나타낸다. 이것이 당신이 당신의 부모와 서로 닮은 이유이고, 당신의 자녀나 형제자매가 당신과 닮은 이유다. 더 큰 차원에서 보면 고양이는 개·물개와 공통점이 많고, 침팬지·고릴라·영장류는 일반적으로 다른 생명체보다 많은 유사점이 있다.

과학자들은 이제 DNA와 단백질이 어떻게 구성되었는지 잘 알고 있다. 이 때문에, 생명체의 유전자 게놈genome[6]에 있는 뉴클레오티드, 즉 이중나선과 단백질의 아미노산 배열을 쉽고 빠르게 해독하는 기술을 개발할 수 있었다. 게놈 DNA에는 모든 생명체를 구성하는 필수 요소인 단백질과 효소의 배열이 코딩되어 있다. 따라서 어떤 생명체의 DNA 염기배열을 안다면, 그 생명체의 특성에 대해 많은 것을 이해할 수 있게 된다. 게다가 DNA의 염기배열은 범죄 드라마에서 유전자 감식처럼 개인을 식별할 수 있게 한다. 이뿐만 아니라 염기배열은 어떤 종의 생명체의 생체 시료인지 식별해 주는 DNA 바코드 역할을 한다. 그래서 DNA 염기배열은 진화 생물학자에게 더 많은 것을 알려주었다. DNA는 생명 자체가 시작된 이래로 부모에서 자손으로 박테리아의 경우에는 모세포에서 딸세포로 전달되어 왔으며, 복제 과정에서 때때로 돌연변이라고 부르는 복제 오류가 발생해 뉴클레오티드 하

6 게놈은 하나의 생명체에 존재하는 유전자 전체를 지칭하는 용어다. 우리말로 유전체라고 번역되는 경우가 많다. 유전자는 유전체의 일부, 즉 단위 유전자를 지칭하는 때도 있고 문맥상 게놈을 그냥 유전자라고 표현하는 때도 많다. DNA는 유전자의 화학물질명인데 표현상 편리하게 유전자나 유전체를 대신해 사용된다.

나가 다른 종류로 대체된다. 결과적으로 긴 DNA 분자는 생명이 어떻게 진화했는지에 대한 기록을 담고 있다. 자세히 알아보려면 잠시 더 들어가 보도록 하자.

◆ ◆ ◆

포도나무는 품종에 따라 조금씩 다르다. 다른 품종들 사이에는 어떤 관련이 있을까? 과거 19세기 중반 자연주의자들의 선두에 있었던 찰스 다윈은, 생명의 나무Tree of Life라고 부르는 생명체의 계통도를 이용해 진화의 필연적 결과를 보여주었다. 지금 우리는 생명체의 계통 구조가 지구상의 모든 유기체의 DNA에 기록되어 있다는 것을 알고 있다. 당연히 아직은 모두 완전하게 해독되지 않았을 뿐이다.

지구상의 모든 생명체는 하나의 공통 조상으로부터 여러 단계를 거쳐 갈라져 나왔다. 여러 종의 생명체는 하나의 공통 조상에서 나왔고, 그 공통 조상과 유사한 생명체는 더 상위에 있는 같은 공통 조상을 공유한다. 생명의 나무 계통도는 이런 과정을 완벽하게 보여주고, 공통 조상을 찾아낼 수 있도록 해주고, 또 공통 조상을 찾으면 계통도는 재구성된다. 이러한 과정은 와인 제조에 있어 주인공의 특성을 이해하려면 중요하다. 와인 제조의 주인공에 대해서는 다음 장에서 더 자세히 논의할 예정이다.

먼저 간단한 예부터 살펴보자. 여기에 포도나무, 장미, 옥수수, 은행나무, 이끼가 있다. 모두 광합성을 하는 식물체인데, 이들 사이의 관계는 간단하다. 이들 중에서 포도와 장미가 가장 가깝다. 포도와 장미는 발아 단계에서 쌍떡잎식물이라는 공통적인 특징을 나타내기 때문이다. 옥수수는 꽃을 피우는 속씨식물이라는 점에서 장미와 포도와 같은 부류로 생각할 수 있다.

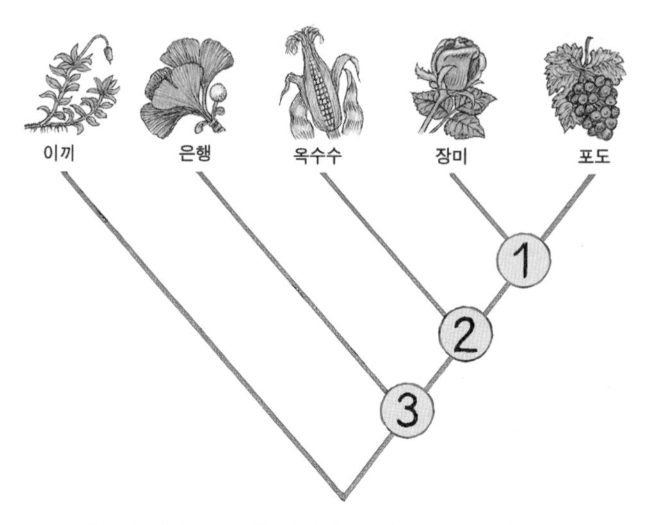

그림 3.16 장미와 포도나무의 관계를 보여주는 식물의 관계 계통도

겉씨식물인 은행나무는 씨앗을 생산하는 점에서는 포도와 장미, 옥수수와 같은 더 큰 그룹으로 묶을 수 있다. 결과적으로 이끼는 가장 관련성이 먼 생명체로 남게 된다.

〈그림 3.16〉는 이러한 관계를 계통도로 표시할 수 있다는 것을 보여준다. 가장 가까운 두 생물체는 하나의 분기점에서 나뉜 가지의 윗부분에 나눠 그려진다. 이런 계통도에는 번호가 매겨진 분기점이 여럿 생기는데, 계통도의 뿌리는 생물체의 공통 조상을 나타낸다. 따라서 계통도 그림에서 분기점 2번은 옥수수, 장미, 포도의 공통 조상으로 생각할 수 있다. 장미, 포도, 옥수수의 공통 조상이 실제로 존재한다고 판단되면, 중요한 질문 몇 가지를 생각해 볼 수 있다. 그 공통 조상은 얼마나 오래되었을까? 그것과 일치할 수 있는 것으로 알려진 화석이 있을까? 이 질문에 답이 있다면 장미, 옥수수, 포도를 포함하는 그룹이 얼마나 오래전에 나누어졌는지 알 수 있다. 우리는 또한 공통 조상이 어떻게 생겼는지, 어떻게 살았는지 의문을 가져볼 수 있다.

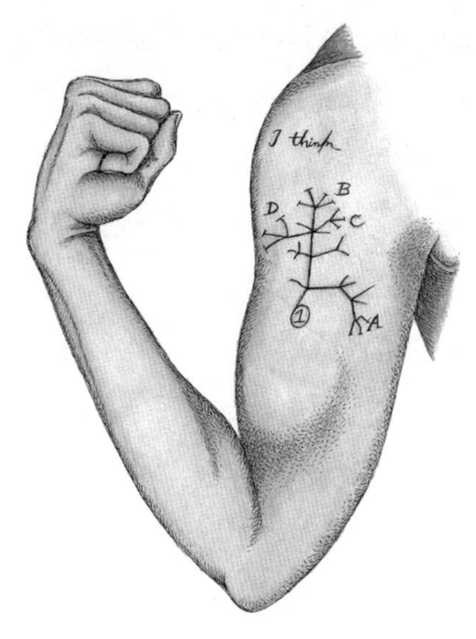

그림 3.17 1837년 찰스 다윈이 "내 생각"이라고 표현한 개념적 진화 계통도

진화의 나무라고 불리는 계통도에는 주목할 만한 오래된 역사가 있다. 과학 역사에서 가장 유명한 진화의 나무는 다윈의 "나는 이렇게 생각한다"라는 구절이 적힌 계통도 그림이다. 영국 왕립 해군 군함 비글호를 타고 전 세계 항해를 마친 다윈이 28세에 그의 노트에 그린 그림이다. 지금은 진화 생물학자의 팔뚝에 문신으로 새겨진 것을 가끔 볼 수 있다.

다윈 이후 진화 계통도를 그리는 방법은 아주 많이 달라졌다. 현재 유전자 배열을 비교해 진화 계통도를 그리는 몇 가지 방법이 개발되었다. 가장 간단한 접근법의 예가 바로 포도, 장미, 옥수수, 은행, 이끼처럼 비슷한 것끼리 묶는 방법이다. 그러나 다른 접근법도 필요한데 단순히 비슷한 것이라고 해서 서로 밀접하게 연관이 있다는 보장이 없기 때문이다. 자연계에서 이러한 예는 아주 흔하다. 특히 식물에 좋은 예가 많다. 계통도상에서는 아시아 및 아프리카의 대극과 관상식물은 신대륙의 선인장과 가까이 붙어 있다. 겉보기에는 매우 비슷하지만, 진화의 역사에서 보면 매우 먼 친척이다.

따라서 진화 계통도를 만드는 과정에서 전체적인 외형의 유사성은 배제해야 한다. 반면에 획득한 특성보다는 공통 조상에게 물려받은 형질을 주로 살펴야 한다. DNA 분자는 매우 길고 염기배열이 종마다 다르다. 종간 염기배열의 차이는 공통 조상으로부터 물려받은 유전자의 돌연변이에 기인한 것이기 때문이다. 그래서 DNA는 진화 계통도를 완성하는 데 가장 훌륭한 도구가 된다. 포도와 장미, 옥수수를 놓고 유전자 염기배열에 기초해 분류하고 싶다면, 공통으로 존재하는 유전자 하나의 염기배열 순서를 밝혀내야 한다. 그런데 그 유전자의 염기배열을 참조할 범위를 정해야 한다. 포도와 장미의 경우 그 유전자 배열의 끝이 아데닌A이고 옥수수는 티민T이라고 가정해 보자. 바로 포도와 장미는 사촌이고, 옥수수는 그렇지 않다고 결론지을지 모른다. 그러나 참고할 대상을 확장하지 않고는, 진화 경로에서 A가 T로 혹은 T가 A로 돌연변이 되었는지 알 수 없다. 진화의 방향성을 찾아내기 위해서는 더 큰 참고 범위가 필요하고 여기에 은행을 포함시켜야 한다. 가장 적절한 진화 계통도를 찾으려면 포도, 장미, 옥수수가 만들 수 있는 모든 계통도를 그리고, 염기의 변화가 어떻게 연결 가능한지 찾아야 한다. 이 경우 계통도는 세 가지만 존재하기 때문에 비교적 간단하다. 포도와 장미, 장미와 옥수수, 옥수수와 포도를 인접하게 묶으면 된다. 〈그림 3.18〉에 세 종류의 계통도를 나타냈다.

은행에 있는 같은 유전자의 염기배열이 끝이 A로 확인되었다고 하자. 옥수수의 염기배열만 T이므로 옥수수라는 종은 돌연변이로 탄생했다고 잘 설명할 수 있다. 그러나 계통도를 완성하는 데는 아무런 도움을 주지 못한다. 반대로 은행의 유전자 염기배열 끝이 T로 확인되었다면 우리는 간결성의 원칙에 따라 세 가지 후보 계통도에서 가장 잘 맞는, 즉 데이터가 가장 잘

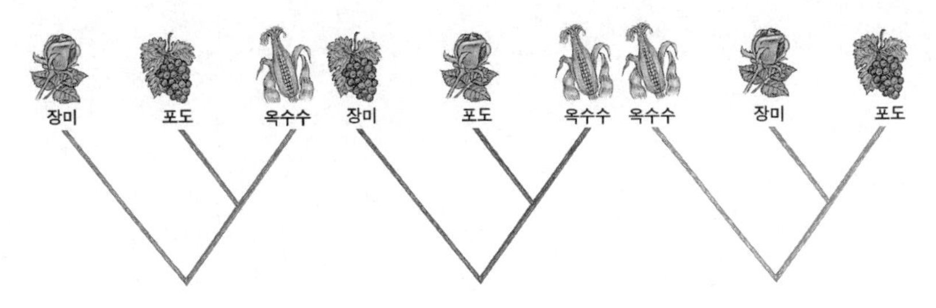

그림 3.18 옥수수, 장미, 포도의 가능한 세 가지 유전 계통도

설명되는 것을 판정할 수 있다. 포도와 옥수수가 가장 인접한 관계인 계통도를 보면 염기의 변이가 두 번 발생해야 한다. 장미와 옥수수가 인접하게 묶인 계통도에서도 그렇다. 그러나 포도와 장미가 인접하게 묶인 계통도에서 염기의 변이는 한 번만 발생해도 가능하다. 충분하지 않은 데이터로 얻을 수 있는 최적의 계통도 그림이다.

당연히 이러한 연구는 수백만 건은 아닐지라도 수천 건의 유전자 염기 변이를 분석해야 적절하다고 할 수 있다. 실제로 2011년 뉴욕 대학교의 어니스트 리Ernest Lee 연구팀은 유전자 2000종을 분석했다. 이 중 약 500개의 유전자 변이 분석 결과는 장미와 포도가 묶인 계통도와 일치하지만, 약 30여 변이는 다른 두 계통도와 일치했다.

4

포도와 포도나무

아이덴티티에 관한 주제

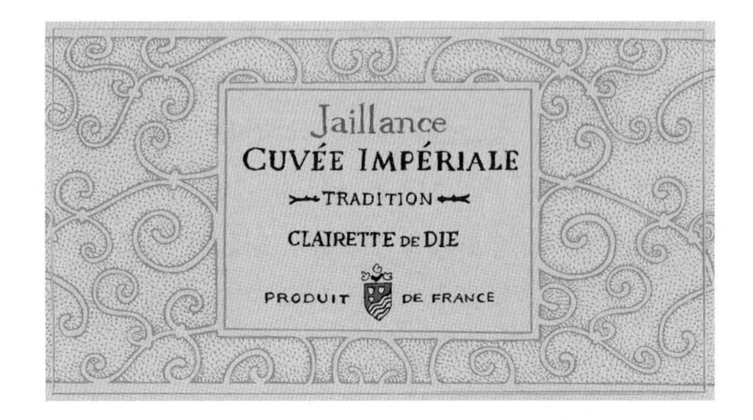

우리는 현존하는 가장 오래된 포도 품종으로 만든

와인의 맛이 어떨지 궁금했다.

그래서 프랑스 남부에서 저가의 발포 와인을 샀다.

2000년 전에 '플리니 디 엘더'+가 칭찬해 마지않던 와인이다.

싸구려 금박 포일로 장식된 차가운 녹색 병에 담긴 '클레레트Clairette'가

우리 앞에 놓였다.

그리고 코르크 마개를 빼자 시원하게 숨을 내뿜었다.

크고 느릿한 기포는 놀랍게도 입안에서 가볍고 부드럽게 터진다.

그리고 꿀과 멜론의 단맛 같은 섬세한 자극이 느껴진다.

더운 여름날 저녁 식전에 마시기에 완벽한 음료다.

과거 로마인은 와인을 마신다는 것이 무엇인지

분명히 알고 있었다.

\+ 플리니 디 엘더(Pliny the Elder)의 본명은 가이우스 플리니우스 세쿤두스(Gaius Plinius Secundus, AD 23/24~79)이며 로마 시대의 작가이며 철학자다. 역사상 최초의 와인 비평가이며, 와인에 대한 많은 명언을 남겼다. 대표적인 것으로 "와인에는 진실이 있다(in vivo veritas)"가 있다.

한 손에 와인 잔을 들고 빛에 비춰보자. 다음엔 잔을 흔들어보고, 냄새를 맡아보고, 후루룩 한 모금 마시고, 삼켜버리자. 와인을 마시는 의식에서 매번의 절차마다 우리의 감각은 즐거워진다. 눈으로 보아도, 냄새를 맡아도, 맛이나 식감은 물론이다. 입안에서 후루룩하고 마신다면 심지어 소리까지도 즐겁다. 겉보기에 단순한 액체지만, 우리의 감각을 다양하게 자극하는 것이 놀라울 뿐이다. 사실 와인은 복잡한 혼합물이다. 와인을 만드는 과정에 여러 종의 유기체가 관여해 섬세한 상호작용이 일어나고, 복잡하게 얽힌 미생물 생태계를 만들기 때문이다. 이렇게 불가사의하고 미묘한 와인을 만들기 위해서는 많은 것이 필요하다. 효모가 포도당을 알코올로 변환시키는 다단계의 화학반응보다, 와인 제조에 훨씬 더 다양한 지식이 당연히 필요하다. 효모의 알코올 발효는 와인 제조의 기본 과정이지만, 실제로는 엄청나게 많은 다른 일도 같이 일어난다. 포도와 효모 일생에 관한 이야기를 시작해 보자. 바로 포도 주스가 와인으로 바뀌는 동안 일어나는 사건들이다.

◆ ◆ ◆

먼저 포도나무를 살펴보자. 기본적으로 포도는 배아와 씨 그리고 얇지만

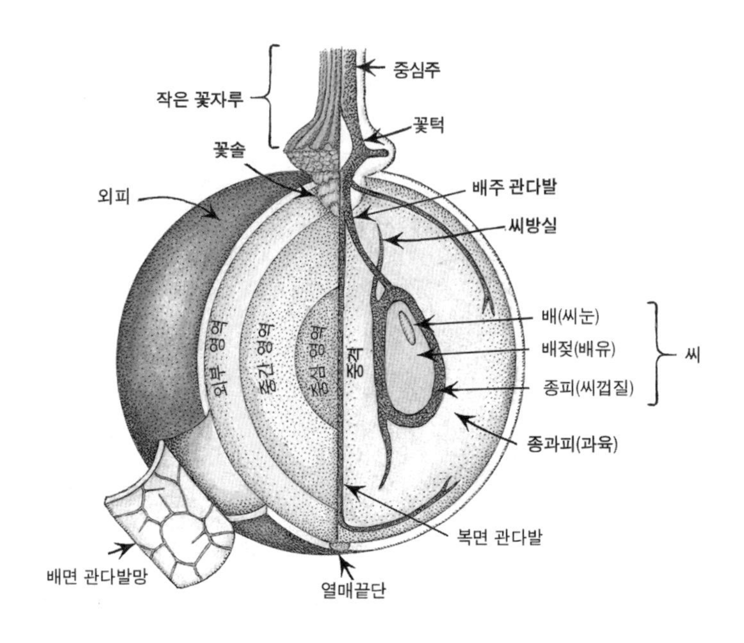

그림 4.1 포도의 절단면

탄탄한 껍질에 싸인 과육이다. 아예 씨가 없도록 품종이 개량된 포도도 있다. 씨를 만드는 유전자에 변화가 생긴 것이다. 대부분 식용 포도가 그렇다. 씨가 있으면 먹을 때 씹히거나 쓴맛이 나기 때문이다. 씨가 없는 포도로 와인을 만들려는 시도가 있었지만, 씨 없는 포도로 만든 와인은 딱히 기억나지 않는다.

포도 껍질은 수분 통과를 막는다. 껍질 안쪽 중심부 씨를 싸고 있는 과육은 영양 성분이나 호르몬 그리고 물을 순환시키는 아주 작은 관다발들이 서로 연결되어 있다. 야생 포도의 씨앗은 대체로 네 개다. 물론 품종에 따라 다르다. 〈그림 4.1〉에서 볼 수 있듯이 씨앗은 단단한 외피 속에 부드럽고 새로 형성된 배아가 배젖 막에 쌓여 있다.

포도 알갱이 끝에는 줄기가 달려 있는데, 포도나무의 본줄기에서 뻗어

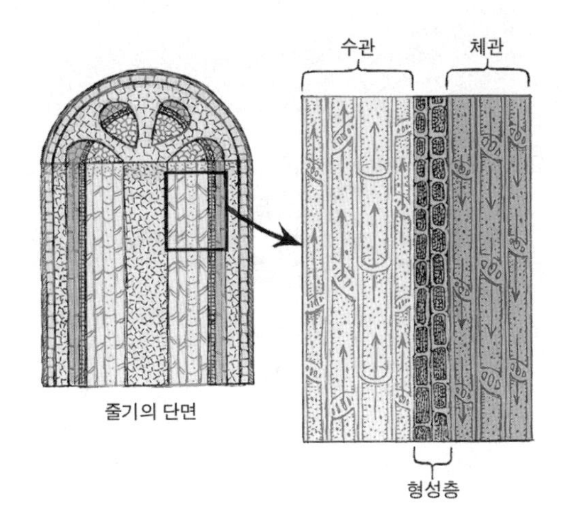

그림 4.2 일반적인 관다발식물의 줄기에 있는 수관과 체관, 2차 관다발계의 조직인 형성층

나온 작은 줄기에 해당하기 때문에 열매자루라고 한다. 열매자루는 포도 알갱이에 자양분을 제공하기 위해 물과 영양소를 통과시키는 역할을 한다. 우리 신체와 마찬가지로 식물도 영양소를 구석구석 전달할 필요가 있다. 우리 몸에서 영양물질은 대부분 혈액이 동맥, 정맥, 모세혈관으로 이어지는 순환계를 이동하면서 전달된다. 식물에는 세포들이 모여 미세한 파이프 구조를 형성한 수관과 체관이라 부르는 두 종류의 관다발 시스템이 열매자루를 관통하고 있다. 하나의 관다발이 다른 관다발 속을 지나기 때문에 파이프 속에 다른 파이프가 지나가는 형태를 띤다.

수관과 체관은 마치 거름망처럼 단백질, 당분, 호르몬과 같은 분자가 포도 알갱이로 들어가거나 나오는 것을 조절한다. 수관은 관다발의 안쪽에 있으며 물과 성장호르몬, 미네랄을 전달하는 기능을 한다. 포도나무 전체에 영양을 공급하는 역할을 하는 뿌리에서 올라오는 영양 성분을 이동시키는 통로다. 수관은 포도알이 영그는 초기에는 매우 중요한 역할을 한다. 그

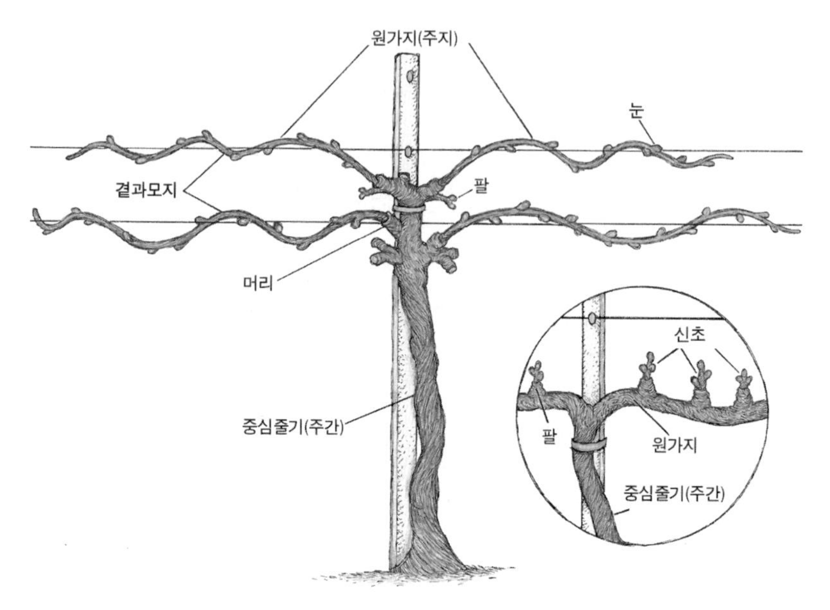

그림 4.3 포도나무의 여러 부분

러나 포도알이 익어갈수록 수관의 역할은 줄어든다. 포도알이 여물기 시작하는 마지막 단계를 '베레종veraison'이라고 부른다. 수관이 닫히면서 베레종이 시작된다.

체관은 포도나무의 잎에서 광합성으로 만들어진 물질과 당분을 이동시킬 때 필요하다. 베레종 이전까지는 거의 닫혀 있지만, 일단 포도알이 여물기 시작하면 체관은 진가를 발휘하기 시작한다. 그래서 수관과 체관은 포도알의 크기나 부피를 조절하고, 결과적으로 당도와 수분을 결정짓는다. 와인 발효에 투입되는 포도알의 주요 성분의 양은 적절하게 조절되어야 한다. 이것이 와인 제조의 핵심이다. 알코올을 만드는 원료가 바로 물과 당분이기 때문이다. 그러나 과육, 씨앗, 껍질에 있는 성분이 모두 와인 제조에 중요하다. 이런 성분들이 서로 균형을 이루는 것이 와인의 색이나 맛 혹은 느낌에 결정적인 영향을 주기 때문이다.

포도나무의 구조는 포도나무를 이해하는 중요한 열쇠다. 와인의 품질을 결정하는 영양물질을 어떻게 얻고, 또 어떻게 무성생식으로 번식하는지 알려준다. 포도나무는 땅속 깊이 박힌 뿌리에 고정되어 있다. 뿌리는 토양에서 흡수하는 영양 물질이 옮겨가는 통로다. 뿌리와 줄기 아랫부분을 묶어 '루트스톡rootstock'이라고 부른다. 줄기는 루트스톡에서 나무의 머리에 해당하는 부분까지 수직 방향으로 자라는데, 여기서 '코르동cordon'이라고 부르는 원가지가 뻗어 나온다. 코르동에서 결과모지라고 부르는 '케인cane이 뻗어 나와 잔가지처럼 자란다. 케인을 따라 점점이 달린 작은 눈은 커져서 잎이나 포도송이로 자란다. 케인의 눈과 눈 사이 마디를 '마디절간internode' 라고 부르는데, 눈과 마디절간의 개수를 기준으로 가지치기를 한다. 대체로 겨울에 해당하는 휴면 기간이 지나면 케인의 눈에 물이 오르기 시작한다. 이어서 녹색의 싹이 올라오고 잎이 나기 시작한다. 싹이 풀어지면서 포도 꽃 몽우리가 나오고 몽우리는 서로 갈라진다. 꽃은 피고 수정되면서 열매를 맺기 시작한다. 열매가 익으면 포도나무의 운명은 결정된다. 사람이 수확하거나, 동물이 먹어치우거나, 혹은 썩어버린다. 잔가지의 잎이 떨어지면 포도나무는 다시 처음 시작점으로 돌아간다.

육종학자들은 포도나무를 엄격하게 골라내고, 실제로 대부분 형질을 변화시키는 데 엄청난 노력을 기울여 왔다. 와인 제조자의 까다로운 요구 조건에 맞는 포도를 생산할 수 있도록 수천 년 동안 포도나무 재배 방법을 개발했다. 오랜 역사를 가진 동물의 품종개량과 기본적으로 다르지 않다. 그러나 포도나무의 육종과 재배는, 소를 기르고 품종을 개량하는 것보다 훨씬 어려운 일이었다. 식물은 훈련시키기 어렵기 때문이다. 결과적으로 가장 좋은 방법은 우리가 원하는 형질을 발현하도록 유전자의 변이가 발생할 때

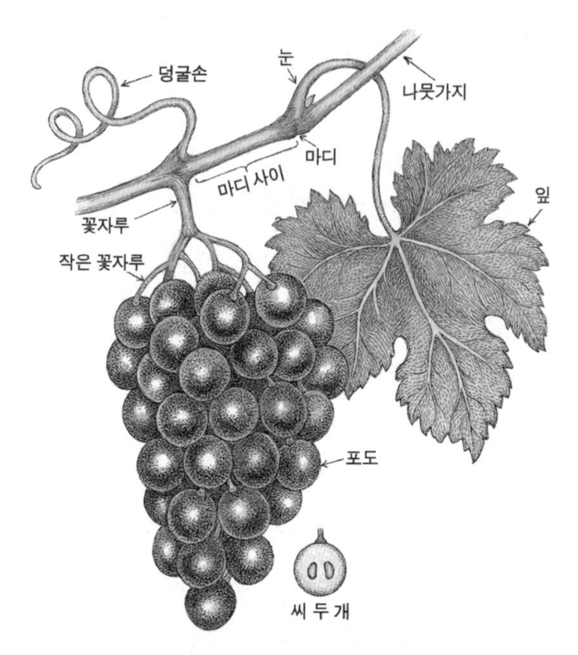

그림 4.4 포도나무의 말단부 구조도

까지 기다리는 것이다.

3장에서 논의한 것처럼, DNA는 길게 꼬여 있는 두 가닥의 분자다. DNA는 다음 세대로 전달되는 유전정보를 보관하고 있다. 그리고 유전정보는 해독되어 각각의 식물 성장을 조절한다. 동물이나 효모 혹은 식물의 세포 하나에 존재하는 DNA 분자를 모두 통칭해 유전체라고 부른다. 유전체는 DNA 분자들이 모인 염색체의 묶음 형태로 존재한다. 사람 세포에는 2만 개의 유전자가 있고, 이들은 23쌍의 염색체에 나뉘어 존재한다. 염색체 23개는 모두 약 30억 개의 염기배열로 구성되어 있다. 우리의 신체를 구성하는 거의 모든 세포에는 부모에게 물려받은 2쌍의 유전체가 존재한다. 포도나무에는 약 5억 개의 핵산 염기 짝이 배열하고 있지만, 염색체 19쌍에 각각 2만 6000여 개의 유전자가 포함되어 있다. 효모의 유전체 16쌍의 염색체는 각각 1200만 개의 염기배열과 6000여 개의 유전자로 구성되어 있다.

멘델은 현재 체코공화국에 해당하는 지역의 수도원에 1856년부터 1863년까지 완두콩을 재배하는 실험을 수행하면서, 유전의 기본 원리를 발견했다. 이후 150년 동안 파리, 선충, 바다 달팽이, 쥐, 애기장대풀 같은 여러 생명체를 이용한 유전학 연구가 진행되었다. 그리고 형질이 어떻게 나타나고 유전되는지에 대한 과학적 발견이 이어져 왔다. 멘델이 주창한 완두콩의 유전 현상은 가장 간단한 대물림 패턴을 보여준다. 그러나 다른 대부분의 생물체와 마찬가지로, 포도의 형질 대물림은 여러 유전자가 관여하는 복합적인 패턴을 나타낸다. 그러나 유전자의 염기배열을 알아내는 기술이 등장했고, 유전학자에게 비장의 무기가 되었다. 식물, 곰팡이, 효모, 미생물에서 관찰할 수 있는 유전 형질의 대물림은 다양하게 나타나는데, 여기에 영향을 주는 유전자 염기배열의 변이를 찾아낼 수 있게 되었다.

현대의 동물이나 식물 육종학자들은 이와 같은 지식으로 무장하고, 1970년대부터 유전공학을 활용해 새로운 형질이나 좋은 형질을 개발하기 시작했다. 그러나 이런 기술이 없었던 과거에도 관찰하기 쉽고 유전이 확실한 형질은 육종학자의 목표가 될 수 있었다. 식물의 육종은 오래전에 시작되었고, 식물의 생식과 성장을 조절하는 여러 방법을 사용하여 놀라우리만큼 많은 포도나무 품종과 계통을 만들어냈다. 과거의 육종은 가장 간단하고 일반적인 접근 방식으로, 인간이 등장하기 전에 이미 자연에서 흔히 발생하는, 유성생식을 이용한 것이다.

야생 포도나무는 자웅이체의 유성생식을 한다. 분명하게 암수가 따로 존재하기 때문에 부와 모의 형질에서 변덕스러운 조합을 가진 후손이 나오기도 한다. 후대로 전해진 형질은 각각 수나무에서 유래하는 것과 암나무에서 유래하는 것이 있다. 이 때문에, 부모 양쪽의 형질을 모두 알아야 후손의 형질을 예상할 수 있었다. 이것이 유전학자나 육종학자가 하는 일이다. 유전학자는 형질에 두 종류가 있다는 것을 오래전부터 알고 있었다. 모든 세대에서 항상 발현되는 것은 우성 형질, 한 세대를 건너 발현되는 것을 열성 형질이라고 불렀다. 재배 포도나무는 야생의 포도나무보다 다루기 쉽도록 교배된 것이다. 그래서 재배 포도나무의 꽃은 암술과 수술을 동시에 가지고 있다. 재배 포도나무는 스스로 수정이 가능하고, 번식력이 있는 씨앗을 생산한다. 자웅동체이기 때문에, 육종된 재배 포도나무는 자가수정 과정을 거치면 번식하고, 유전적으로 균일한 후손 포도나무가 얻어진다.

좋은 형질을 가진 포도나무 두 품종을 교잡시키는 방법으로 번식력을 유지한 좋은 품종을 만들 수 있다. 식물이 쉽게 교잡이 되는 이유는 화분과 난세포가 결합할 때 염색체의 숫자는 수분 과정에서 영향을 미치지 않기 때문이다. 이런 점에서 식물은 동물과 서로 다르다. 동물이 교배되려면 정자와 난자의 염색체가 각각 서로 대응해야 한다. 난자와 정자가 결합해 접합체가 되려면 염색체의 수가 같아야 한다. 그래서 식물의 종간 교잡은 동물보다 훨씬 쉽다. 포도를 재배하는 전문가가 계획한 대로 교잡종이 얻어진다면, 새 품종은 부모 포도나무 양쪽에서 물려받은 다양한 형질을 나타낼 것이다. 그리고 광범위하게 널리 퍼질 것이다.

계속하자면, 포도나무의 좋은 형질을 계속 유지하게 만드는 몇 가지 방법이 있다. 첫 번째는 생식 과정을 우회하도록 포도나무를 복제하면 된다. 포도나무의 가지 하나를 잘라 땅에 심는 간단한 방법이다. 혹은 오래전부터 사용해 오던 고취법도 있다. 포도나무에서 줄기를 자르지 않고 공중뿌리를 유도하는 방법이다. 그러나 실제로 해보면 조금 복잡하다. 식물세포에는 기이한 면이 있다. 동물의 초기 발생 단계는 어떤 세포가 될지 정해지지 않은 줄기세포에서 출발한다. 나중에 최종적으로 신경·피부 등 여러 종류의 세포로 분화된다. 어떤 종류의 세포로도 분화할 수 있으므로, 이를 줄기세포의 만능성이라고 한다. 그러나 동물의 줄기세포는 생체 내에서 일단 특정한 기능을 가지게 되면, 세포의 역할은 고정되고 분화능은 상실된다. 반대로 식물세포는 잠재력을 잃어버리지 않는다. 특정한 세포 형태로 분화된 이후에도 다른 조직의 세포로 다시 변화될 수 있다. 따라서 식물체의 한 부분에서 전체를 재생하는 것은 어려운 일이 아니다.

일반적으로 식물을 복제하려면 꺾꽂이를 한다. 포도나무의 경우에는 주로 잔가지를 사용한다. 잔가지를 잘라 물에 담가둔다. 식물호르몬의 영향으로 물에서 뿌리가 자란다. 이런 처리 과정에서 뿌리를 생성시키는 유전자가 활성화되기 때문이다. 이제 뿌리가 생긴 가지를 꺾꽂이하면, 유성생식 단계를 거치지 않았기 때문에, 포도나무를 복제한 것이다. 복제 과정에 특별히 문제가 없으면, 포도나무는 모두 완벽하게 증식하는 것이 가능하다. 이런 이유로 포도밭의 포도나무는 물론이고 포도까지도 상당한 균일성을 유지할 수 있다. 포도나무가 모두 하나의 포도나무에서 나왔고, 주변 환경이 비슷하다면, 모두 실제로 똑같은 포도알을 만들어낼 것이다. 만일 휘묻이를 선택한다면 포도나무에서 잔가지를 마치 탯줄이 연결된 것처럼 늘어뜨려 땅에 묻는다. 이때 잔가지 끝의 눈이 땅 위로 올라오도록 남겨둔다. 포도나무에서 마치 탯줄처럼 뻗어 나온 잔가지가 굵은 줄기가 되는 데 한두 해가 걸린다. 이렇게 커지면 독립적으로 자라도록 원래 포도나무와 이어진 가지를 잘라버린다.

밑나무 접붙이기는 포도나무의 유전적 균일성을 확실하게 얻기 위해 포도 재배자가 사용하는 방법이다. 이 방법은 먼저 튼튼하게 뿌리를 내리고 잘 자란 포도나무가 있어야 가능하다. 나무를 전부 사용해도 되지만, 줄기를 자른 것을 더 많이 사용한다. 여기에 좋은 특성을 가진 포도나무에서 접

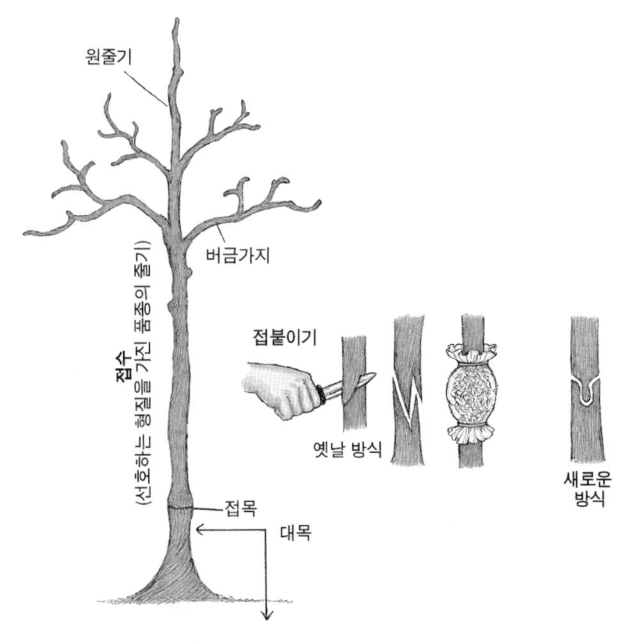

그림 4.5 접목과 관련된 대목 부위와 윗가지

붙일 어린 가지를 잘라 접목시킨다. 접수가 되는 윗가지는 대체로 대목에 잘 합쳐진다. 시간이 지날수록 완전히 합쳐져 같은 나무처럼 된다. 그런데 대목에는 뿌리의 발육을 촉진하고 병충해에 잘 견디도록 선택된 유전자가 모여 있다. 그리고 접수에는 열매를 잘 영글게 조절하는 유전자가 모였다. 이처럼 접붙여 얻는 특별한 형질은 육종의 한계를 훨씬 넘어서는 포도나무를 얻는 데 사용되었다. 예를 들자면, 7장에서 다시 다루겠지만, 포도나무 접목법은 19세기에 발생한 해충 '필록세라Phylloxera'의 습격에서 와인 산업을 살려냈다.

그렇다면 훌륭한 와인을 만드는 포도나무의 바람직한 형질에는 어떤 것이 있을까? 이러한 형질에서 중요한 것 중 하나가 바로 포도의 당분이다. 알코올을 만드는 주원료가 당분이기 때문이다. 그래서 포도나무의 육종은 과육의 당분 함량에 중점을 둔다. 그리고 일관성 역시 좋은 와인의 기준을 결정하는 중요한 요소다. 그래서 육종으로 포도나무의 형질이 달라져도, 과육에 포함된 당분의 양은 일정하게 유지되어야 좋다. 포도나무 재배 과정에서 어떤 이유로 잎사귀가 커져도, 포도나무의 유전자는 변하지 않고 그대로 다음 세대로 이어져야 한다. 잎이 커지면 광호흡을 증가시킨다. 그 결과로 포도 알갱이의 당도가 올라간다. 그러나 포도송이의 크기도 고려해야 한다. 포도송이에 포도알이 두세 배 많이 달리면, 포도나무 한 그루당 수확량은 평균 이상으로 높아진다. 그러나 수확량이 너무 높으면 포도의 품질은 낮아진다. 그래서 가지치기를 많이 할수록 좋은 와인을 얻는다. 와인처럼 복잡 미묘한 제품에 필수적인 포도의 형질은 나열하자면 길다. 현재까지 포도나무 재배종의 육종 과정에 이런 종류의 바람직한 형질이, 또 그 이상의 무엇이 도입되었다. 그리고 엄청나게 많은 포도 품종이 개발되는 결과를 낳았다.

잠시 포도 씨앗을 다시 살펴보자. 씨앗은 포도나무의 수를 늘리기 위할 뿐만 아니라, 포도나무에서 여러 형질이 어떻게 선택되는지 밝혀내는 데 중요하다. 인간이 포도나무를 교배시키기 전에는 포도알에는 씨앗이 보통 네 개 들어 있었다. 육종학자들이 포도나무의 유전자에 손을 대면서 씨앗 없이도 포도나무를 키우게 되었다. 우리가 알고 있는 씨 없는 포도는 알갱이가 형성되는 초기에는 실제로 씨를 만들지만, 유전자 돌연변이 때문에 단단한 외피를 만들지 못할 뿐이다. 포도는 어떻게 씨 없는 포도가 될까? 유전자는 DNA로 구성된다. 부모가 정자와 난자를 만들면, 여기에는 절반의 DNA가 들어 있고 후손에게 그대로 전달된다. 그러나 유전자의 염기배열이 항상 부모와 완전하게 같지는 않다. 매우 드물기는 하지만 DNA를 복제할 때 약간의 오류가 생길 수 있기 때문이다. 이런 돌연변이가 생명체에게 항상 치명적인 영향을 주는 것은 아니다. 생명의 세계에서 약간의 돌연변이는 어디에서나 흔하다.

돌연변이는 어떻게 일어나는 것인가? 당신이 어떤 정해진 일을 하도록 명령을 받았다고 생각해 보자. 명령이 '씨앗 껍질 만들기 시작' 같은 것이다. 명령문에서 단어를 조금 바꾼다면, 예를 들어 '씨앗 껍 질 만들기 시작' 혹은 '씨앗 껍질 만듦 시작' 심지어는 '씨앗 껍질 만들자'라고 단어를 조금 바꿔도 명령이 지시하는 바는 크게 바뀌지 않는다. 그러나 시작이라는 단어가 중단이라고 바뀌면 명령의 내용은 완전히 달라진다. 살아 있는 생명체에서 돌연변이를 찾아내는 것은 상당한 기술이 필요하다. 어떤 연구자는 여러 다양한 생물체에서 돌연변이를 찾아내고 분리하는 능력으로 명성을 쌓기도 했다. 역설적으로 누구도 지금까지 괜찮은 와인을 만드는 씨 없는 포도 품종을 만들지 못했기 때문에, 식물 유전학에서 밝혀내는 놀라운 성과 중 하나는 씨를 만들지 않게 하는 유전자를 찾고 규명하는 것일 수 있다. 만일 이런 기술이 당분이나 색상 혹은 다른 형질에 관련된 포도나무의 유전자를 조작하는 데 사용된다면, 우리가 와인을 제조하고, 그 와인을 마시는 방식에 있어 실제적인 발전을 가져올 것이다. 포도나무의 경우에는 이러한 일은 아직 시작에 불과하다. 그러나 새로운 발견이 조만간 전통적인 육종 기술에 적용되고, 더욱 다양한 포도 품종이 만들어지게 될 가능성이 크다. 그리고 지금부터 포도와 야생의 친척들이 다른 식물들과 어떤 관계에 있는지 살펴보자. 식물의 세계에서 식물을 이해하는 데 포도나무의 존재가 필수적이기 때문이고, 포도나무가 인간에게 대단한 만족감을 줄 수 있다는 이유에서다.

◆ ◆ ◆

생명은 바다에서 시작되었음이 분명하다. 이후 식물과 동물 그리고 곰팡이가 육지로 진출했다. 그리고 약 5억 년 전 캄브리아기에 '적응진화adaptive evolution'[1]가 시작되었다. 적응진화가 일어나면서 새로운 모습을 가진 생물체가 무더기로 등장했고, 이로 인해 발생한 생태적 빈자리를 채우는 기회를 잡은 생물은 살아남았다. 다양한 규모로 발생한 적응진화는 우리가 사는 지구에서 풍부한 생물다양성을 만들어낸 결정적인 과정의 하나일 것이다.

식물의 몸통 구조를 재구성한 적응진화는 육상 생활을 가능하게 만든 중요한 요인이다. 특히 초기의 육상 식물은 관다발계를 발달시켜 내부에서 물의 순환이 가능하게 했다. 관다발계가 없어 물속에서만 살 수 있는 원시 생명체의 한계를 벗어난 것이다. 혹은 육지의 특수한 틈새 환경에서만 자랄 수 있는 식물의 한계를 넘어선 것이다. 녹조류나 선태식물은 아직도 관다발이 없는 식물로 남아 있다. 선태식물에는 이끼, 우산이끼 그리고 뿔이끼가 포함되는데, 모두 포자로 무성생식 한다.

이끼나 우산이끼를 연구하는 식물학자는 강력하게 반대하겠지만, 관다발 형성은 식물의 다양성이나 적응진화라는 실제적인 변화가 시작된 지점으로 보인다. 그리고 수억 년 동안 계속되는 진화 과정에서도 관다발이 없는 이상한 생물종이 거의 변하지 않는 것을 보면, 현재의 다양한 식물은 관다발식물에서 진화했고, 포도나무 같은 이렇게 놀라운 후손을 만들었다고 추정할 수 있다. 나의 동료 리처드 포티Richard Fortey는 '생존자'라고 표현하길 좋

---

1 적응진화는 생명체가 서식 환경에 적합하게 유전자 수준에서 변화하고, 생존과 번식의 기회를 증가시키는 진화를 말한다.

아하는데, 흔히 살아 있는 화석이라고 불리는 석송류, 속새류, 양치류, 은행류, 소철류 같은 튼튼한 생물종은 특이한 형태의 관다발을 가지고 있다.

석송류는 속새류 다음으로 가장 원시적인 관다발식물일 것이다. 석송류에서는 5억 년 전과 해부학적으로 거의 같은 관다발 구조가 관찰된다. 양치류는 약 3억 5000만 년 전 화석에 처음 등장하고, 현재의 다양한 양치류는 대부분 1억 4500만 년 전의 화석에서 발견된다. 그리고 석송류, 속새류, 양치류가 모두 속하는 공통 분류는 없지만, 이들은 특이한 공통 형질을 가지고 있다. 씨앗을 맺지 않고, 그 대신에 포자를 만들어 번식한다는 점이다. 반면에 현재의 관다발식물은 모두 씨앗을 발생시켜 번식한다. 씨앗 식물은 약 3억 년 전에 두 종류의 분류로 분리된다. 분리된 두 분류는 포도나무같이 꽃을 피우는 속씨식물[2], 혹은 꽃을 피우지 않는 겉씨식물이다.

겉씨식물은 원시 관다발식물이 대부분이고, 흔히 현존하는 화석이라고 한다. 예외적으로 원시 관다발식물 중에 드물게 꽃을 피우는 속씨식물도 있다. 진화론의 창시자인 다윈은 1879년 식물학자 조지프 달통 후커Joseph Dalton Hooker에게 보낸 편지에서 속씨식물과 겉씨식물의 구분은 끔찍한 미스터리라고 주장했다. 미스터리에서 끔찍하다는 내용은 화석 기록상 속씨식물이 적응진화의 광풍이 들이닥치는 시점에 갑자기 등장했다는 것이다. 오늘날 우리가 볼 수 있는 많은 무리의 꽃식물은 적응진화의 결과이다. 이처럼 급격한 적응진화는 다윈을 당황스럽게 만들었다. 느리고 누적적인 변화와 다양화의 과정이 필요하다고 예상한 다윈의 진화에 어긋나기 때문이었다. 우리도 진화의 과정은 많은 종류의 많은 사건이 누적되면서 진행된

2 속씨식물은 씨앗이 씨방 안에 들어있는 식물이며, 개화 식물, 피자식물, 꽃식물 등으로도 부른다.

다고 이해하고 있다. 그렇게 많은 속씨식물이 진화적으로 짧은 시간 동안에 생겨났다는 것은 놀라운 일이 분명하다. 최초의 속씨식물 화석은 1억 3500만 년 전으로 거슬러 올라간다. 그렇지만 꽃가루 입자 화석을 보면, 속씨식물은 아마도 종의 다양성이 많이 늘어난 2억 5000만 년 이전에 존재했을 것으로 추정된다. 시간적인 측면뿐만 아니라, 유전적으로 또 발생학적으로 다양한 형태가 어떻게 만들어졌는지, 그리고 다른 식물은 그렇지 않은데 어떻게 일부 속씨식물만 그렇게 다양해졌는지가 여전한 미스터리다.

◆ ◆ ◆

그렇다면 포도나무는 식물 진화의 계통도에서 어디에 끼어 들어갈 수 있을까? 분류 규칙에 따르면, 하나의 생물종은 하나의 분류에 속하고, 그 분류는 다시 이어서 더 큰 분류에 속한다. 와인 포도는 대부분 비티스 비니페라 종이다. 다른 종과 같이 모여 비티스Vitis 속에 속하게 된다. 이어서 다른 속과 같이 모여 비타시애Vitaceae 과를 만든다. 비타시애 과는 비탈레스Vitales 목에 포함하고 …… 계속 속씨식물, 식물계, 진핵생물로 이어진다. 진핵생물에는 인간도 포함된다. 세포에 핵이 따로 존재하는 생명체는 모두 진핵생물이며, 박테리아처럼 세포 내 핵이 없는 생명체는 원핵생물로 분류된다.

속씨식물에서 비탈레스는 일반적으로 분류가 어렵다고 알려져 있다. 식물 해부학적 연구를 통해 속씨식물의 전체 4분의 1 이상을 포용하는 큰 식물 집합인 장미군은 모두 비탈레스 목에 포함되었다. 그러나 이런 분류는 유전체 분석을 비교한 결과와 일치하지 않았다. 그래서 우리가 내릴 수 있는 최선의 결론은, 비탈레스는 모든 장미류의 공통 조상의 후손이라는 것이다. 이런 공통 조상은 진화적 잠재력이 매우 크다. 왜냐하면 결국에는 가장 아름다운 식물인 장미를 한 손에 그리고 다른 손에는 와인을 만드는 포도나무를 주었기 때문이다.

비탈레스 목에는 비타시애 과가 유일하다. 그래서 분류가 간단하다. 비타시애 과는 두 개의 큰 그룹으로 나뉘는데, 풀이나 나무 모습을 하는 '리오아디애leeoideae'와 부착하거나 감고 올라오는 덩굴식물인 '비토이디애Vitoideae'이다. 이름에서 알 수 있듯이, 포도나무의 비티스 속은 다른 13개의 다른 속과 함께 후자인 비토이디애에 속한다. 여기서 나머지 13개 속도 모두 넝쿨식물이지만, 우리가 알기로 어떤 것도 발효음료를 만들 수 있는 열매를 생산하지 않는다. 비티스 속에는 약 60종의 식물이 포함된다. 비티스 속의 야생종은 주로 북반구의 대부분 지역에서 발견되는데 아시아, 북아메리카, 유럽 품종이 있다.

포도는 모두 다르다. 최소한 와인을 만드는 능력이 모두 같다고 할 수 없다. 와인을 만드는 포도나무 종을 정리하려는 분류학자에게는 비티스 비니페라 포도는 …… 포도이지만 …… 꼭 포도가 아닐 수 있다. 분류학자는 카를 폰 리네Carl von Linné, 다른 이름으로 '리나이우스Linnaeus'가 250년 전에 만든 규칙을 따른다. 처음에는 규칙이 간단하게 보인다. 리나이우스는 각각의 종에 두 단어, 즉 이름을 두 개 조합한 명칭을 붙였다. 첫 번째 명칭은 생물종이 속한 속명을 나타내고, 두 번째 명칭은 종 그 자체를 나타낸다. 이러한 명명법에서 예를 들면, 우리 인간은 호모 속에 속하고 또 호모사피엔스 종에 속한다. 지금까지는 문제가 없다. 그러나 기본 규칙을 넘어서면 조금 복잡해진다. 분류학은 전통적으로 전문가의 판단에 의존했기 때문이다. 그리고 주관적인 전문성에 기초한 이름은 가끔 바뀔 수 있기 때문이다.

종은 원칙적으로 자유롭게 상호 교배가 되고 생식 배타성으로 정의되는,

가장 넓은 범위의 생물군이다. 그런데 만일 생식적 격리가 완전하지 않다면, 혹은 분류학자가 순전히 겉으로 보이는 모습으로만 생식 배타성을 판단해야 한다면, 문제가 실제로 발생할 수 있다. 그리고 번식하는 생물은 대체로 문제를 더 복잡하게 만든 전력이 있다. 예를 들어, 분류학자가 과거에 다른 종을 같은 종에 포함시켜 재분류하면, 과거에는 다른 종이었지만 같은 종의 친척이 되는 것이다. 하나의 종에서 다른 무리를 구분하려면, 종이 아닌 아종으로 재분류하는 방법이 가능하다. 이렇게 되면 세 단어로 명명하게 된다. 두 단어 이름 뒤에 아종의 명칭이 붙기 때문이다.

이름이 많아지는 것이 비티스 비니페라 종의 운명이다. 지난 수 세기 동안, 종 아래 아종의 개수는 늘어났다. 게다가 아종은 모두 서로 교배가 가능하다. 우리는 이렇게 복잡하게 된 결과에 송구할 뿐이다. 그러나 포도와 포도나무의 세계에서 명칭의 혼란스러운 미로를 누비려면, 명명법의 기원을 이해하는 것이 필수적이다. 〈표 4.1〉에서 몇 가지 중요한 비티스 비니페라의 아종을 포도 재배 산업에서 중요한 역할에 따라 분류해 나타냈다. 표에서 0 표시는 해당 아종이 분류된 기능을 하지 않는다는 표식이다. 반면에 덧셈 기호는 특정 기능의 활용도를 나타낸다. 그래서 '비티스 베를란디에리Vitis berlandieri' 종이라고 불리던 품종은 이제 아종인 비티스 비니페라 베를란디에리로 알려졌다. 베를란디에리는 재배품종으로는 거의 사용되지 않고, 교배용으로도 사용하지 않지만, 접붙임 나무로 흔히 사용한다.

비티스 비니페라는 리나이우스가 직접 이름을 붙인 것으로 유명하다. 그리고 우리가 두 단어 명명법을 고수했다면, 이러한 명명법이 전부였을 것이다. 그러나 19세기 후반에 독일의 식물학자 카를 에른스트 오토 쿤츠Carl Ernst Atto Kuntze는 비티스 비니페라의 분류에 일부 수정이 필요하다고 판단했다. 그는 1891년에 발표한 식물 분류에 관한 두꺼운 출판물 『개정 식물

표 4.1 비티스 비니페라 아종

아종명	접수 품종	대목	교배종
아에스티발리스(aestivalis)	0	0	++
아무렌시스(amurensis)	+	0	++
베를란디에리(berlandieri)	+	+++	0
칸디칸스(candicans)	0	+	0
카리바애(caribaea)	0	0	+
샴피니(champinii)	+	+	0
시네래(cinerea)	0	+	++
코르디폴리아(cordifolia)	0	+	+
라브루스카(labrusca)	+++	++	+++
롱기(longii)	+	++	0
리파리아(riparia)	++	+++	+++
루페스트리스(rupestris)	++	+++	+++
심소니(simpsonii)	0	+	0
비니페라(vinifera)	+++++	+	+++

품종Revisio generum plantarum』에서, 포도를 포함한 식물 수천 종의 이름을 고쳤다. 이러한 작업은 식물 학계를 상당히 괴롭혔던 것으로 보인다. 그래서 개편한 식물의 이름도, 책과 같이 당시 대부분 사람에게 무시되었고 거부당했다. 그럼에도 불구하고 특정 포도 품종에 대한 쿤츠의 종 하위 명칭은 어느 정도 다시 사용되기 시작했다. 그리고 표에 나타낸 여러 명칭은 아직 유효하게 사용된다.

쿤츠의 노력 역시 리나이우스가 떠난 이후에 점점 더 복잡해지는 포도 품종의 이름 문제를 막지 못했다. 현대의 분류학자는 비티스 속에 속하는 60여 종을 독립된 종으로 인정하지만, 품종 이름 짓기는 250년이 넘는 기간 동안 이어졌다. 500여 다양한 종 이름을 붙여왔다. 이렇게 과도하게 이름이 넘쳐나는 이유는, 이미 이름이 있어도 누군가가 실수로 새로운 이름을 붙이기 때문이다. 분류학자는 하나 이상의 이름을 가진 식물을 발견하면 우선권 규칙을 적용해 적절한 이름을 결정하는데, 처음 사용된 이름을 지정하고 다른 이름은 모두 생물학 역사의 쓰레기 더미로 보내버린다. 포도 품종명의 혼란은 부분적으로 서로 관련 있는 포도나무 계통이 매우 많기 때문이지만, 사실 과학자는 자신이 연구하는 대상에 자신의 이름을 붙이려는 경향 때문이기도 하다.

포도 품종의 분류 환경이 복잡한 데 더해서, 많은 관심을 끄는 포도나무일수록 하나 이상의 잠재적 이름을 갖는다. 예를 들어 독일의 식물학자 헨리 베르거Henry K. Berger는 어떤 특별한 포도나무를 '비티스 비니페라 사티바Vitis vinefera sativa'라고 이름을 지었는데, 나중에 리나이우스의 '비티스 비니페라 L.'과 같다고 판명되었다. 여기서 'L.'은 규칙대로 우선권을 가지는 리나이우스가 지정한 종이라는 것을 나타낸다. 베르거의 포도가 리나이우스의 포도와 정확하게 동일한 아종이라면 세 단어 명칭인 비티스 비니페라 비니페라로 쓰여야 한다는 것을 의미한다. 그러나 이런 이름은 데이터베이스를 검색해도 잘 등장하지 않는다. 그리고 연구자들이 비티스 비니페라 L. 이라는 이름을 사용해도 대부분 베르거가 비티스 비니페라 사티바라고 명명한 포도 품종을 지칭할 것이다. 상황은 더 복잡하다. '비티스 비니페라 실베스트리스Vitis vinefera sylvestris'는 재배 포도와 밀접한 관계가 있는 어떤 야생 계통 포도의 학명이다. 식물의 이름에 관해 인터넷에서 권위 있는 『식물 목록Plant List』에 따르면, 이 아종의 이름은 역시 원래 종인 비티스 비니페라 L.과 동일하다. 더 혼란스러운 것은 실베스트리스의 영어 철자 'sylvestris'의 y는 가끔 i로 바뀌어 쓰인다.

다양하게 바뀌는 포도의 이름 때문에 혼란스럽다면, 우리가 갈팡질팡 헤매고 있다는 것을 인정할 수밖에 없다. 그런데 아직 더 복잡한 것도 있다. 어떤 종이나 아종에서 변이가 많이 일어난다면 과학자들은 새로운 하위분류 집단을 만들 것이다. 포도의 경우에, 이런 추가 분류는 포도나무가 오랫동안 재배되고 교배되어 엄청나게 많은 품종으로 만들어진다는 사실을 반영한다. 그래서 포도 품종명은 역사적으로 오래 재배되어 온 다양한 포도 품종을 구별하기 위해 사용한다. 그러나 우리는 야생종의 품종을 설명할 때와 다른 의미다. 따라서 재배종을 지칭하는 또 다른 방법은 등록명으로 부르는 것인데, 이는 미국과 프랑스의 참고 자료 소장 목록의 정식 분류법과 비슷하다. 비록 와인 문헌에서 품종이나 변종은 구분 없이 사용되지만, 엄밀히 말하자면 샤르도네, 시라 등등, 그리고 이 계통을 포함하는 개발된 변종은 모두 재배종이라고 불러야 한다.

◆ ◆ ◆

미국 농무부는 보이지 않게 조용히 일하면서, 우리가 먹는 음식의 질을 감시하고 농작물과 동물들의 건강을 세밀하게 관찰하려고 한다. 그리고 세계에서 최고의 포도 품종 저장소 중 한 곳을 보유하고 있다. '콜드하디 그레이프 컬렉션Cold-hardy Grape Collection'은 1800여 종이 넘는 포도 클론을 보관하는 뉴욕주 제네바에 있는 클론clone[3] 저장 농장이다. 보관하는 클론의 규모 때문에 미국에서 가장 중요한 농장 중 하나가 되었다. 그러나 프랑스 몽펠리에 인근 바살에 있는 프랑스 농업연구소French Institute of Agricultural Research와 비교하면 아무것도 아니다. 바살은 현재 불행하게도 대규모 와

---

3 클론은 유전정보가 동일한 생물체나 세포를 말한다. 과거 종자 은행에 해당하지만, 유전자를 분석하게 되면서, 유전정보가 다른 클론별로 보관·관리하기 때문이다.

인 생산업체로부터 퇴거 위협을 받고 있다. 바살에서 보유하고 있는 포도 품종은 4370종이 넘는데, 지구상에서 가장 인상적인 포도 컬렉션이다. 이 중 대부분인 약 4000개의 품종은 비티스 비니페라로 분류되는 재배 변이종이고, 나머지는 교잡종, 야생주, 접붙임 품종이다.

전 세계적으로 6000여 종에서 1만 여종의 유라시안 포도가 있는 것으로 추정되는데, 이곳에서는 그중 절반 이상을 저장 및 보관하고 있다. 연구자는 광범위한 품종을 이용할 수 있다. 동시에 최근 DNA 염기배열 분석 기술의 엄청난 발전은 지난 5년간의 혁명을 일으켰고, 포도 품종 간의 관련성을 밝혀주었다. 우리는 새로운 유전자 기술을 사용해 두 가지 질문에 접근할 수 있게 되었다. 먼저 재배종 포도의 직계 조상 또는 친척은 무엇이며, 각각의 포도 품종은 어디에서 유래했는가?

이 질문에는 모두 상당한 어려움이 내포되어 있다. 예를 들어, 프랑스와 미국에서 수집된 대부분의 품종을 거꾸로 추적하면 마지막에는 비교적 최근의 조상 재배종으로 거슬러 올라간다. 그러나 이들의 후손 포도나무가 초창기 와인을 만든 바로 그 포도나무가 아닐 수도 있다. 그리고 재배 포도나무는 계속 교배되어 족보 관계를 추적하는 것이 복잡해질 수 있다. 이런 일이 발생하면 가계도의 관계는 얽힌 덤불처럼 보이기 시작한다. 어떤 포도나무가 재배종으로 정해지면, 일반적으로 증식 혹은 접목법으로 번식된다. 이 경우, 이종 교잡으로 인한 족보상 엉킴이 급격히 제거된다. 또한 지난 수세기 동안은 육종 전문가들이 포도 품종을 교배하고 기록을 남겼다. 이런 사실은 포도나무의 족보를 추적하는 연구자에게는 다행한 일이다.

많은 유전자를 대상으로 다양한 연구 방법을 사용하는 유전자 연구는, 최소한 원리적으로는, 야생의 포도 조상의 정체와 무수한 포도 재배종이 서로 어떻게 연관되어 있는지 콕 집어낼 수 있다. 21세기 초반에 도입된 초고

속 유전체 배열 분석 기술이 도입되면서, 포도나무의 조상을 밝히려는 일종의 국제적 경쟁이 벌어졌다. 와인은 유럽과 강력하게 연결되어 있다. 그래서 유럽연합 국가의 여러 실험실에서 비티스 비니페라 L.과 가장 가까운 야생 포도나무를 찾기 위해 경쟁해 왔다. 사람으로 생각하면, 인터넷에서 족보 회사 중 한 곳을 찾아 고대 메소포타미아로 거슬러 올라가는 족보를 요청하는 것과 같을 것이다.

먼저 연구실에서는 포도나무의 육종이 기록된 문서를 활용하고, 과거의 방식대로 조사 작업을 시작한다. 그러나 실마리가 사라지고 기록이 막다른 골목에 다다르면, 현대의 유전학적 방법으로 바꾸게 될 것이다. 많은 포도 품종을 만들어낸 교배 기록은 지금부터 불과 백 년 동안에 작성된 것만 존재하기 때문에, DNA 탐정의 참여가 필요하다. 연구자들은 유전자 배열 분석을 이용해 속씨식물의 계보를 알아내려는 큰 프로젝트의 한 부분으로 포도나무의 족보 연구를 수행하게 되었다.

독일의 도로티 트뢴들Dorothee Tröndle과 동료들, 그리고 이탈리아의 조반니 제카Giovanni Zecca와 동료들은 각각 따로 진행된 연구에서 비티스 속에 속하는 60종의 유전자 절반을 조사했다. 그리고 이들과 관련 있는 속에 속하는 몇 종에 대해서도 조사했다. 스페인의 호세 미구엘 마르티나즈 자파터José Miguel Martínaz Zapater, 프랑스의 발레리 라우커Valérie Laucau, 미국의 숀 마일스Sean Myles가 이끄는 연구팀들은 모두 비티스 비네페라 L. 재배종과 보관된 비티스 비니페라 실베스트리스를 조사하고, 상세하게 많은 야생 포도종과 재배된 포도종 사이의 관계를 연구했다.

제카와 트론 등의 연구에서 거의 같은 결론이 도출되었다. 유럽의 비티스 비니페라는 아시아 비티스 종 집단과 가장 가까웠던 반면, 북미 비티스 종과는 거리가 있고 달랐다. 흥미롭게도 남미에는 비티스 속 식물이 거의 없는데, 자생적 비타시애 과의 식물은 대부분 남반구 덩굴식물로 알려진 시서스Cissus 속에 속한다. 그리고 유전자 분석으로 비티스에 포함되는 여러 포도나무의 관계를 살펴보면, 포도나무는 모두 하나의 단일 공통 조상에서 유래했다는 사실은 명백하고, 전통적인 분류법이 타당하다는 것을 확인시켜 주었다. 여기서 우리가 알 수 있는 사실 하나는 아시아 포도와 유럽 포도가 밀접한 관련이 있다는 것이다. 제카의 연구는 두 가지 사실을 더 알려주었다. 첫째, 아시아 비티스의 작은 부분 집합은 모든 북미의 비티스가 가까운 관계라는 것이다. 따라서 북미의 비티스는 아시아 비티스의 한 종류에서 갈라져 생겨났다는 것이다. 그래서 아시아의 비티스는 비티스의 파생을 이해하는 데 중요하다. 이 연구를 통해 상당한 정도의 종간 교배가 세 개 대륙을 걸쳐 발생했다는 것을 찾아냈다. 그리고 포도나무의 진화는 지금까지 진행되었고, 앞으로도 물 흐르듯 지속될 것이라고 결론 내렸다.

생식 격리는 격리된 생물종 사이의 의미 있는 유전적 접촉이 없는 상태를 말한다. 그래서 분리된 한쪽 계통에서 발생한 돌연변이는 어떤 것도, 이미 갈라진 다른 쪽 가계 집단에는 나타나지 않는다. 따라서 돌연변이는 해당 계통의 구성원에게 공통 조상의 표식이 될 수 있다. 돌연변이는 어떤 가계 집단에서도 생길 수 있다. 그래서 가계 집단별로 고유한 돌연변이 조합이 축적되고, 그 집단의 표식이 된다. 그러나 우리가 아는 바와 같이 현실은 매우 더 복잡하다. 종과 개체 수에 따라 생식 격리의 정도는 다를 수 있으며, 비티스에 속하는 여러 생물종 사이에서 특히 그렇다. 비티스에서 새로운 계통이 갈라져도, 생식 격리는 완전하지 않았다. 그러나 격리된 계통의 겉모습이 상당히 다르면 별도의 비티스 종으로 오인되었다.

결국 중요한 문제는 포도나무 재배 이후에 생겨난 많은 재배종 및 변종의 뿌리를 찾는 것이다. 이를 위해 유전적으로 재배종과 변종에 가장 가까

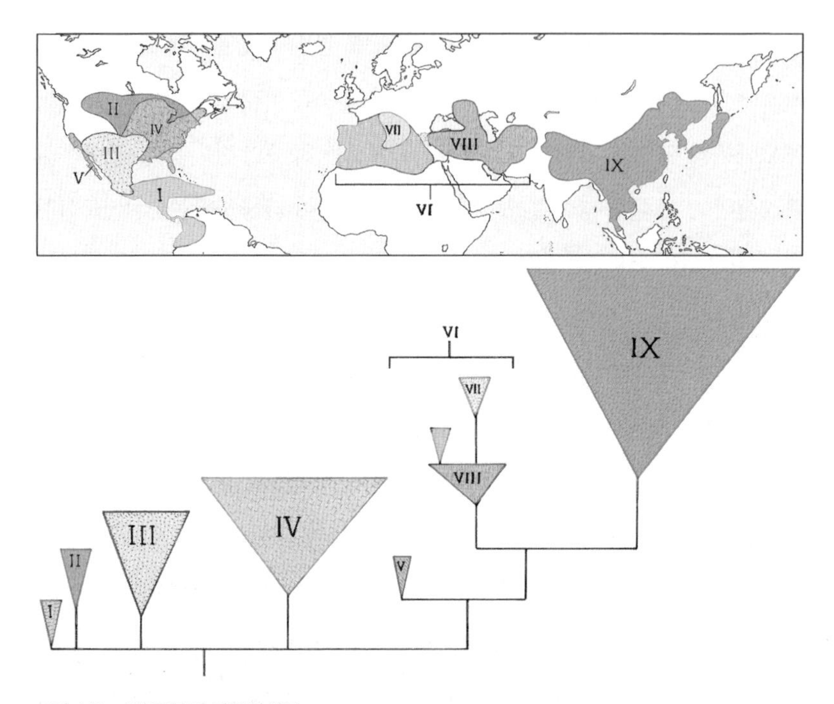

그림 4.6 야생 포도의 계통발생도

각 삼각형은 그림과 같이 세계의 지리적 영역을 나타낸다. 각각의 큰 삼각형은 공통 조상을 통해 서로 연관된 여러 포도 품종으로 만들어졌다. 꼬리표가 없는 삼각형은 북아프리카에서 온 포도나무다. 제카 등(Zecca et al.)의 「야생 포도의 진화 시기[The Timing and the Mode of Evolution of Wild Grapes(Vitis)]」에서 발췌하여 수정해 그렸다.

운, 그러나 비니페라가 아닌 종을 찾아냈다. 자파터 연구팀은 모든 포도 품종과 가장 유사한 야생종은 비티스 비니페라 실베스트리스라고 결론을 내렸다. 비티스 비니페라 실베스트리스는 유럽 전역에서 발견되기 때문에, 스페인 연구자들은 어떤 것이 현대의 모든 와인 포도의 뿌리인지, 등록된 유럽 야생종에서 대상을 좁혀갔다. 우리가 알고 있듯이, 고고학적 증거에서 와인 양조는 아마도 코카서스Caucasus 어딘가에서, 혹은 인접한 아나톨리아Anatolia에서 시작되었다. 그리고 유전자 분석에서 포도의 원산지는 코카서스 동쪽 지역으로 확인되었다. 그러나 유전자 분석은 두 번째 기원이 서유럽의 어디라고 알려주었다. 스페인인에게는 자랑스럽게도, 자파터 연구팀은 이베리아반도에 있는 재배종 70퍼센트 이상이 서유럽의 야생 비티스 비니페라 실베스트리스의 후손이 분명하다고 결론지었다.

그러나 자파터 연구팀의 주장을 받아들이기 전에, 패트리스 디Patrise This 박사가 이끄는 프랑스 연구팀이 의문을 제기했다는 사실에 주목해야 한다. 디와 동료들은 스페인 포도나무의 조상이 재배 과정을 거치지 않은 진짜 실베스트리스 개체인지 혹은 포도밭에서 탈출한 개체인지 혹은 야생과 재배종의 교배종인지를 탐구했다. 식물 유전자형 검사를 이용하면, 이 질문에 답을 얻을 수 있다고 제안했다. 법정에서 증거로 사용되는 친자 확인 유전자 검사와 다소 비슷한 것이다. 따라서 역시 프랑스에서 라우커와 동료들은 포도나무의 선조를 찾아내는 것에서 여러 포도 품종 사이의 관계를 밝히는 것으로 연구의 초점을 바꾸었다. 그들은 유전자 미세부수체 분석이라고 불리는 접근법으로 바살의 농업연구소에서 소장한 약 2300개의 재배종을 포함한 4370종을 검사했다. 검사한 데이터 세트에는 야생 균주, 교잡종, 접붙임 품종 시료가 포함되었다. 여기에 사용하는 유전자 분석은, CSI나 덱스터 같은 텔레비전 범죄 프로그램에서 용의자가 범죄 현장에 있었는지 검사하는 유전자 지문 기술과 동일한 것이다.

◆ ◆ ◆

유전자 지문 분석은 얼룩말의 줄무늬 개수나 사람의 지문 굴곡의 개수를 세는 것과 비슷한 비교적 단순한 방법이다. 생명체에는 두 개에서 여섯 개의 염기배열이 여러 차례 반복되지만, 유전자에 영향을 주지 않는 변이가

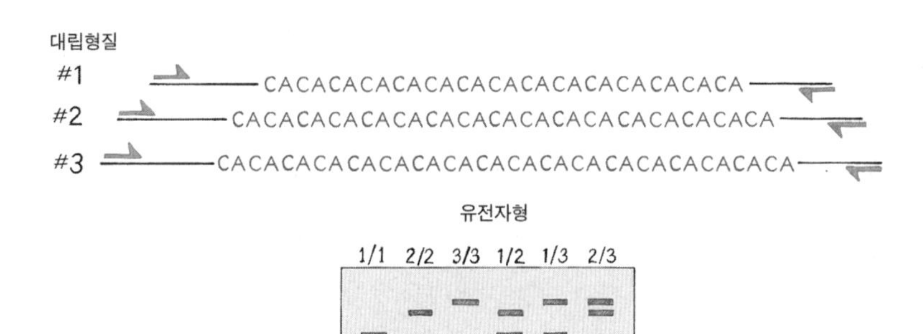

그림 4.7 미세부수체 시스템

존재한다. 그래서 예를 들자면 한 개인의 특정 유전자가 있는 곳에 AT가 11번 반복되는 염기배열 ATATATATATATATATATATAT가 삽입되어 있을 수 있다. 반면에 다른 사람의 유전자에는 같은 위치에 AT가 15번 반복되는 염기배열 ATATATATATATATATATATATATATATAT가 있을 수 있다. 이런 염기배열은 유전자 분석기를 사용하면, 반복 횟수에 따라 달라지는 DNA를 크기가 다른 띠나 줄로 나타나게 분리할 수 있다. 미세부수체 DNA #1은 CA 반복 횟수가 15회이고, #2는 17회, #3은 19회다. 각자 길이가 세 가지로 달라서, DNA 분리 젤에 각각 15회, 17회, 19회 반복되어 길이에 따라 다르게 세 개의 다른 줄무늬로 나타난다. 어떤 식물 집단을 분석하면 미세부수체 DNA의 조합에 따라 그림처럼 여섯 개의 다른 유전자형이 존재할 수 있다.

무늬 위치는 유전자에서 배열 DNA의 반복 횟수에 해당한다. 이런 작은 반복 배열을 '미세 위성' DNA라고 부르는데, 대부분 진핵생물의 유전체에는 수천 개가 흩어져 있다고 알려져 있다. 그래서 유성생식으로 세대가 이어지면 미세 위성 DNA의 조합은 빠르게 변한다. 그래서 가까운 개체 사이에서도 미세 위성 DNA의 조합은 서로 다르다.

줄무늬 위치는 유전자에서 배열 DNA의 반복 횟수에 해당한다. 이런 작은 반복 배열을 미세 위성 DNA라고 부르는데, 대부분 진핵생물의 유전체에는 수천 개가 흩어져 있다고 알려져 있다. 그래서 유성생식으로 세대가 이어지면 미세 위성 DNA의 조합은 빠르게 변한다. 그래서 가까운 개체 사이에서도 미세 위성 DNA의 조합은 서로 다르다.

그래서 우리가 네 종의 포도나무에서 '미세부수체' DNA를 몇 개 분석한다면, 포도나무는 각각 고유한 패턴의 미세부수체 DNA를 가질 가능성이 크다. 그래서 미세부수체 패턴을 DNA 지문 혹은 유전자 지문이라고 부른다. 비록 여기서 미세부수체 DNA의 분석이 실제로 어떻게 수행되는지를 지나치게 단순화했지만, 여러 개체 쌍의 미세부수체 분석에서 같은 위치의 줄무늬를 세는 것만으로도 어떤 개체가 서로 가까운 친척인지 아닌지를 확인할 수 있다.

미세부수체 분석에서 어려운 점은 미세부수체 DNA는 무작위로 선택되어야 한다는 것이다. 그리고 분석으로 얻어진 추론에 편향이 없다는 것을 분명히 하려면, 각각의 미세부수체 DNA는 물리적으로 서로 떨어져 있는 염색체에 있어야 한다. 이것을 확실하게 하는 가장 좋은 방법은 19쌍의 포도 염색체 중에서 각각 염색체의 미세부수체 DNA를 사용하는 것이다. 또 미세부수체 DNA 두 개만 사용한다면, 네 개체에 대해 모두 다른 줄무늬 패턴을 얻을 확률은 낮다. 그래서 전체 개체군이나 종에 대한 분석은 불가능할 것이다. 미세부수체 DNA 다섯 개를 사용하면 개인 각자에 대해 고유한 줄무늬 패턴 또는 지문을 가질 가능성이 커진다. 수학적으로 말하면, 인간의 고유한 유전자 프로파일을 알아내서 인간을 식별하는 데는 모두 13개의 미세부수체 DNA가 필요하다. 캘리포니아 대학교 데이비스 캠퍼스의 과학자들은 1990년대 후반에 미세부수체 DNA를 사용해 샤르도네, 가메이 누

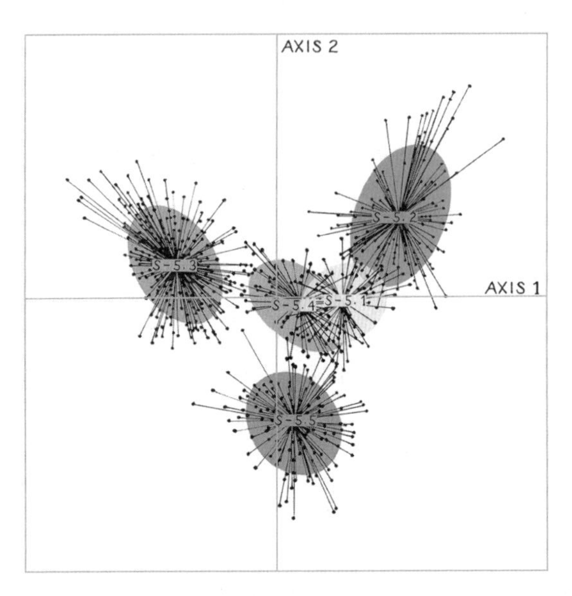

그림 4.8 여러 포도 품종의 다변량 분석

야생 포도의 유전자 족보 관계도에서 다양한 지리적 분포가 색으로 구분되어 있다. 관계도의 다섯 개 클러스터는 야생 포도가 수집된 다섯 개의 색깔 표시 지역과 일치한다. 마일스 등(Myles et al.)의 「포도의 유전자 구조와 재배 역사(Genetic Structure and Domestication History of the Grape)」에서 발췌하여 수정해 그렸다.

아르, 그리고 다른 프랑스 재배종의 기원을 추적했다. 초창기의 미세부수체 연구에서 프랑스 북동부의 재배종은 중세 시대에도 같은 지역에 널리 심어졌고, 이들 대부분은 '피노 누아르Pinot Noir'인 피노 품종과 지금은 거의 재배하지 않는 초라한 '구애 블랑Gouais Blanc' 품종 간 교배종의 후손에서 파생되었음이 증명되었다.

2011년에 비티스 유전체의 염기배열이 분석된 후에 미세부수체 DNA는 품종 간 관계성을 나타내는 지표로 널리 활용되었다. 라우커와 동료들은 포도 유전체 염기배열에서 미세부수체 DNA를 많이 찾아냈고, 19쌍의 염색체에서 미세부수체 DNA를 각각 하나씩 골라낼 수 있었다. 그리고 포도나무 표본 4370개를 분석했는데, 약 절반 이상이 고유한 미세부수체 조합을 가진 것으로 판명되었다. 이것은 미세부수체 DNA 기준으로, 재배종과 품종들 일부가 실제로 같다는 것을 의미하고, 고유한 미세위성 조합은 2800개가 남는다. 연구팀은 다른 재배종으로 확인된 2800개에서 상호 관련성을 확인했다. 그리고 통계적 접근 방법을 활용해 모든 개체의 관련성 정도를 하나의 그래프에서 보여주었다.

미세부수체 조합이 유사할수록 그래프 공간에서 두 재배종의 간격이 좁은데, 간격은 얼마나 이들이 밀접한 관계인지 보여준다. 중요한 사실 두 가지가 발견되었다. 첫째, 저자들은 조사한 네 가지 주요 포도 시료 범주인 재배종, 야생종, 교배종, 접붙임종을 각각 구별할 수 있는 유용한 유전적 차이를 관찰했다. 둘째, 다른 작물이나 숲속 식물에서 관찰되는 정도의 유전자적 가변성이 재배종에서 관찰되었다. 연구팀이 얻은 첫 번째 연구 결과를 통해 포도나무는 재배종, 접붙임종, 교배종 또는 야생주로 신속하게 분류할 수 있었다. 그리고 두 번째 사실은 유전자 변이가 일어나지 않는 재배종은 생겨나지 않는다는 사실을 시사했다. 유전자 변이가 적은 작물이나 종들은 손실되거나 멸종되기 쉬우므로 이것은 포도를 재배하는 사람에게는 좋은 소식이었다.

와인 포도의 기원에 관한 최근 연구는 미국에서 나왔다. 코넬 대학의 숀 마일스가 이끄는 연구팀은 약간 다른 유전적 접근 방법을 선택했다. 비티스 비니페라 유전체 배열은 이미 분석되었기 때문에, 유전자의 다른 부분을 정밀 검색하는 것이 가능하다. 검색 대상에는 일반적으로 단일 뉴클레오티드 변화, 즉 단일 염기 이형성 혹은 SNP라고 부르는 것이 포함된다. SNP 분석은 여러 포도나무의 유전체에서 특정 위치에 G, A, T 또는 C 중에 어떤 것이 있는지 조사하는 것이다. 이 연구에서는 '마이크로어레이' 유전자 칩을 사용하는데, 실험실 하나가 엄청나게 압축되어 50센트 동전보다 약간 큰 평면에 들어 있는 실험 장치다.

마일스와 그의 동료들은 먼저 재배종, 접붙임종, 야생종, 교배종 잎에서 DNA를 분리했다. 분리된 DNA는 초음파 분쇄기를 사용해 작은 조각으로 잘게 자르고, 끊어진 DNA 조각의 한쪽 말단에는 형광물질 분자를 연결시켰다. 이렇게 만들어진 외가닥 DNA를 표적 DNA라고 부르는데, 단일 뉴클레오티드 다형성, 즉 G, A, T, C가 표적 DNA의 특정 위치에 포함되었는지를 마이크로어레이 DNA칩을 사용해 찾아낸다. DNA는 외가닥이 되는 것을 좋아하지 않기 때문에, 외가닥의 표적 DNA 조각들은 칩의 외가닥 DNA 마이크로어레이에서 가장 잘 맞는 배열을 찾아내어 그곳에 달라붙는다. 대부분의 경우 각각의 DNA 조각은 딱 맞는 상대 외가닥 DNA를 찾을 수 있고, 결과적으로 마이크로어레이 칩의 특정 위치에서 형광점을 보임으로써 단일 뉴클레오티드 다형성 상태를 알려주게 된다. DNA 배열의 재분석법이라고 알려진 이 접근법은 시료의 개수가 많을 때 빠르게 대량으로 DNA의 염기배열을 알아내는 방법이다.

마일스와 동료들은 포도 19쌍의 염색체에 흩어져 있는 모두 약 9000개 SNP를 대상으로 조사했다. 그리고 Vitis9k SNP라고 부르는 칩을 사용한 초기 연구에서 식용 포도 451종, 와인 포도 469종, 미확인종 30개를 포함한 총 950개의 재배종과 비티스 비니페라 실베스트리스 야생종 59건을 분석했다. 비티스 유전체의 염기배열에서 확인된 여러 SNP를 이용해, 전체 집단보다 서로 더 밀접하게 연관된 재배종 쌍을 찾아내는 혈통 분석을 실시했다. 그들이 찾고 있던 것은 부모와 자손 사이에서 가능한 1촌 관계였다. 그리고 그들의 분석은 놀라운 결과를 보여주었다.

1차 조사에서, 75퍼센트의 품종과 재배종이 서로 1촌 이상의 관계에 있음

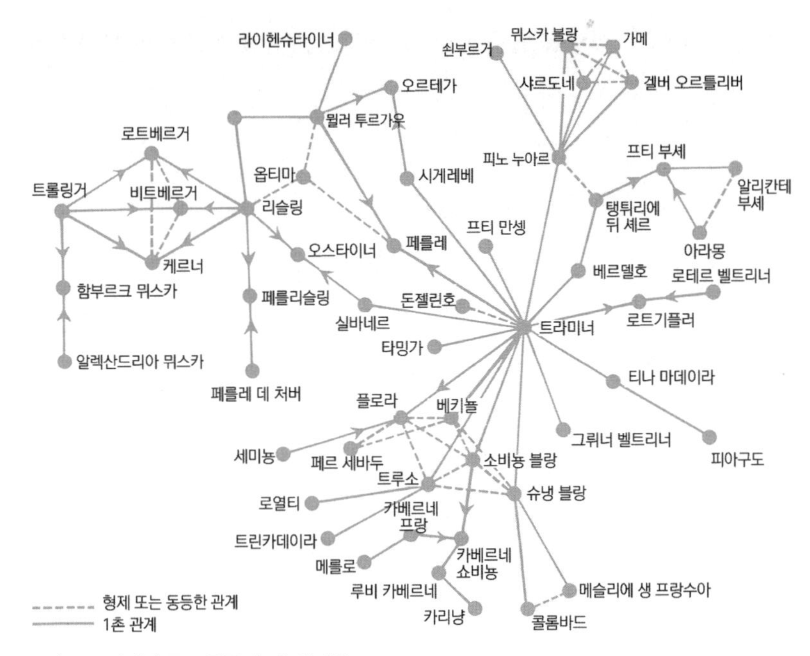

그림 4.9 다양한 포도 품종의 1촌 관계도

같은 부모를 통해 서로 연결된 것으로 나타난 품종끼리 선으로 연결했다. 마일스 등(Myles et al.)의 「포도의 유전자 구조와 재배 역사(Genetic Structure and Domestication History of the Grape)」에서 발췌하여 수정해 그렸다.

이 나타났다. 포도 재배종 사이에 상호 연관성이 매우 높다는 것을 보여준다. 그런데 일부는 1촌을 넘는 관계가 있어, 계보 추적이 어려웠다. 그러나 두 개 이상 최대 17개까지 1촌 관계를 보이는 품종도 확인되었는데, 이들은 반복적으로 품종 개량에 사용했음을 알려준다. 포도의 맛에 의존해 교배시키는 전통 방법과 과학적 발견이 일치하는 만족스러운 결과도 확인시켜 주었다. 예를 들어 연구원들은 피노와 구애 블랑 품종 포도에서 17종의 1촌 관계 품종들을 발견할 수 있었다. 이것은 1990년대 역사 기록 연구에서 제시된 16종에 가깝다. 유사하게, 샤르도네 샘플에서는 7종이 유전적으로 1촌 관계를 보여주는데, 이는 초기의 미세부수체 연구로 밝혀진 관계와 정확히 일치한다. 대부분 식용 포도는 상당수가 서로 1촌 관계에 있는데, 이는 식용 포도가 와인 포도보다 더 많이 교배되었다는 것을 의미할 수 있다.

또한 연구팀은 1촌 관계에 있다고 밝혀진 품종의 절반은 아마도 부모-자식 관계일 것이고 나머지 절반은 형제 또는 동등한 관계인데, 1촌과 동등한 관계에 있어서 어느 정도 확실하게 추론할 수 있었다. 연구팀은 분석한 950여 품종의 표를 만들었는데 여기에는 1촌 관계와 형제 관계, 이에 준하는 관계가 나타나 있다. 포도 품종의 기원이 문서로 기록되었거나 포도 맛을 근거로 육종된 경우도 가끔 있다. 그러나 심지어 문서 기록과 유전자 정보를 조합해도 와인 포도의 기원은 대부분은 뚜렷하지 않다. 하지만 마일스와 그의 동료들이 성취한 가장 중요한 것은 아마도 포도를 재배하는 사람들에게 특정 포도 품종의 원산지를 이해할 수 있는 진정한 교과서를 제공한 것이다.

유전자 데이터를 통해 밝혀진 주요한 품종의 관계는 다음과 같다. "'슈냉 블랑Chenin Blanc'과 '소비뇽 블랑Sauvignon Blanc'은 형제일 가능성이 크고, 두 품종 모두 '트라미너Traminer'와 부모-자손 관계를 공유한다 …… 등등 …… 프랑스의 론 계곡 지역에서 가장 일반적인 품종인 '비오니에Viognier'와 '시라'는 형제일 가능성이 크다." 두 번째의 관찰은 특히 도움이 되는데, 두 품종 중 하나는 화이트와인을 생산하고, 다른 하나는 레드와인을 생산하기 때문이다. 마일스와 동료들은 "이러한 사실은 포도나무의 교배가 상대적으로 적은 수의 품종으로 제한되었고, 비니페라 사이에서 가능한 유전자 재조합이 아주 적은 횟수만 시도되었음을 시사한다"라고 언급해 품종 관계에 관한 결과를 요약했다. 그리고 연구할 것은 많이 남아 있다.

이 연구의 전체적인 목표는 미국 농무부에 기탁된 포도나무의 품종과 소장 품종의 특성을 조사하는 것이었지만, 연구팀은 야생의 조상에 대한 의문에 대해서도 조사를 시도했다. 마일스와 동료들은 '로쿠' 연구팀에서 선호하는 그래프와 같은 방법을 사용해, 그들이 조사한 모든 재배종이 궁극적으로 서아시아에서 왔다는 것을 분명하게 보여주었다. 넓게 보자면, 적어도 이를 근거로 아레니가 와인의 발상지라는 주장은 변함없다. 그러나 가지를 뻗어서 아르메니아, 아제르바이잔, 다게스탄, 조지아, 파키스탄, 투르크메니스탄, 터키의 야생 포도 즉 비티스 비니페라 실베스트리스를 조사했을 시점에도, 모든 재배 포도의 조상 포도나무의 거점을 정확히 파악할 수 없었다. 아마도 야생종은 지난 수천 년 동안 서아시아 지역에서 특성이 정확하게 파악될 정도로 충분히 분화되지 않았기 때문일 것이다.

포도 재배종 사이의 관계는 주로 유전자를 분석하는 연구 방법으로 밝혀졌다. 이러한 분자유전학 연구 결과는 최근에 실행된 종자 해부학 연구에서 얻어진 결과와도 전반적으로 일치했다. 다른 방식의 연구 결과에서도 같은 결론이 얻어지면 좋다. 테랄과 동료들은 바살 프랑스 농업연구소의 컬렉션에서 야생종과 재배종의 종자 모양 비교 분석을 추가하고, 미세부수체 분석에서 사용한 것과 유사한 통계적 접근 방식으로 재배종의 기원에 대해 몇 가지 놀라운 결론을 내렸다. 그래프 공간에 두 품종이 가까울수록, 씨앗의 모습은 더 비슷했고, 미루어 추정하면, 더 밀접하게 관련되어 있을 것이다. 분석한 야생 변종의 종자 형태는 현재 프랑스 남부 지역에서 가장 널리 재배되고 있는 다소 기원이 모호한 품종인 현대의 클레레트 재배종과 매우 밀접한 관계가 있음을 나타낸다. 자세한 추가 분석 연구 또한 똑같이 모호한, 오늘날 프랑스 동부의 사부아 지역에서만 재배되는 '몽되즈 블랑슈Mondeuse Blanche' 재배종과 야생 포도 사이의 관련성을 밝혀냈다. 이와 같은 데이터를 보기 좋게 표시하는 방법 하나는 그림에 나타낸 것과 같은 분기 다이어그램을 사용하는 것이다. 여기에 오늘날에도 재배되는 잘 알려진 부류의 대부분이 모두 연결되어 있다. 다시 말하자면 클레레트 재배종은 야생 포도나무와

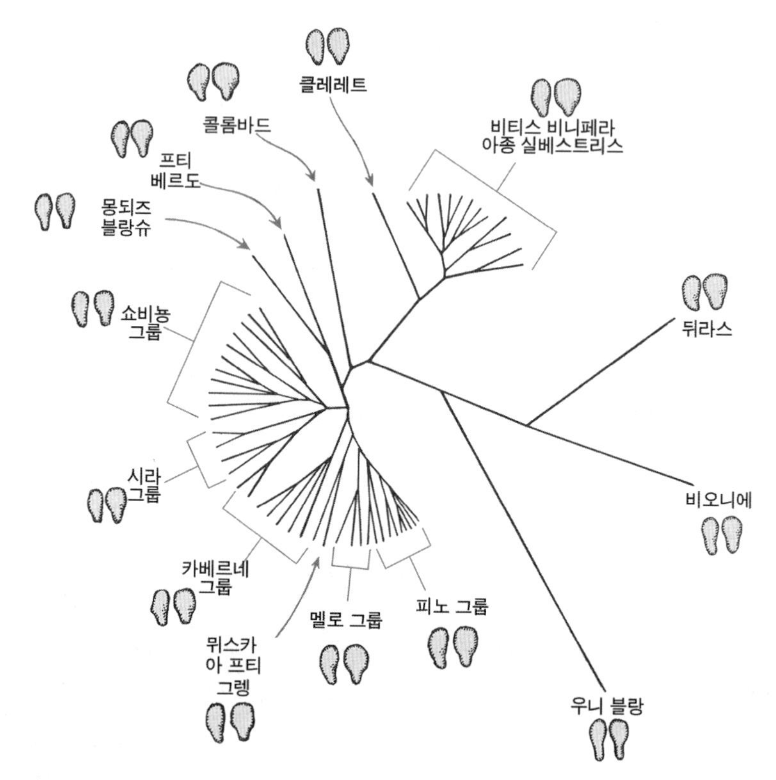

그림 4.10 씨 형태에 기초한 포도의 가계도

여러 포도의 씨를 수집해 크기와 형태를 분석했다. 이 데이터는 유사성 측정을 위해 변환되었다. 분기 가계도는 여러 포도 씨의 유사도를 나타낸다. 테랄 등(Terral et al.)의 「재배되고 있는 포도(비티스 비니페라)의 진화와 역사[Evolution and History of Grapevine (Vitis vinefera) Under Domestication]」에서 발췌하여 수정해 그렸다.

가장 밀접한 관련이 있는 것으로 보인다. 테랄과 그의 동료들은 "만약 이 품종의 존재가 현재의 고고유전학적 조사에서 나올 수 있는 것과 같은 새로운 데이터로 확인된다면, 클레레트는 가장 오래된 것으로 확인된 품종의 하나가 될 것이다"라고 주장했다.

테랄 연구팀은 그들의 주장을 확인하기 위해 보존 상태가 좋은 고대 씨앗의 형태를 조사하는 연구를 진행했다. 씨앗의 형태를 지문으로 활용해 어떤 재배종이 혹은 야생종이 고대의 씨앗 표본들을 가장 닮았는지 표시했다. 공동 연대 75년에서 150년 사이의 프랑스 남부 도시 '몽펠리에' 근처 유적지에서 나온 50개의 고대 씨앗을 조사했고 34개의 종자를 분류할 수 있었다. 이 중 야생종 씨앗은 10개, 메를로는 8종, 크레레트는 6종, 몽되즈 블랑슈는 6종, 카베르네 프랑과 하나브 무스카트에서는 각각 2종의 씨앗을 확인했다. 기원후 얼마 지나지 않아, 남부 프랑스의 고대 거주자들은 클레레트와 몽되즈 블랑슈뿐만 아니라 현재에도 잘 알려진 몇몇 품종에 이미 사용하고 있었음이 분명했다. 마지막으로, 프랑스 남부 '랑구독Languedog' 지역에서 현재 자라고 있는 포도 씨앗과 그곳의 고대 유적지에서 발견된 포도 씨앗을 비교함으로써, 랑구독은 약 2000년 전 수 세기 동안 와인 포도를 집중적인 재배 중심지였다고 결론지었다. 이것은 역사적 기록을 뒷받침하는 발견이었다.

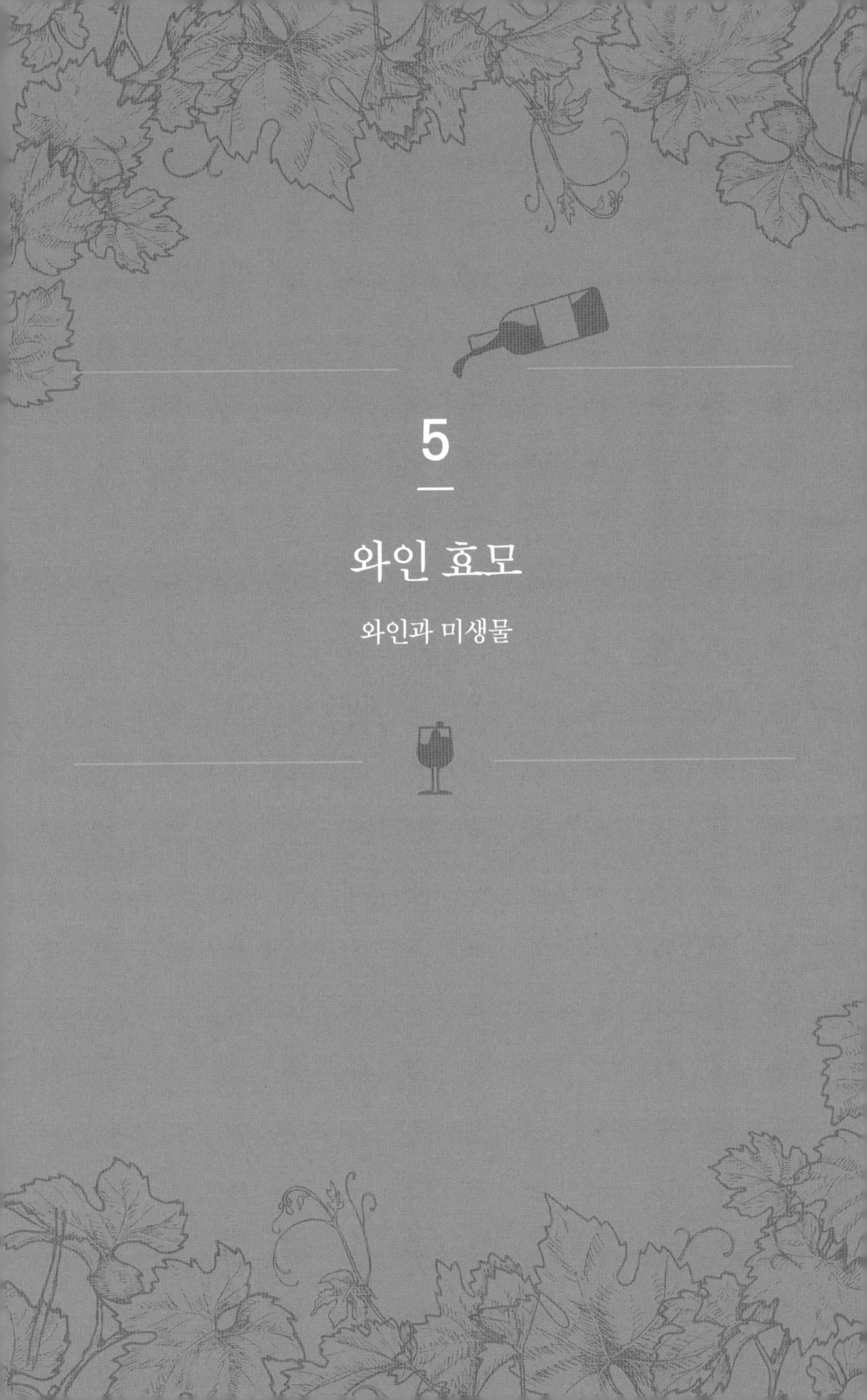

5

와인 효모

와인과 미생물

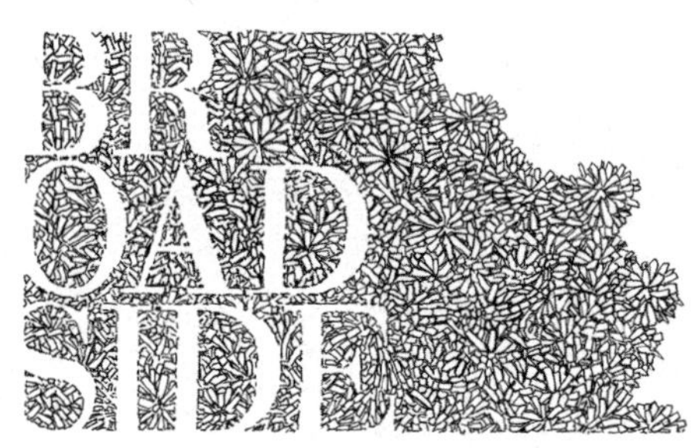

와인병 라벨에 야생 발효라고 쓰여 있다.

야생 효모 발효가 실제로 있느냐는 최근의 인터넷 논쟁을 알고 있기에,

우리가 찾아낸 와인에 무엇이 있을지 궁금했다.

적어도 배양 효모는 넣지 않았고,

포도밭은 거의 최소한으로 관리되었으며,

보통 가격대의 캘리포니아 샤르도네 와인에는 없는 테루아,

즉 토양의 정기가 느껴질 것으로 생각했다.

비교 대상 없이 맛을 본다는 사실에도 불구하고, 우리 기대는 아주 만족스러웠다.

대부분 동급의 다른 와인에서 느껴지는 지나치게 부풀려진 과일 향 대신,

상쾌하게 부드럽고 신맛이 났다.

이미 4장에서 살펴본 연구를 통해, 과학자들은 포도 품종의 기원과 상호 간의 관계에 대해 처음 기대했던 것보다 훨씬 많은 것을 알게 되었다. 이런 연구가 중요한 이유는 포도나무 재배의 역사에서 와인의 과거에 대해 많은 것을 알게 되기 때문이다. 그리고 어떤 재배종들이 서로 인접한 관계인지 안다면, 이후에 어떤 포도나무의 뿌리 모종을 교배시켜야 하는지 선택할 때 도움이 될 것이다.

와인이 화학적으로 복합적인 이유는 단순히 포도 자체가 그럴 뿐만 아니라, 파트너인 효모 때문이다. 이제 효모라는 놀라운 생명체로 주제를 옮겨보자. 효모의 진화 행적은 포도보다는 덜 심오하지만, 흥미진진하기는 마찬가지다. 우리가 포도에 대해 궁금해했던 많은 질문이 효모에도 똑같이 적용될 수 있다. 그리고 일부는 부분적으로나마 이미 답을 얻었다. "어떤 야생 효모가 와인을 만드는 효모가 되었을까?" 그리고 "태초의 와인 효모는 어디서 유래했는가?" 같은 것들이다.

효모는 곰팡이의 한 종류다.[1] 그러나 우리가 잘 알고 있는 버섯과 다르

---

1 미생물은 일반적으로 효모, 곰팡이(균), 세균(박테리아)으로 분류하지만, 엄밀하게 효모는 분류학적으로 자낭균류에 속하는 단세포 곰팡이에 해당한다. 곰팡이는 균사라고 부르는 실처럼 길게 자라지만, 효모는 균사를 형성하지 않아 겉보기에 다르게 보일 뿐이다. 버섯도 담자균류에 속하는 곰팡이다. 균사에서 자실체라고 부르는 버섯이 자라는데 겉보기에 곰팡

게, 곰팡이는 생긴 모습으로 쉽게 구별되지 않는다. 주로 곰팡이의 특징 없는 생김새 때문이다. 또한 크기가 엄청나게 작아 현미경을 통해서 볼 수 있기 때문이다. 와인을 만드는 데 관여하는 효모는 생물학 분류상 길고 번거로운 명칭인 '사카로미세타시애Saccharomyctaceae'라는 단일 과에 속한다. 수천 종의 효모가 같은 과에 속해 있지만, 특별한 종인 '사카로미세스 세레비시애Saccharomyces cerevisiae'가 와인 제조의 핵심이다. 사카로미세스 효모, 즉 와인 효모는 유성생식이나 무성생식으로 분열한다. 무성생식으로 분열할 때는 효모 세포가 방울 모양의 딸세포를 출아시켜, 여기에 복제된 핵을 옮겨 넣는다.

효모는 설탕과 같은 탄수화물이 충분한 환경에서 이렇게 출아법으로 번식한다. 곰팡이에 속하는 효모는 에너지를 얻기 위해 탄수화물 같은 영양분이 필요하다. 영양분과 햇빛을 사용해 에너지를 얻는 식물과는 다르다. 그런데 효모는 어디나 흔하게 존재한다. 게다가 실험실에서도 쉽게 배양할 수 있고, 심도 있는 과학 연구의 주제로 사용되어 왔다. 충분히 그럴 만하다. 바로 효모라는 생물종은 와인을 만들고, 동시에 제빵 및 맥주 제조에 사용된다. 그리고 인류와 더불어 살아온 가장 중요한 미생물 중 하나이기 때문이다. 과학자들이 총애하는 사카로미세스 세레비시애는 매우 좋은 유전자 모델 생명체이기도 하다. 빨리 자라고 실험실에서 쉽게 배양할 수 있으며, 분류상 사람도 같이 속해 있는 진핵생물이기 때문이다. 같은 진핵생물이므로 단백질이 어떻게 상호작용하는지, 동시에 이러한 상호작용에 유전자가 어떻게 관여하는지 연구할 수 있는 유용한 수단이다.

1990년대에 전체 유전체의 염기배열을 분석하는 것이 가능해지면서, 사카

이와 다르게 보일 뿐이다.

로미세스 세레비시애는 우선적으로 유전체 분석 대상이 되었다. 실제로 1996년에 사카로미세스 세레비시애의 유전체 전체가 되었는데, 진핵생물 중에서 최초였다. 원핵생물 '헤모필루스 인플루엔자Haemophilus influenzae'의 분석이 완료된 직후의 일이다. 이어서 효모 과에 속하는 12종의 효모 유전체 염기배열도 분석되었다.

곰팡이류는 단세포 생물이기 때문에 처음에는 별로 재미없어 보인다. 그러나 이렇게 단순한 미물이 다양한 환경에 적응하는 모습을 살펴보면, 생물종의 다양성과 진화의 패턴이 드러난다. 이런 놀라운 현상을 잘 관찰하려면, 멀리 갈 필요 없이, 바로 우리의 일상을 살펴보면 된다. 우리는 곰팡이를 이용해 만든 음식을 먹지 않는 날이 거의 없다. 어떨 때는 버섯이나 송로버섯처럼 곰팡이 자체가 바로 먹거리가 된다. 때때로 곰팡이는 상당히 심각한 질병도 일으킨다. 동시에 무좀과 같은 여러 가지 경증 질환의 원인이다. 심지어 어떤 곰팡이는 마약에 취하는 경험을 하도록 할 수 있다. 무려 150종 이상의 곰팡이에서 발견되는데 '실로사이빈psilocybin'은 환각작용을 일으키는 것으로 유명하다.

◆ ◆ ◆

현재 우리가 알고 있는 곰팡이의 계통도는 듀크 대학교의 라이타스 빌가리스Rytas Vilgalys가 주도하고, 여러 연구팀이 협력해 개발되었다. 이들은 조사하려는 곰팡이에 존재하는 여섯 종류의 유전자에 초점을 맞추었다. 그리고 유전자 여섯 종의 염기배열을 분석해, 비교적 알려진 곰팡이 약 200여 종의 유전자 족보를 만들었다. 유전자 족보는 곰팡이 종들 사이의 관계에 대해 이미 알고 있던 내용도 확인시켜 주었을 뿐 아니라, 몇 개의 새로운 그룹의 존재도 처음으로 알려주었다. 이것은 이제 시작일 뿐이다. 약 10만 종의 곰팡이 존재가 지금까지 알려져 있는데, 일부 과학자는 150만에서 500만의 곰팡이 종이 존재한다고 추정하고 있다. 이 숫자가 사실일 것 같지 않아 보인다면, 박테리아는 이미 7000종이 알려졌고, 과학자들은 박테리아의 종수를 1000만에서 1억 개 사이로 추정한다는 사실을 상기해 보자.

곰팡이 족보는 두 개의 큰 분류로 나뉘는데, 여기에 독립적으로 따로 떨어진 몇 개의 분류가 추가된다. 독립된 새로운 추가 분류는 우리 관심을 끌지 모르겠으나, 그중에 잘 알려진 종이 많지 않다. 두 개의 큰 곰팡이 분류는 예를 들자면 먼지버섯, 버섯, 곰보버섯이 속하는 담자균류Basidiomycota와 와인 제조에 필수적인 곰팡이 그룹이 속한 자낭균류Ascomycota다. 이들은 번식하는 방식이 기본적으로 다르다. 와인을 만드는 주인공은 자낭균류에 속하는 사카로미세스 세레비시애이지만, 와인 제조에는 음으로 양으로 영향을 주는 여러 곰팡이가 존재한다. 다음 표는 와인 제조에 관여하는 12종의 미생물 목록인데, 발효 과정에서 왕왕 등장하고, 활동하기 때문에 와인 제조자가 신경 써야 하는 곰팡이들이다. 생물체의 분류 단계인 문, 목, 과, 속으로 나뉘어 표시되어 있다. 대부분 사카로미세타시애 과에 속하는 자낭균이다. 그러나 담자균 2종도 와인 제조에 관여한다.

포도와 마찬가지로 효모의 기원에 대해 언급하지 않고, 와인 생산에 사용되는 효모 이야기를 마칠 수 없을 것이다. 효모의 전체 유전체 변이를 밝혀내기 위해 유전자 수준에서 연구가 진행되기는 했으나, 2005년까지 간신히 몇 종의 효모가 분석되었다. 그러나 지금은 효모 유전체의 염기배열을 하루 만에 모두 알아낼 수 있다. 그리고 유전체 분석 비용도 몇 배나 저렴해졌다. 그래서 와인이나 빵 발효에 핵심적인 효모와 가장 가까운 야생 효모를 찾아내기 위해서, 수백 종의 야생 효모 유전체가 분석되었다. 이런 연구

표 5.1 와인 제조에 사용하는 효모

문	목	과	속
아스코미코타 (Ascomycota)	사카로미세탈레스 (Saccharomycetales)	사카로미세타시애 (Saccaromycetaceae)	한세니아스포라 (Hanseniaspora)
아스코미코타	사카로미세탈레스	사카로미세타시애	사카로미세스 (Saccharomyces)
아스코미코타	사카로미세탈레스	사카로미세타시애	칸디다(Candida)
아스코미코타	사카로미세탈레스	사카로미세타시애	피키아(Pichia)
아스코미코타	사카로미세탈레스	사카로미세타시애	클루이베로미세스 (Kluyveromyces)
아스코미코타	사카로미세탈레스	사카로미세타시애	토룰라스포라 (Torulaspora)
아스코미코타	사카로미세탈레스	사카로미세타시애	브레타노미세스 (Brettanomyces)
아스코미코타	사카로미세탈레스	사카로미세타시애	데케라 (Dekkera)
아스코미코타	사카로미세탈레스	사카로미세타시애	클로에케라 (Kloeckera)
아스코미코타	사카로미세탈레스	메슈니코비아시애 (Metschnikowiaceae)	메슈니코비아 (Metschnicowia)
바시디오미코타 (Basidiomycota)	트레멜랄레스 (Tremellales)	티레멜라시애 (Tremellaceae)	크립토코쿠스 (Cryptococcus)
바시디오미코타	스포리디알레스 (Sporidiales)	스포리디오볼라시애 (Sporidiobolaceae)	로도토룰라 (Rhodotorula)

에 종사하는 과학자는 와인 효모나 빵효모처럼 인류와 같이 생활해 온 효모를 '사육 효모captive yeast'[2]라고 부른다. 효모 연구에 도움을 주기 위해 설립된, 사카로미세스 세레비시애와 기타 균주를 모아 보관하는 기관이 있다. 가장 규모가 큰 기관은 영국에 있는 노리치 식품자원연구소Institute of Food Resources in Norwich인데, 4000개가 넘는 균주를 보관하고 있다.

사육 효모의 시초를 찾는 접근 방법은 가까운 야생종과 아종을 출발점으로 삼아 탐색을 시작하는 것이다. 앞서 최초의 포도나무 조상을

2 사육 효모는 인간의 손이 닿지 않은 자연에 존재하는 야생 효모와 구분하기 위해 사용하는 용어다. 과거부터 술이나 빵을 만드는 데 사용되어 인간 생활에 공존하게 된 효모를 말한다. 야생의 동물이 가축화된 것처럼 집 효모(domestic yeast)와 같은 의미다.

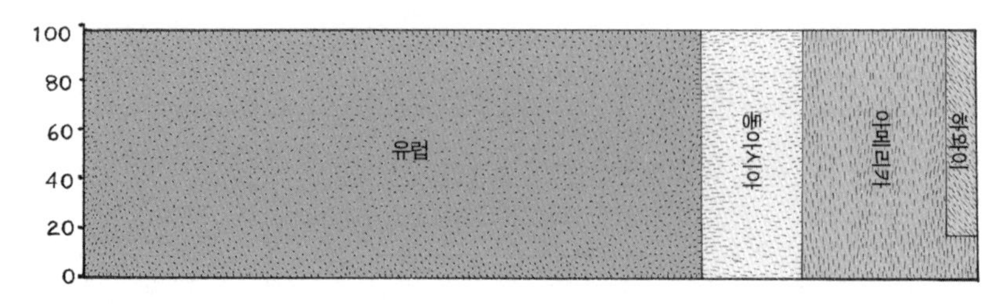

그림 5.1 사카로미세스 파라독수스 효모 집단의 유전적 구성
개별 균주는 가로 기둥으로 나타냈다. 표에서 명암을 달리해 서식하는 지역에 따라 각각의 효모 균주를 구분했다. 가장 왼쪽 균주는 100퍼센트 유럽 종이고, 가장 오른쪽은 80퍼센트가 하와이, 20퍼센트가 아메리카다. 효모의 유전적 구성은 지리적 차이와 일치했다. 리티 등(Liti et al.)의 「집 효모와 야생 효모의 무리 유전학(Population Genomics of Domestic and Wild Yeasts)」에서 발췌하여 수정해 그렸다.

찾았던 방법과 유사하다. 효모 조상 찾기는 '사카로미세스 파라독수스 Saccharomyces paradoxus'라고 불리는 효모 종에서 출발한다. 과거에 사육 효모였으나 다시 자연으로 탈출한 효모이며, 세레비시애가 사육화되지 않았을 때의 모습과 유사할 것으로 추정되기 때문이다. 효모가 다양한 곳에서 서식한다는 사실에서 포도밭, 사케 공장, 병원 폐기물 및 과일이나 나무의 수액 같은 천연물에서 분리된 와인 효모 집단의 구성을 조사했다. 발견한 것 중 눈에 띄는 사실은 사케 효모와 와인 효모는 분명하게 나뉘는데, 이는 사케와 와인 발효가 시작된 오랜 과거 시점에 이미 효모들이 서로 멀어졌다는 것을 말해준다. 이것은 각각 효모 균주를 길들이고 사육하게 된 것은 독립적인 사건이라는 것을 말해준다. 인간의 천재성인지 혹은 우연인지는 알 수 없다.

영국 연구팀은 시료의 수를 늘리고, 유전체 염기배열 분석을 통해 효모를 더 세밀하게 분석할 수 있었다. 비록 파라독수스와 세레비시애는 모두 선호하는 생태적 환경이 유사하지만, 지리적으로 먼 곳에서 수집된 효모의 유전체에서 중요한 차이가 존재한다는 것이 밝혀졌고, 야생 효모 집단에서 지역에 따라 특징적으로 달라지는 유전자가 발견되었다. 그리고 구조 분석

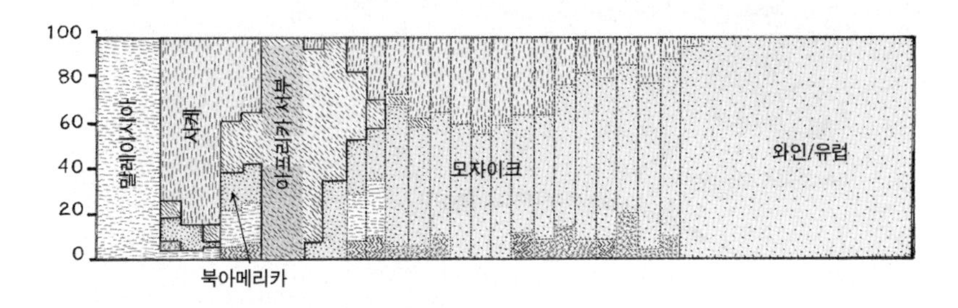

그림 5.2 사카로미세스 세레비시애 효모의 유전적 구조
개별 균주는 세로 기둥으로 나타냈다. 표에서 색조를 달리해 서식하는 지역에 따라 각각의 효모 균주를 구분했다. 예를 들어 표의 중간 부분에 있는 균주는 몇 곳의 지리학적 기원을 가지는 데 반해 가장 우측의 균주는 100퍼센트 유럽 종이고, 가장 좌측은 사케, 북아메리카 및 말레이시아다. 표의 가운데 부분의 균주 사이에는 거의 유전적으로 구조가 형성되지 않았다. 리티 등(Liti et al.)의 「집 효모와 야생 효모의 무리 유전학(Population Genomics of Domestic and Wild Yeasts)」에서 발췌하여 수정해 그렸다.

을 통해 다양한 효모 무리가 어떻게 서로 섞여 있는지 분석했다. 지정학적 특징을 띠는 유전자를 각각 다른 색으로 표시하고 지역별 효모 무리 분포를 색깔 스펙트럼으로 보여주었다. 예를 들자면 파라독수스에서 유럽은 푸른색으로 아시아는 노란색, 미국은 붉은색으로 표시한다면, 유럽의 효모 균주는 분명하게 모두 푸른색이고 출처가 한 곳이 아닌 효모 균주는 노란색이나 붉은색을 같이 나타내게 된다. 파라독수스는 집단의 구성 분석에서 뚜렷이 구분되는 단순 색으로 표시되었다. 이는 지역 간에 유전적으로 접촉이나 섞임이 거의 없었다는 것을 보여준다. 유전학자는 이런 경우를 매우 구조적이라고 말한다.

반면에 세레비시애는 상당히 비구조적인 형태를 나타내는데, 효모들이 서로 많이 접촉했다는 것을 나타낸다. 그리고 얼룩덜룩한 색깔 패턴은 인위적인 유전자의 섞임이 상당했음을 나타낸다. 인류와 함께 살아온 효모처럼 사육된 생명체에서 나타나는 모습이다. 이런 분석을 통해, 어떤 효모가 일

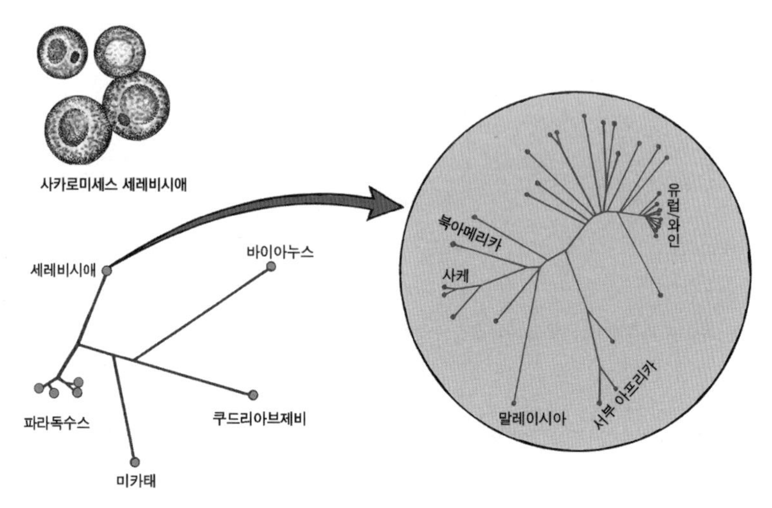

그림 5.3 야생 효모의 유전자 족보

왼쪽 하단 그림은 야생 효모 중에서 사카로미세스 세레비시애와 유전적으로 가까운 종을 보여준다. 오른쪽은 세레비시애 부분을 확대해 보여준 세레비시애 균주의 관계도이다. 리티 등(Liti et al.)의 「집 효모와 야생 효모의 무리 유전학(Population Genomics of Domestic and Wild Yeasts)」에서 발췌하여 수정해 그렸다.

단 와인을 제조하는 균주로 정착되면 매우 동일화된다는 것을 알 수 있다. 여기서 결론은 바로 이것이다. 자연적으로 정착된 것은 개선하기 어렵다. 만일 좋은 와인을 만드는 효모가 있다면, 다른 것과 교배시키려 하지 마라.

영국 과학자들은 와인 효모의 기원은 어디냐는 질문에 더 가까이 다가갔다. 그리고 와인 제조에 관여하는 효모의 가계도를 유전체 전체의 염기배열 정보를 통해 만들어낼 수 있었다. 이전에 효모의 가계도에서 소수의 유전자로도 추정했던 사케 효모와 와인 효모가 차이를 재확인시켜 주었다. 여러 종류의 사육 효모와 와인 제조에 이용되는 효모와의 긴밀한 관계도 역시 보여주었다. 야생 효모는 여러 차례 인간의 생활에 유입되었고 사육 효모가 되었다. 그리고 얽히고설킨 효모의 가계도는 효모의 교잡, 육종에 인간의 영향력이 복잡하게 관여했다는 것을 분명하게 보여주었다.

◆ ◆ ◆

여전히 사카로미세스 세레비시애는 인간이 마음대로 어떻게 할 수 있는 존재가 아니다. 효모가 자그마치 3000만 년 전에도 존재했다는 사실은 오래 보관된 앰플 시료에서 확인되었다. 효모는 이미 오래전부터 익은 과일을 발효시켜 왔을 것이다. 사람이 생겨나고, 발효된 과일을 술이라고 부르기 이전부터다. 게다가 사람만이 세레비시애와 친밀한 관계를 맺은 것은 유일한 존재는 아니다. 효모는 너무 작아서 그냥 공기 중에 단순히 떠다닌다. 그러나 포도송이에 내려앉게 될 때까지 마냥 기다리지는 않는다. 효모는 다른 매개체 생물이 옮겨줄 수 있다. 이탈리아의 두치오 카발리에리Duccio Cavalieri와 동료들은 2012년에 포식성 말벌인 학명으로는 '베스파 크라브로Vespa crabro'가 효모 생활사에 결정적인 역할을 한다는 독창적인 연구 결과를 발표했다.

매번 봄에 새로 생기는 포도송이에 효모 얼룩이 있다는 사실은 오래전부터 알려져 있다. 그러나 효모는 포도나무 줄기와 함께 겨울을 나지 않는다. 포도나무에 같이 있지 않았다면, 효모는 어디 있었던 것인가? 또 어떻게 포도에 자리 잡게 되었을까? 카발리엘리와 동료들은 말벌 내장이 효모의 서식처라는 것을 밝혀냈다. 말벌 내장에서는 항상 세레비시애 효모가 발견된다. 그래서 특정 지역의 말벌 무리는 특정 효모 균주를 품고 있고, 동시에 말벌과 효모는 상호 관계를 유지하고 있다. 이런 사실을 미세부수체 유전자와 특정 위치의 유전자 분석을 통해 밝혀냈다. 말벌 성충은 내장에서 소화된 먹이를 되새김질하고, 이를 유충에게 먹인다. 이때 효모가 다음 세대 말벌로 전달된다.

말벌 유충이 일단 날개 달린 성충으로 탈바꿈하면, 먹이를 찾아 날아다니게 된다. 말벌은 주둥이에 달린 튼튼한 관으로 두꺼운 포도 껍질을 뚫고 안쪽의 당분을 흡입한다. 말벌이 당분을 섭취하는 동안에, 와인을 만드는 효모가 포도로 옮겨 간다. 이런 효모로 인해 발효 과정은 순조롭게 시작될 수 있다. 그러나 와인 제조자가 항상 이런 효모를 반기는 것은 아니다.

와인을 만드는 미생물 이야기는 여기서 끝나지 않는다. 와인 제조에는 너무 많은 종의 미생물이 관여하기 때문이다. 그래서 나머지 미생물은 와인의 생태학적 공동체의 구성원으로 간주하는 편이 낫다. 다음 장에서는 이런 미생물들끼리 벌이는 복잡한 생태학적 놀이마당을 살펴볼 것이다. 여기까지는 와인 제조에 관여하는 미생물의 개별적인 역할은 뒤로하고, 전체적인 역할에 집중해 살펴보았다.

포도나무의 포도알 하나에서 혹은 포도나무가 자라고 있는 땅의 흙 한 줌에서 우리는 수많은 생명체를 발견할 수 있다. 선충처럼 흙에서 사는 큰 것도 있고, 바이러스라고 부르는 엄격하게는 무생물이며 극단적으로 미세한 것도 많다. 흙 속에 있는 미생물은 곰팡이나 원시세균, 원생동물 그리고 대부분은 박테리아다. 이런 미생물은 왜 여기에 있을까? 무엇을 하고 있을까? 또 어떻게 관찰할 수 있을까? 현대 미생물생태학의 창시자 가운데 한 사람인 제임스 티저James Tiedje 교수는 토양미생물 공동체를 하나의 도시에 비유한 한 런던 학생의 표현을 인용했다.

> 사람의 눈으로 본다면 토양은 마치 30킬로미터 높이의 허물어지는 어두운 사이버펑크 도시인데 가끔 홍수가 나고, 쓰레기투성이가 되기도 하며, 조금 공기가 통하거나 혹은 환기가 아예 되지 않는 온갖 종류의 주거지가 빽빽하게 있는 곳이다. 규모가 다른 것을 빼고는 실제로 런던과 상당히 비슷하다. 우리가 사는 도시와 다른 유일한 점은, 여기저기에서 불꽃놀이처럼 대사 활

동이 일어나는 광경이다. 대사 활동은 식물의 뿌리 끝에서, 혹은 선충이 지나간 공간을 따라서 관찰될 것이다. 또한 뿌리나 토양미생물이 죽으면, 이들을 먹어 치우는 다른 미생물에게 엄청난 대사 활동의 기회가 제공된다.

이것은 현미경으로 관찰해야 겨우 보이지만, 우리 주변에서 언제라도 계속되는 생태계의 상호작용에 대한 멋있는 비유다. 생명의 세계는 구성원들의 상호작용이 넘쳐나는 곳이다. 우리 몸속에 있는, 그러나 그 존재를 인식하지 못하는, 많은 생명체의 상호작용이 지속되지 않는다면 우리나 혹은 다른 큰 생명체 역시 제 기능을 하지 못한다. 우리 몸에서 발견되는 DNA의 90퍼센트 이상이 우리 몸이 아닌 장내미생물에서 유래한 것이다. 그래서 장내미생물이 없으면 우리는 곤경에 처하게 될지 모른다.

6

상호작용

포도밭과 양조장의 생태학

ALEXANDER
VALLEY
VINEYARDS

CABERNET SAUVIGNON
ALEXANDER VALLEY
Estate Grown & Bottled
SONOMA COUNTY Vintage 2011
ESTABLISHED 1962 WETZEL FAMILY ESTATE

최근 어느 여름날, 캘리포니아 최고의 포도 재배지 중 한 곳인
캘리포니아 북부 알렉산더밸리의 와인 양조장 몇 곳을 방문하는 행운을 얻었다.
태양은 밝게 빛났고 하늘은 맑았으며, 따스한 바람이 계곡을 채우고 있었다.
늘어선 포도나무 끝에 앉아 정말 멋진 이곳의 '카베르네 소비뇽' 맛을 보면서,
줄지어 반짝이는 포도나무 잎이 불어오는 미풍에
흔들거리는 모습을 즐기고 있었다, 느긋한 관람객처럼.
우리는 목가적인 풍경의 아름다움을 감상했다.
그런데 우리 일행 중 생물학자의 눈에는
성과 죽음의 전경이 펼쳐지고 있었다.

생태학과 진화학은 자연계의 성과 죽음을 연구하는 것이 특징이라 할 수 있다. 두 학문 모두 비교적 최신 과학 분야이지만, 기저에 흐르는 정신은 정말 오래된 것이다. 아리스토텔레스와 히포크라테스 두 사람 모두 자연계를 설명하는 저술을 남겼다. 그리고 그들이 묘사한 바와 같이, 사물은, 그리고 그 사물에 주어진 의미는 그들 간의 상호작용으로 서로 엮여 있다는 사실에서 벗어날 수 없다. 공통 연대 4세기 전 아리스토텔레스의 제자 테오프라스토스Theophrastus는 식물에 대해 많은 저술을 남겼는데, 주로 어떻게 식물을 이해해야 하는지가 핵심이었다. 그의 고전 『식물에 관해 물음Enquiry into Plants』을 시작하는 전문에서 접근 방법을 분명히 밝혔다.

> 우리는 식물의 일반적인 성질과 서로 구분되는 특성을 형태학적인 관점에서, 외부 환경하의 변화에서, 대를 잇는 방식에서, 전체 생애 주기에서 고려해야 한다.

실제로 테오프라스투는 식물을 이해하기 위해 생태진화적 접근 방식을 취했다. 결과적으로 『와인과 올리브오일에 관하여On Wine and Olive Oil』라는 책에서 햇빛과 열기 같은 특별한 환경조건에서의 상호작용이 포도와 다른 과일에 미치는 영향으로 주제를 확대했다.

생물학자는 왜 자연계의 성과 죽음에 그렇게 집착해 왔을까? 의문의 여지가 없이 그런 일이 많이 일어나는 곳이 바로 생태와 진화의 세계다. 진화생물학자는 생명체가 진화하고 성공적으로 번식하는 방식을 설명할 때 흔히 생활사라는 용어를 사용한다. 그리고 생물체의 생활사 방식은 개별 개체가 다음 세대의 무리나 종족을 잇는 데 도움이 되는 참고 기준이 될 수 있다. 이것이 진화 역학의 중심 내용이다. 비록 진화 역학이 생명체가 사는 세상의 변화를 모두 알려주진 않지만, 진화 역학은 어디에나 존재한다. 재배 중인 포도나무는 포도 열매를 맺기 위해 여러 단계를 거친다. 싹을 틔우고, 꽃을 피우며, 열매가 생기고, 여물고, 수확하고, 잎이 떨어진 후 동면에 들어간다. 이런 생활사는 자연적 순환과는 매우 다르다. 자연적 순환에서는 수확 과정이 따로 없다. 그 대신 자연계에서 포도는 열매를 먹고 사는 여러 동물과 상호작용을 한다. 그러나 재배 포도나무는 여전히 수확의 시기라는 규칙적인 변화를 겪는다.

그러나 생활사는 어떤 생명체의 성장이나 생활 주기에 대한 단순한 이야기가 아니다. 그보다도 번식이나 개체의 생존에 중요한 형질까지 모두 포함한다. 성공적으로 진화한 종인지 아닌지를 연구하는 생물학자에게 처음 열매 맺는 데 걸리는 시간, 열매를 맺는 양, 마지막으로 열매를 맺는 나이가 모두 중요하다. 그렇다면 포도나무는 혹은 포도나무의 생존 전략은 어떻게 성공을 거두게 되었을까?

◆ ◆ ◆

박테리아건 혹은 코끼리건 간에 어떤 생물체라도 해결해야 하는 진화의 난제 중 하나가 바로 다음 세대를 만들어내는 것이다. 심지어는 일반적으로 생명이라고 간주하지 않는 바이러스조차도 증식력을 가지고 빠르게 번식한다. 유전자를 포함하지 않는 단백질인 프리온 역시 어떻게든 그들 자신을 복제해 증식한다. 마찬가지로 포도나무의 여러 모습은 번식의 필요 때문에 형성된 것이다. 포도나무는 저장 에너지 대부분을 잎, 씨, 뿌리 부분과 열매를 만드는 데 쓴다. 왜 그런지에 대해서, 아마 잎과 뿌리는 쉽게 이해될 것이다. 태양 빛을 필요한 에너지 형태로 바꾸고 영양분을 나무 전체에 공급하기 때문에, 포도나무를 유지하려면 없어서는 안 되기 때문이다. 그런데 번식의 핵심 요소인 씨앗을 품고 있는 포도알 역시 엄청난 에너지가 투입된 것으로 보이는데, 포도나무에 매달려 있는 이유가 다르다.

걷거나 기어서 혹은 미끄러져 움직여서 생식세포를 주변으로 퍼뜨릴 수 있는 생명체에게 번식은 어렵지 않다. 이런 존재들은 번식 상대를 만나길 희망하며, 여기저기로 끊임없이 이동한다. 그러나 식물은 그렇게 움직일 수 없다. 수컷 식물은 움직일 수 없어 생기는 이 문제를 미세하고 가벼운 꽃가루라고 불리는 입자에 생식세포를 집어넣어 해결했다. 그리고 꽃가루가 주변으로 퍼져나갈 수 있도록 여러 가지 방법을 고안해 냈다. 여러 방법 중에서 최고는, 마치 효모가 말벌을 이용하는 것과 비슷하게, 움직일 수 있는 생명체를 끌어들인 것이다. 그래서 일부 식물은 수완 좋게 곤충을 유인하고 눈치 채지 못하게 꽃가루라는 무거운 짐을 옮기게 한다. 색다른 방법을 선택한 다른 식물은 생식세포를 공중에 떠 있도록 하는 재주를 부려서 씨앗을 상당히 멀리 퍼뜨린다. 그리고 마지막으로 어떤 식물은 카니발의 여흥 시간에 등장하는 반남반녀 방식처럼 진화했다. 포도나무는 마지막 부류에 속한다.

식물의 번식 메커니즘이 중요하다는 점은 순전히 식물의 독특함으로 나타난다. 찰스 다윈은 『영국과 외국의 난초를 곤충이 수정하는 교묘한 방법에 대하여On the Various Contrivances by Which British and Foreign Orchids are Fertilized by Insects』(1862)에서 "생명체의 멋있고 다양하고 교묘한 수정 방법을 살펴보고 평가한다면, 사람은 모두 식물의 세계를 극찬할 것이다"라고 말했다. 다윈은 그가 관찰했던 '카타세툼Catasetum' 속에 속하는 난초의 가장 기묘한 수정 방식을 계속 설명했다. 다윈의 벌 덫으로도 알려진 이 난초의 수꽃 입구에는 약한 자극에 반응하는 기관이 있다. 벌이 여기에 걸리면, 방아쇠가 끝에 꽃가루가 묻은 화살을 쏘는데, 그 속도는 초속 300센티미터 이상이다. 꽃가루 덩어리 화살은 벌의 등에 붙고, 이어서 다음 방문지에서 카타세툼 암꽃의 씨방으로 꽃가루를 배달한다. 그러나 포도밭에서 재배되는 포도나무의 수정 방법은 간단하다. 대부분이 자웅동체여서 스스로 자신을 수정할 수 있기 때문이다. 곤충이나 바람은 거의 관여하지 않는다.

반면에 포도나무는 외부의 도움 없이 수정은 할 수 있지만, 씨앗을 퍼뜨릴 때는 도움이 필요하다. 식물은 여러 방법으로 씨앗을 퍼뜨릴 수 있다. 첫 번째는 단순히 지나가는 동물의 몸에 붙는 것이다. 길게 자란 풀숲을 헤쳐 나가다 보면, 바지나 양말에 끈끈이 씨가 붙은 채 걷고 있다는 것을 알게 된다. 씨앗을 운반하는 끈끈이는 저절로 떨어지거나 떼질 것이다. 그리고 아마 먼 어딘가로 바람에 실려가 번식이라는 과제를 수행할 것이다. 식물이 가진 두 번째 능력은 씨앗을 바람에 날려 퍼뜨리는 것이다. 민들레는 바람에 떠다닐 수 있는 솜털 같은 조직을 수정된 씨에 붙이고, 이런 방식으로 씨를 퍼뜨린다. 단풍나무는 헬리콥터와 같은 작동 방식으로 씨앗을 날려 퍼뜨릴 수 있도록 진화했다. 그리고 회전초는 굴러다니는 바퀴처럼 진화했다.

여전히 씨앗을 멀리 퍼뜨리기 위해 식물이 사용하는 가장 보편적인 전략은 씨앗을 포함한 과육 부분을 동물이 먹게 하는 것이다. 이러한 이유로 포도의 해부 구조는 세 가지 중요한 부분으로 구성된다. 두껍게 코팅된 씨앗은 배출되기 전까지 맞닥뜨릴 위산과 장내 효소의 위력을 견뎌낼 수 있다. 포도의 색은 씨를 퍼뜨려 줄 동물의 눈길을 끌 것이다. 그리고 포도 당분은 매력적인 맛을 느끼게 했다. 그래서 포도를 달게 만드는 생화학 반응이 생기게 된 이유는 바로, 포도나무가 씨앗을 퍼뜨릴 동물을 유인하는 열매를 맺도록 진화했기 때문이다. 경쟁의 세계가 바로 여기에 있다. 이런 방식으로 씨앗을 퍼뜨리도록 디자인된 식물들이 거의 같은 시기에 많이 생겨났기 때문이다. 그래서 포도나무의 열매는 가능한 한 눈에 잘 띄고 동시에 맛이 있어야 했다.

이것이 바로 포도 색이 대부분 붉은 이유다. 새는 파랑, 노랑, 초록, 검은 색보다는 빨강을 훨씬 더 좋아한다는 것이 실험을 통해 밝혀졌다. 과학자들은 새가 붉은색을 선호한다는 사실을 실증하기 위해 둥지에서 막 알을 깨고 나온 새끼를 고립해 키우면서 여러 색깔의 물체를 넣어주었다. 새들은 분명히 빨간 물체를 선호했다. 포도나무는 '안토시아닌Anthocyanin'[1]을 생산해 포도 껍질과 섬유질을 붉게 만든다. 안토시아닌은 '플라보노이드Flavonoid' 그룹에 속하는 다소 크기가 큰 분자다. 안토시아닌 색소는 식품산업에서 식품의 색을 낼 때 사용된다. 그리고 건강 옹호론자가 흔히 주장하는 잠재적 항산화제로서의 장점이 있다. 항산화제는 전자를 강탈하는 자유라디칼에 의한 신체 조직 손상을 방지한다. 그러나 지금은 항산화제가 모두 건강에 도움이 된다는 주장에는 다소 의문부호가 붙어 있다. 그러나 레드와인에는 '레스베라트롤resveratrol'이라는 페놀 화합물이 있는데, 어느 정도는 심

---

1 안토시아닌은 식물의 열매, 낙엽, 꽃의 색을 내는 물질이다. 식물의 색소를 의미하는 안토시안 물질이라는 점을 나타내기 위하여 -in이 붙어 안토시아닌으로 부른다. '안토시아니딘'도 있는데 안토시아닌에 붙어 있는 당분 분자가 떨어진 비배당체를 지칭한다.

혈관계에 도움이 될 수 있다고 알려져 있다.

과학자들은 오래전부터 안토시아닌 분자가 합성되는 경로를 알고 있었다. 이 경로의 연쇄반응에는 여러 단백질이 관여하는데, 단백질마다 특정한 작업을 수행해 안토시아닌의 분자구조를 완성한다. 지난 십 년 동안, 과학자들은 안토시아닌의 활성을 모두 조절하는 유전자를 연구해 왔다. 유전자가 포도의 붉은색을 내는 물질에 관여하는데, 두 가지 방식이 가능하다. 유전자가 붉은색 형질에 영향을 주는 단백질을 직접 만든다면, '구조 유전자'라고 불린다. 다른 유전자는 관련된 단백질 생산을 조절하는 마치 밸브 같은 역할을 할 수 있다. 두 번째 유형의 유전자를 우리는 '조절 유전자' 혹은 '전사 인자'라고 부른다. 조절 유전자라고 부르는 이유는 이들이 단백질 생산을 통제할 뿐만 아니라, 언제 혹은 식물의 어떤 부위에서 단백질을 만들지 결정하기 때문이다. 최근에 포르투갈의 과학자들은 포도의 유전체를 전부 분석했다. 그리고 포도가 색을 띠는 것, 와인의 예외적인 색조, 색의 깊이를 나타내는 등 복잡 미묘함을 결정하는 10개의 구조 유전자와 다섯 개의 조절 유전자를 찾아냈다.

최근 연구에서 예상 밖의 사실도 관찰되었다. 품종 간에는 구조 유전자는 변하지 않는 경향을 보인다는 것이다. 그리고 특정 형질에 관련된 구조 유전자들이 전혀 활성 양상을 보이지 않는 예도 있다. 반면에 열심히 일하는 조절 유전자가 있어, 우리가 자연에서 볼 수 있는 많은 품종이 만들어진 것이다. 포도의 색깔 역시 예외가 아니다. 포도에서 안토시아닌 생산을 조절하는 주요 조절 유전자는 각각 Myb, Myc 및 WD40으로 명명되었다. 일본의 분홍 포도라고 알려진 '고슈Koshu' 품종의 옅은 색은 Myb 유전자 결함으로 안토시아닌이 적게 만들어져 얻어졌다는 사실이 밝혀졌다. 고슈의 Myb 유전자에는 안토시아닌의 생산을 감소시켰을 것으로 추정되는 변이

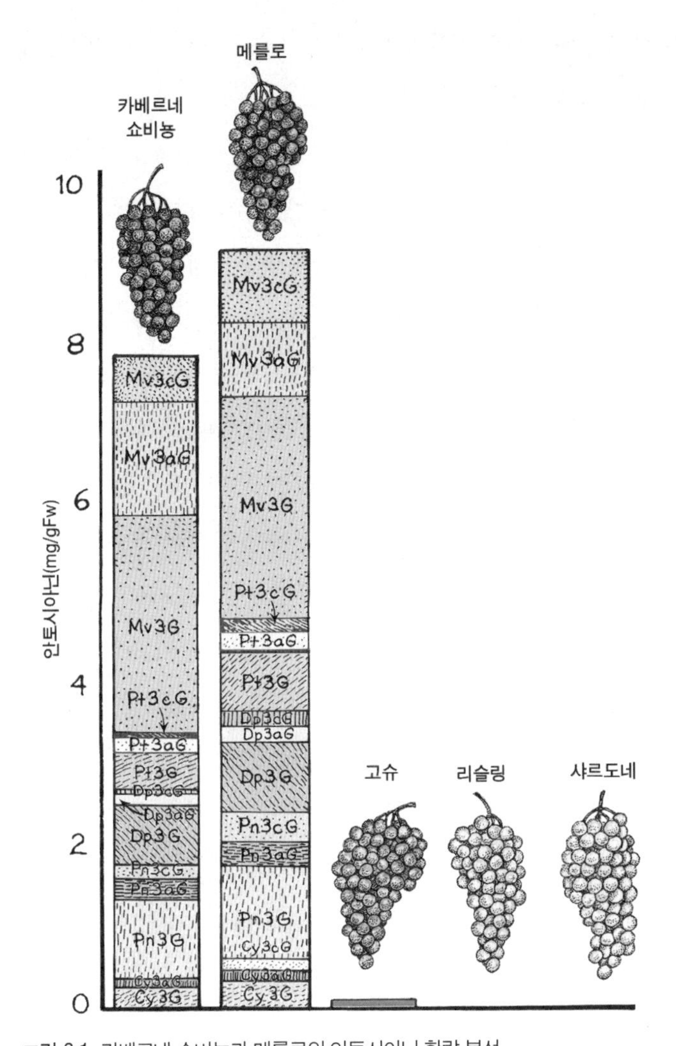

그림 6.1 카베르네 소비뇽과 메를로의 안토시아닌 함량 분석

안토시아닌의 양과 종류를 막대그래프로 표시했다. 고슈, 리슬링과 샤르도네도 그래프에 같이 나타냈다. 뒤의 두 품종에는 안토시아닌이 거의 없고 고슈에는 조금 들어 있다. 'Mv', 'Pt', 'Dp', 'Pn', 'Cy'는 안토시아닌 종류별 약자다. 시마자키 등(Shimazaki et al.)의 「분홍색 포도는 색 조절 유전자에서 단백질로 해독되지 않는 영역에 짧은 삽입의 결과다(Pink-colored Grape Berry Is the Result of Short Insertion in Intron of Color Regulatory Gene)」에서 발췌하여 수정해 그렸다.

가 발견되었다. 44개의 염기와 111개의 염기로 구성된 추가 배열이 유전자 쌍의 한쪽 DNA에 삽입되어 있었다.

앞에서 언급한 것처럼, 누구라도 씨 없는 포도로는 좋은 와인을 만들어 낼 수 없다. 당연히 포도 씨 역시 레드와인에 농축된 화학적 미묘함을 만드는 필수적 요소다. 한편으로 야생 포도나무가 번식하는 데 씨앗은 결정적 요소이며, 씨앗의 존재는 좋은 와인과 상관된다. 그러나 와인을 제조하는 측면에서 포도 씨는 상당한 골칫거리다. 포도 씨는 양조장 폐기물이다. 포도 열매는 동물을 유인하도록 진화했고, 동물이 열매를 먹게 되면 씨를 퍼뜨린다. 그러나 만일 씨앗이 소화되어 버리면 퍼뜨려지지 않는다. 포도 씨는 포도나무에서 멀리 옮겨진 다음에, 있는 그대로 배출되어야 한다. 그래서 포도 씨를 포함해 이런 방식으로 퍼뜨려지는 씨앗은 모두 딱딱한 겉껍질을 가지게 되었다. 딱딱한 껍질은 동물의 저작과 소화 기관을 이동하는 동안 씨앗이 살아남을 수 있도록 돕는다. 겉껍질은 씨앗을 단단하게 만들 뿐이지만, 포도 씨에는 동물이 과육을 싫어하게 만드는 2차 방어선 역할을 하는 지독한 화학물질이 있다. 이 역시 와인을 만드는 사람이 해결해야 할 문제이다.

앞서 4장에서 보았던 것처럼, 씨는 겉껍질과 배젖 그리고 중심부에 자리잡은 배아로 구성되어 있다. 씨앗이 소화기관을 통과하는 위험한 여행을 하는 동안, 겉껍질은 갑옷 역할을 한다. 배젖은 중요한 화물에 해당한다. 씨앗 가운데 있는 두툼한 배젖은 싹을 틔우기 전까지 배아에 영양분을 공급한다. 겉껍질, 배아, 배젖에는 모두 '폴리페놀'[2]이 포함되어 있다. 폴리페놀은

---

2 식물을 구성하는 성분에는 단백질, 지질, 탄수화물 외에 폴리페놀이 존재한다. 페놀 성분을 포함하는 여러 물질을 한꺼번에 지칭하는데, 화학이 발전하면서 폴리페놀은 구조에 따라 플라보노이드, 탄닌, 리그난, 안토시아닌, 페놀산 등으로 구분되었다.

역한 맛을 내는데, 씨앗 전체 부피의 10퍼센트까지도 만들어진다. 씨앗은 다른 물질도 많이 포함하고 있다. 전부는 아니지만, 그중 일부는 역시 해로운 것들이다. 논란의 여지가 있지만, 포도 씨 추출물은 건강에 여러 가지로 도움이 된다고 광고한다. 포도 씨 기름은 발화점이 높아 튀김용으로 탁월하다. 그러나 와인을 만드는 사람의 관점에서 중요한 사실은, 씨가 없으면 클레레트나 샤토네프, 카베르네 소비뇽 와인을 똑같이 만들 수 없다는 사실이다.

◆ ◆ ◆

포도를 먹고 그 씨앗을 퍼뜨리는 동물과 포도의 상호 관계는 쉽게 알 수 있었다. 상호 관계에 대한 초기 개념은 식물과 동물에 관한 것이었고, 대부분은 맨눈으로도 볼 수 있기 때문이다. 이제는 감염성 질환에 관여하는 미생물이 발견되고 상당히 오랜 시간이 흘렀다. 과거에는 산욕열이나 다른 치명적인 질병으로 인해 인구가 제한되었다. 그러나 질병을 일으키는 미생물에 대한 이해는 인류의 건강을 크게 개선한 중요한 발전이었다. 그러나 이것이 전부가 아니다. 20세기가 도래하면서 미생물학자 마르티누스 베이에링크Martinus Beijerinck와 세르게이 위노그라드스키Sergei Winogradsky는 미생물이 어디에나 존재하고 여러 자연현상에 영향을 주고 있다는 사실을 깨닫게 된다. 미생물이 단순히 질병만 일으키지는 않는다. 위노그라드스키는 미생물이 토양 속에 질소를 풍부하게 한다는 사실을 처음으로 알아냈다. 반면에 베이에링크는 농업에 중요한 박테리아와 식물 생태계에 관여하는 박테리아를 최초로 배양한 과학자다. 그러나 과학자들은 이러한 미개척 분야에 흥미를 느꼈지만, 오랫동안 원래 하던 일에 집중했고, 미생물생태학 연구는 부수적 흥밋거리였다. 그러나 시간이 지나면서 미생물에 대해 더 많이 알게 되었고, 우리의 일상생활은 미생물 생태계가 존재하기 때문에 가능하다는 사실을 이해하게 되었다. 우리는 모두 셀 수 없을 만큼 많은, 신체 작용에 필수적인 미생물로 가득 채워져 있다.

미생물 연구에서 가장 어려운 점은, 미생물은 강력한 현미경으로만 볼 수 있다는 것이다. 그리고 박테리아 세포 하나에 포함된 단백질이나 유전자의 양은 너무 적어서, 미생물생태학자가 바로 사용할 수 있는 실험 기술은 10여 년 전까지는 개발되지 않았다. 그래서 환경 시료에서 얻어지는 미생물을 배양할 수밖에 없었다. 과학자가 연구하는 것은 모두 실험실에서 배양한 것이 되어버렸다. 예를 들어 포도에 사는 미생물을 연구하려면, 포도를 수용액이나 약한 식염수로 세척하고, 그 세척액을 받아서 미생물을 배양하면 된다. 문제는 배양할 수 없는 미생물이 많이 존재한다는 사실이다. 심지어 지금도 전체 박테리아의 95퍼센트 내지 98퍼센트는 배양하는 방법을 찾아내지 못했다. 그래서 다른 방법이 개발되어야 포도 생태계에 포함된 미생물을 모두 관찰할 수 있다.

미생물을 따로 배양할 필요가 없는 새로운 방법은, 이중나선 DNA에서 짝을 이루는 한쪽 가닥을 이용하는 것이다. 이중나선에서 한쪽 가닥으로부터 짝을 이루는 다른 쪽 가닥의 구성을 알 수 있기 때문이다. 이중나선의 한쪽 가닥에 G(구아닌)가 있는 지점에서는 언제나 맞은편 다른 가닥의 같은 위치에 C(시토신)가 있다. 마찬가지로, 한쪽에 T(티아민)가 있으면 바로 건너편 가닥에는 A(아데닌)가 있다. 이들은 모두 수소 결합을 통해 A는 T와, G는 C와 상보적으로 연결되어 있다. 만일 GATCGATC 배열을 가진 DNA가 있다면, 다른 쪽 가닥은 상보적인 CTAGCTAG 배열을 가진다. 그리고 앞서 보았듯이 C는 G와 그리고 A는 T와 마치 지퍼처럼 연결되어 동작한다. 그래서 이중나선 분자에 열을 가하면 지퍼는 분리되어 외가닥이 되고, 식히면 다시 지퍼를 채워 이중 가닥이 된다.

사카로미세스 세레비시애의 유전체 어딘가에 GCATCATCGATCGAGCATGATCGCAGC와 같은 독특한 DNA 배열이 있다고 가정하자. 효모 유전체에는 같은 위치의 맞은편 가닥에 상보적인 DNA 배열이 존재한다. 만일 효모에서 유전체를 모두 분리하고, 여기에 상보적인 DNA 배열을 인공적으로 합성해 섞은 후 가열하고 다시 식히면, 합성 DNA 배열은 자신에 대응하는 상보적인 배열을 효모의 유전체에서 찾아내어 결합한다. 다음 단계는 작은 형광물질 분자를 합성 DNA 배열의 끝에 붙이고, 같은 실험을 반복한다. 마찬가지로 형광 표지된 짧은 DNA 배열은 당연히 예상대로 유전체에서 상보적인 배열을 찾아서 붙는다. 그리고 결합한 위치에서 약한 형광이 보인다면, 그 세포는 상보적인 유전자 배열 표지를 가진 것이다. 그리고 그 세포가 바로 효모라는 것을 증명한다. 만일 특정 생물에만 존재하는 유전자 배열을 많이 알고 있다면, 필요한 만큼 많은 탐색 DNA를 만들고 여기에 각각 다른 형광 신호를 붙일 수 있다.

이와 같은 접근 방법을 형광제자리부합법Fluorescence in situ hybridization 혹은 약자로 FISH라고 한다. FISH는 현미경으로 볼 수 있는 작은 영역 안에 어떤 생물종이 존재하는지 또 얼마나 많은지 알려준다. FISH는 임상적 목적은 물론이고, 자연에서 얻은 시료에 존재하는 세균이나 혹은 다른 미생물을 확인하는 데 사용된다. 미생물은 종에 따라 각각 다른 형광으로 표시되므로, 어떤 종류 혹은 얼마나 많은 미생물이 살고 있는지 혹은 다른 것도 있는지 알려준다. 그리고 와인이라는 생태학적 경기장에서 어떤 선수들이 뛰고 있는지 알려준다.

FISH로 포도를 분석하면, 포도의 껍질이나 혹은 표면의 얼룩에 사는 미생물의 종류에 대해 알 수 있게 된다. 그러나 탐색 DNA가 있는 미생물종에만 국한된다. 그렇다면 포도의 표면이나 근처에 있는 종을 어떻게 하면 모두 알아낼 수 있을까? 1990년대에는 과학자들이 포도 표면을 닦은 면봉이나 소량의 먼지로부터, 유전학 연구실에서 혈액에서 DNA를 분리하는 만큼이나 많은 DNA를 분리할 수 있었다. 차이점은 혈액에서 분리된 DNA 검체에는 단일 유전체가 존재하는 반면, 포도의 먼지나 껍질을 닦은 것에는 수백만 종의 미생물 유전체가 동시에 존재한다는 것이다.

먼지나 껍질에서 분리된 DNA 혼합물에는 여러 미생물의 유전체가 한꺼번에 같이 섞여 있다. 각각의 DNA 조각은 특정한 미생물종에서 유래한 것이기 때문에, 시료에 있는 DNA의 배열을 모두 분석하는 절차가 필요하다. 차세대 배열분석next-generation sequencing[3]이라는 기술이 개발되기 전에는, DNA 염기배열을 알아내는 과정은 매우 노동집약적이었고, 또 투입한 노동에 비해 얻어지는 데이터는 매우 적었다. 한 번의 실험에서 주로 500개에서 1만 개의 염기배열을 밝혀내지만, 이것은 전체 유전체의 극히 일부분이다. 알아낸 염기배열은 박테리아 DNA 배열의 정보를 집대성한 리보솜 데이터베이스RDB에서 다른 염기배열과 비교할 수 있다. 시료에서 얻어낸 배열을 RDB의 데이터와 맞춰보면, 포도 먼지나 껍질을 닦은 시료의 유전자 배열이 어떤 미생물종인지 알 수 있다.

차세대 배열 분석을 사용하면 숫자 단위가 차원이 다르게 올라간다. 한 번의 실험으로 여러 미생물의 유전자 배열을 동시에 40만 개에서 1000만

---

3 NGS 혹은 차세대 염기배열 분석법은 작은 2차원 평면에 엄청나게 많은 DNA 가닥과 네 가지 형광물질을 사용해 영상을 촬영하듯이 유전자 배열을 병렬적으로 신속하게 분석한다. 이러한 혁신적인 기술의 등장으로 유전자 배열 분석 속도는 기하급수적으로 증가하고, 비용은 수천 배 감소했다.

개를 분석한다. 특히 실험실에서 배양할 수 없는 수백만 종의 미생물을 찾아내게 해준다. 이것은 여러 종의 수많은 미생물이 구성하는 생태계의 완전한 모습을 과학자들에게 알려준다는 의미다. 자연계에 이런 미생물 공동체는 셀 수 없을 만큼 많은 것이 사실이다. 또한 새로운 종류의 미생물이 먼지, 연못 거품, 공기, 바닷물, 하수, 심지어 인간의 몸속이나 피부 같은 매개체에서 매일 발견되고 있다는 것을 의미한다. 그리고 차세대 배열 분석은 와인 양조 과학자에게 포도 표면, 포도나무가 자라는 토양, 포도즙 속의 생명 전개에 대해 과거에는 없었던 통찰력을 제공했다.

◆ ◆ ◆

미생물 생태계를 연구하는 생물학자에게는 포도에 서식하는 미생물종을 파악하는 것이 우선적이며 중요하다. 먼저 일차적 조사가 넓게 진행되었다. 곰팡이, 효모, 박테리아 세 종류의 미생물이 포도 표면에서 발견되었다. 포도나무 품종에 따라서 특정한 미생물종의 분포가 달라진다는 사실도 미생물 생태학 연구를 통해 밝혀졌다. 그리고 재배 지역에 따라 특정 미생물의 존재 여부 혹은 빈도도 달라졌다. 카베르네 소비뇽 품종의 포도와 나무에 서식하는 미생물의 수를 조사한 연구에서, 10종의 주요 미생물의 수가 전체 미생물의 절반을 차지했음을 보여주었다. 반면에 포도 껍질에서 발견된 미생물은 대부분 1000여 종이 넘었다. 그리고 포도 껍질에 서식하는 미생물 집단은 잎사귀에 서식하는 미생물군과 상당히 다르다는 점도 놀랍다.

처음 1차 조사를 마친 후에, 미생물 집단을 주로 두 가지 방법으로 관찰할 수 있다. 첫째는 같은 품종의 포도나무에서 계통이 달라지면 서식하는

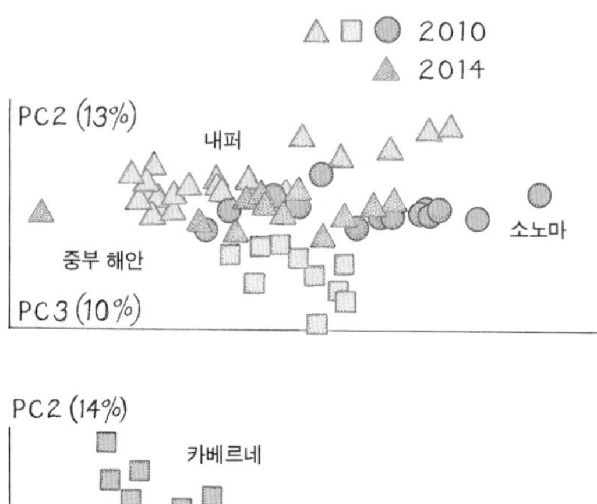

그림 6.2

그래프는 포도 재배 지역 및 품종과 박테리아 집단의 상관관계를 보여준다. 다변량 통계분석으로 얻은 이 그래프의 축은 주성분(PC)이라고 하는데, 연구 데이터의 편차를 더 잘 나타낸다. 두 그래프에서 같은 색의 점들이 모여 군집을 형성한 것을 주목하자. 위 그래프는 지리학적 지역성, 아래 그래프는 품종 특성이 포도에 자라는 미생물의 종류를 결정하는 데 관여한다는 것을 보여준다. 보쿨리치 등(Bokulich et al.)의 「와인 포도의 미생물 생물지리학은 품종, 재배 연도와 기후에 의해 조절된다(Microbial Biogeography of Wine Grapes Is Conditioned by Cultivar, Vintage, and Climate)」에서 발췌하여 수정해 그렸다.

미생물 집단에 어떤 차이가 생기는지 조사할 수 있다. 이것은 특정한 미생물 집단이 카베르네 소비뇽의 특징적인 맛에 어느 정도로 영향을 주는지 이해하기 위해 중요하다. 둘째는 같은 계통의 포도나무에서 미생물 집단의 변화 양상에 대한 의문이다. 포도가 익어가면 서식하는 미생물은 바뀐다. 그리고 포도알이 여물기 시작하는 시점에서 서식하는 미생물 종류는 급격하게 교체된다. 이뿐만 아니라 환경과 품종에 따라서도 마찬가지로 크게 달라진다. 미국 캘리포니아 주립대학교의 데이비스 캠퍼스의 니컬러스 보쿨리치Nicholas Bokulich와 동료들은 2014년 차세대 배열 분석 기술을 사용해 캘리포니아 북부의 포도 껍질에 미생물이 자리 잡기 시작하는 과정을 조사했다. 포도나 포도액에 미생물 집단이 서식하게 되는 과정에 영향을 주는 요인을 알고자 했다. 이것은 박테리아에 의한 포도 손상을 피할 수 있는 첫 번째 단계이다. 이 때문에, 와인을 재배하는 사람에게는 중요한 문제다. 만일 포도 손상과 미생물 집단이 서로 무관하다면, 박테리아 감염 치료는 훨씬 더 어려운 도전이 될 것이다. 과학자들은 내퍼와 소노마 밸리, 중부 해안 지역 포도에서 서식하는 미생물 집단의 구성을 조사했다. 박테리아 집단이 무작위로 포도액에 서식하게 되는 것이 아니라 지역에 따라, 포도 품종에 따라 그리고 다른 환경 요인에 따라 달라진다는 것을 보여주었다.[4]

포도밭에서 포도나무가 심어진 장소에 따라 포도에 서식하는 곰팡이가 달라진다는 사실도, 다른 연구에서 밝혀냈다. 같은 포도밭에서도 미생물의 분포는 공간적으로 세밀하게 달라진다는 것이다. 끝으로, 같은 포도밭에서도 미생물 집단은 수확하는 해에 따라 달라지는 것처럼 보였다. 그래서 미생물과 포도의 상호작용은 믿을 수 없을 정도로 복잡한 것이 확실하다. 좋은 특성을 가진 와인을 만들기 위해서는 향후 미생물과 포도나무의 상호작용이 미치는 영향에 관한 연구가 더 필요하다. 사람들은 와인 애호가에게 직접적인 영향을 미치는 이런 연구는 꼭 진행될 것이라 확신한다.

와인 제조자의 친구인 사카로미세스 세레비시애 효모는 포도밭이라는

---

4 그림의 주성분 분석(Principal Component Analysis)은 품종이나 지역에 따른 시료들이 서로 분리되어 군집을 형성하게 하는 주성분(PC1, PC2, PC3)을 찾는 방법이다. 따라서 박테리아 집단이 무작위로 포도액에 서식한다면 어떤 주성분 조건에서도 품종이나 지역에 따라 군집을 형성하지 못한다. 반면 그림과 같이 각각 군집을 형성한다면 주성분이 존재한다는 의미다.

환경에서는 잘 자라지 않는다. 이것은 대규모 유전자 조사 연구에서 발견한 예상하지 못한 사실이었다. 실제로 세레비시애 효모는 수확한 포도 껍질에서 원래 드물게 발견된다. 사실은 포도를 으깨기 직전에 말벌이 날아들어 효모를 접종시킨다. 그러나 포도액에는 말벌이 옮긴 효모만 들어 있는 것은 아니다. 야생 효모도 들어 있다. 이런 불청객 효모는 포도밭에서 유래했거나, 혹은 이전 발효에 사용했던 다른 효모 균주가 양조장에 남아 있다가 들어온 원치 않은 변이주도 있다. 이들은 여러 경로로 포도액에 접촉하게 되는데, 예를 들자면 와인을 만드는 통이나 연장을 피난처로 삼거나 혹은 곤충이나 다른 동물에 의해 옮겨진다.

야생 효모의 범주에는 클로에케라Kloeckera, 브레타노미세스Brettanomyces, 칸디다Candida, 피키아Pichia 속에 해당하는 미생물이 있다. 이런 야생 효모도 때때로 발효 과정에서 중요한 역할을 하는데, 테루아라는 환경적 특성을 부여하기 때문이다. 야생 효모 종이나 균주는 포도밭에서는 번성하지만, 알코올에 대한 내성이 높지 않아 발효가 진행되면 성장은 억제된다. 그리고 이산화황에 대한 내성도 약하다. 그래서 와인을 만드는 사람들은 발효 초기에 이산화황을 첨가한다. 아황산을 첨가해 달갑지 않은 효모를 제거하고, 이어서 사카로미세스 세레비시애를 투입한다. 그러나 어떤 와인 제조자들은 야생 균주가 발효 과정을 시작하는 것을 선호한다. 여기서 시작이라고 말할 수 있는 이유는 발효가 진행되어 알코올 3~5퍼센트에 도달하면 야생 효모는 모두 죽어버리고, 세레비시애 효모가 발효를 이어받기 때문이다. 와인 제조자의 관점에서 세레비시애 효모의 역할과 야생 효모 활성의 균형은 매우 중요하다. 야생 효모의 영향이 너무 적으면 테루아가 충분히 와인으로 전달되지 못한다. 반면 너무 많으면 와인에 오염물질이나 좋지 않은 향미가 남는다. 이러한 섬세한 균형이 바로 와인 생태학이며, 와인 제조자는 이런 균형에 주의를 기울여 조절해야 한다. 소규모의 와인 제조자는 흔히 천연 효모를 사용한다고 강조한다. 소규모 와인을 제조하는 천연 효모는 야생 효모와 같은 것이 아니라는 말이다. 천연 효모는 양조장이나 포도밭에 돌아다니는 효모를 포함하는데, 특정 지역에 정착한 오래된 효모 균주일 수 있다.

최근 연구는 포도와 포도밭에 엄청나게 많은 다양한 미생물이 존재한다는 것을 보여주었다. 미생물의 다양성은 와인 제조자가 포도 재배 방식에 대해 고심하게 만들었다. 전통적으로 재배된 포도와 유기농법으로 재배된 포도에서 미생물의 분포가 서로 다르다는 것을 보여준 연구도 있었다. 과학자들은 이제 매우 크고 넓은 미지의 세계의 껍질에 조금 흔적을 남겼을 뿐이다. 포도 재배자나 와인 제조자가 미생물 집단 자료를 활용하면 할수록 포도의 종류, 포도밭, 와인 제조 단계별로 존재하고 활동하는 미생물 집단의 자료를 확보하게 될 것이다. 이런 정보는 분명히 포도 재배와 와인 제조에 혁신을 이끌 것이다.

◆ ◆ ◆

와인이 수많은 상호작용의 결과물이라는 점은 확실하다. 이런 상호작용은 여러 차원에서 일어난다. 가장 중요한 첫 번째는 화학물질과 효소의 상호작용이고 그 결과로 와인의 색, 향, 맛, 알코올 함량이 결정된다. 다른 차원에서는 포도의 겉과 속, 그리고 발효조에 서식하는 여러 미생물이 상호작용하고, 그 결과로 와인이 만들어진다. 마찬가지로 또 다른 차원에서 포도나무와 주변 환경과 특히 나무에 서식하거나 주변에 존재하는 미생물이 상호작용하여 생겨난 결과물이 바로 와인이다.

포도의 껍질에서 시작되어 나중에 포도액에서 활발하게 전개되는 생명 활동은, 마치 뉴저지의 엘리자베스 같은 복잡한 산업도시에서 일어나는 상호작용과 비슷하다. 박테리아 세포들은 서로 모여서 공동으로 원료 물질을 섭취하고 생성물을 만들어낸다. 효모는 포도액이 담긴 발효 탱크의 바닥에 가라앉아, 탄수화물을 처리할 준비를 한다. 효모는 엄청난 양의 탄수화물을 흡수하고, 흡수된 탄수화물은 효모를 구성하는 성분으로 분해된다. 탄산가스와 알코올은 이미 3장에서 언급한 화학 경로를 통해 만들어져 포도액에 섞인다. 효모가 당분이나 긴 탄수화물을 처리하는 효소는 공장의 바닥에 늘어선 작은 기계 같고, 여기에 포도액의 원료 물질이 끊임없이 공급된다. 이러한 상호작용은 모두 대량의 배기가스와 폐기물을 만들고 또 엄청난 양의 에너지를 소비한다.

그러나 이것은 전체 진행 과정의 일부분에 불과하다. 포도액에는 탄수화물 외에도 많은 화학물질이 들어 있다. 포도 껍질, 포도 씨, 줄기 일부가 포도액에 섞여 있어서 효모와 박테리아로 구성된 빽빽한 공장지대 사이로 다른 소공장이 드문드문 나와 있다. 색소나 탄닌 같은 큰 분자는 이런 작은 공장을 헤매다가 처리된다. 만일 어떤 분자가 엉뚱한 효소를 만나면 입장을 거부당하고, 적당한 다른 공장을 찾아다닌다. 이런 과정, 즉 발효는 빠르게 진행되는데, 알코올이 어떤 농도에 도달하면 멈춘다. 주로 약 15퍼센트이며, 이 시점에 효모는 공장을 멈춘다. 만일 알코올 농도가 이보다 높이 올라가면 효모는 병들고 죽는다. 따라서 발효에서 다음 생산 단계로 넘어가야 하는 시점이다. 다음 단계에서 침전은 그대로 남겨두고 액체만 걸러 다른 오크 통으로 옮긴다. 그리고 일부 레드와인은 옮겨진 오크 통에서 2차 발효를 하게 된다. 여기에서 강한 신맛을 내는 능금산을 부드러운 젖산으로 변환하는 박테리아가 등장한다. 2차 발효의 자세한 내용은 11장에서 다룬다. 오크 통에 그냥 담겨 있지만, 와인 제조는 계속 진행 중이다. 와인에 녹아 있는 분자는 오크통에서 흘러나오는 분자와 상호작용을 한다. 그리고 판매하려 와인병에 담아도, 심지어 병 속에서도 와인은 계속 변신한다.

새를 유혹해 포도 알맹이를 먹게 하고, 와인이 병에서 숙성되는 것까지, 다채로운 상호작용을 하는 것 모두가 서로 결합해 와인을 탄생할 수 있게 했다. 또 그렇기 때문에 복잡 미묘하고 가치 있는 제품이 만들어진 것이다. 이러한 상호작용이 모두 합쳐져 독특함이 되고, 독특함 때문에 모든 와인의 개성은 뚜렷하다. 그리고 우리가 매번 다른 맛을 느끼게 해준다. 와인이 우리 코부터 두뇌에 이르기까지 복잡한 이동을 하는 동안, 와인과 우리가 공유하는 많은 것들이 바로 최고 수준의 상호작용 결과다.

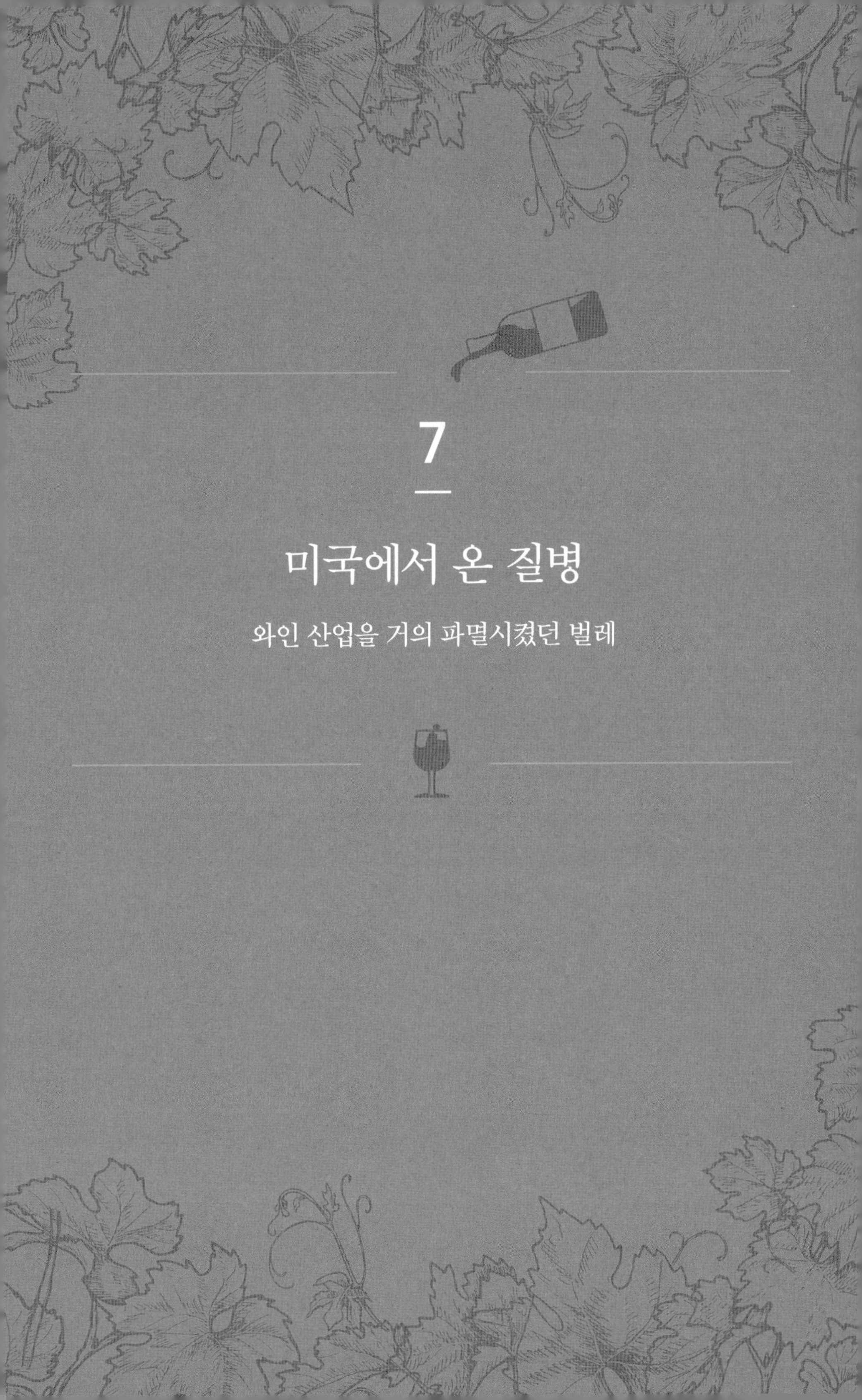

7

미국에서 온 질병

와인 산업을 거의 파멸시켰던 벌레

시칠리아의 에트나산 기슭에

검은 자갈투성이의 포도밭 '칼데라라 소타나Calderara Sottana'가 있다.

여기서 '네렐로 마스칼레제Nerello Mascalese'와 '네렐로 카푸치오Nerello Cappuccio'

포도로 탁월한 와인이 만들어진다.

19세기 후반에 필록세라라는 해충이 에트나산의 중턱을 휩쓸었을 때,

이곳의 포도밭 한구석에서 자라던 포도나무 두 그루가 살아남았다.

그리고 지금까지 그 자리에 뿌리를 내리고 자라고 있는데, 이제 130년 이상 되었고,

여기서 수확한 포도는 주변에 있는 접목 포도와 섞지 않고, 따로 와인을 만든다.

운이 좋게도 우리는 두 포도나무에서 만든 와인을 모두 마셔보았다.

분명히 두 포도나무는 유사한 품종이고,

약간의 타르와 함께 미네랄 같은 흙냄새가 난다는 특성을 같이 지니고 있다.

보통 '칼데라라 소타나' 와인은 순한 탄닌을 바탕으로

짙은 과일 향과 오래 지속되는 마무리로 훌륭했다.

그러나 또 하나의 미묘함이라고 표현할 수밖에 없는 필록세라 이전의

경쾌하고 뚜렷한 과일 향미에 우리는 감동하고 말았다.

1860년대는 그렇게 끝나지 않았지만, 쥘에밀 플랑송Jules-Émile Planchon에게는 조용히 시작되었다. 그는 프랑스 남부 와인의 중심에 있는 오래된 도시 몽펠리에Montpellier 대학교의 식물학과 학과장이었다. 1853년 그가 학과장이 되었을 때, 프랑스 와인 산업은 이상한 곰팡이 병충해를 해결하는 데 어려움을 겪고 있었다. 거대한 규모의 프랑스 와인 산업은 전국 노동자의 3분의 1을 직접 혹은 간접적으로 고용하고 있었다. '오이듐' 또는 가루흰곰팡이로 알려진 이 질병은 전국의 포도밭을 황폐화했다. 당시에는 생물학자들이 알지 못했지만, 가루흰곰팡이는, 나폴레옹 전쟁 이후 대서양을 통해 포도나무 묘목의 교환이 활발해지면서, 미국에서 유입되었다. 다행스럽게 황화합물로 포도밭을 처리하자 병충해가 수그러들었다. 이러한 대담한 노력 덕분에 병충해는 발생한 지 12년 만에 프랑스 대부분 지역에서 근절되었다. 실제로 병충해와 싸우는 동안 병행된 포도밭의 재편은 전화위복이 되었고, 1860년대 초반에 프랑스 교통 기반 시설이 대대적으로 개선되면서, 와인 무역이 현대화되는 호황기를 맞았던 것으로 드러났다.

하지만 평화로운 상태는 오래가지 못했다. 1866년 7월, 몽펠리에에서 멀지 않은 아를Arles 근처의 작은 마을에 있는 생마르탱 뒤 크뤼Saint-Martin-du-Crus 포도밭에서 이상하게도 포도나무가 다시 죽어가기 시작했다. 푸른 포도나무 잎은 붉게 변하며 떨어졌다. 포도송이는 시들고 말라버렸다. 뿌리

끝은 썩기 시작했다. 병든 포도나무는 다음 해 봄에 모두 죽었다. 이 질병의 증상은 2년도 되지 않아 론 계곡의 포도밭과 남부 프랑스 전역에서 나타났다. 크리스티 캠벨Christy Campbell이 그의 흥미로운 저서 『식물학자와 와인 제조자The botanist and the Vinter』에서 언급했듯이, 처음부터 긴급 조치가 꼭 필요했다. 1867년 봄에 플랑송 교수는 새로운 포도나무 질병의 퇴치를 위한 지역위원회 구성원으로 임명되었다. 위원회 구성원들은 질병에 걸린 포도나무를 면밀하게 조사했다. 그런데 심지어 현미경을 사용해도 명확한 원인을 찾지 못했다. 플랑송은 병든 개체 주변에 자라는 건강한 나무를 뽑아 조사해 보자는 생각을 했다. 거기에 답이 있었다. 이 나무의 뿌리에는 처음 보는 작은 노란색 곤충들이 가득했는데, 모두 숙주의 수액을 열심히 빨아들이는 데 전념하고 있었다. 플랑송은 즉시 그것이 질병의 원인이라고 결론 내렸다. 흡혈귀와 같은 이 벌레들은 식물의 생명 혈을 빨아먹고 있었다. 그는 범인에게 '리자피스 바스타트릭스Rhizaphis vastatrix'라는 공식 세례명을 붙였다. 이것은 포도나무에 파괴적인 뿌리 진딧물이라는 뜻인데, 진딧물은 혹진딧물, 나무이 무리와 함께 진짜 벌레 목 혹은 노린재 목에 속하는 곤충이다. 그러나 기술적인 이유로, 포도뿌리혹벌레라는 뜻의 '닥튤로스파리아 비티폴리 Daktulosphaira vitifoliae'가 이 생물체의 공식 명칭으로 최종 결정되었다. 또한 말라버린 잎이라는 뜻의 필록세라라는 비공식 명칭은 전 세계 포도 재배자의 가슴을 서늘하게 만들었다.

이미 1963년에 지역에서 발생한 해충을 처음 추적했고, 그 해충의 이름도 명명한 플랑송은 해충의 생활주기를 이해하는 데 상당한 노력을 쏟아부었다. 이것은 과학적 호기심을 만족시키려는 여유로운 연구가 아니었다. 해충을 박멸하는 최고의 방법은 성장과 발달을 차단하는 방법을 찾는 것이기 때문이다. 플랑송은 자세한 관찰을 통해 해충에 대해 많은 것을 알게 되었지만, 전부 밝혀내지는 못했다. 이것은 당연한 일이다. 대부분의 곤충은 몇 단계의 단순한 발달 과정을 거치지만, 필록세라는 무려 18개의 발달 단계가 존재했다. 게다가 필록세라의 발달 단계는 생태학적인 공동체를 의미하는 길드로 나뉘어 있다. 교배 길드, 잎사귀 길드, 뿌리 길드, 날개 길드 네 개의 길드는 포도나무의 재배 단계와 정확히 일치할 정도로 포도나무에 전문적으로 특화되어 있었다.

다른 곤충들과 마찬가지로 필록세라는 새로 돋아나는 잎 아래쪽에 낳은 알에서 시작한다. 알에서 부화해 갓 태어난 유충들은 먹지 않는다. 사실 입도 없고 소화기관도 없기 때문이다. 이 시점에서 그들의 유일한 목적은 번식이기 때문이다. 암컷과 수컷 잎사귀 유충들은 서로를 찾아 교미하고 죽는다. 암컷은 죽기 전에 포도나무 줄기 껍질 안에 알을 하나 낳는다. 이 시점에서 생명주기의 교배 길드가 종료되고, 잎사귀 길드가 시작된다. 보통 초겨울에 낳은 알은, 날씨가 따뜻해질 때까지 잠자는 상태를 유지한다. 날씨가 더워지면 부화한 유충은 포도나무의 잎을 찾는다. 이 유충들은 언제나 암컷이고 성관계를 하지 않고도 알을 낳아 번식할 수 있는 생명체라는 특징을 띤다. 암컷 유충은 잎사귀에 침을 주입해 둥글납작한 혹을 만들어 자신과 알을 위해 쾌적한 환경을 만든다. 새로 낳은 알이 부화하고 유충이 되어 혹을 떠나야 할 때, 유충은 잎에 머물거나 혹은 포도나무 뿌리까지 긴 여행을 한다. 유충들이 뿌리까지 도착하면, 세 번째 길드 단계에 들어가서 전문용어로 단성생식이라고 부르는 처녀생식을 통해 알을 더 많이 낳게 된다.

교배 길드와 달리, 이 단계에서 유충들의 유일한 목표는 먹는 것이다. 특히 유충의 식습관은 뿌리를 연하게 만드는 분비물이 주입된다. 그 결과, 뿌리는 크게 손상을 입는다. 이 분비물이 뿌리에 주입하는 독은 포도나무가 죽게 되는 여러 가지 원인 중의 하나다. 여름이 계속되면서 유충들은 먹고

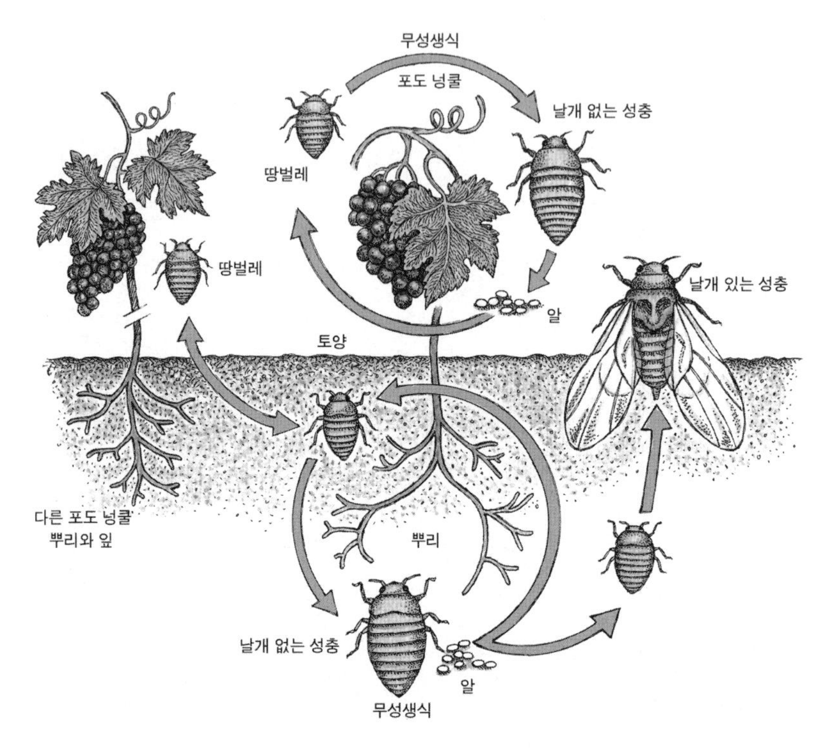

그림 7.1 필록세라 벌레의 생명주기
오하이오 주립대학교의 확장 자료인 머딕 맥리드(Murdick M. McLead)와 로저 윌리엄스(Roger N. Williams)의 『그레이프 필록세라(Grape phylloxera)』에서 발췌하여 수정해 그렸다.

번식하는데, 처녀생식을 통해 몇 세대가 지속된다. 이 단계에서 비록 멀리 이동하지는 못하지만, 유충들은 땅으로 기어서 이 나무에서 저 나무로 다닐 수 있다. 포도나무가 휴면 상태가 되는 겨울이 오기 전에, 여름과 가을 동안에도 상당한 피해를 줄 수 있다.

다음 여름이 오면 곤충들은 다시 활동하게 되고, 두 가지 방법으로 퍼질 수 있다. 한 가지 전략은 같은 포도밭에 남아 있는 것이다. 유충들이 태어나고 새로 돋아나는 잎의 밑바닥에 수컷과 암컷이 교배해 알을 낳아 새로운 순환을 시작하는 것이다. 다른 전략은 필록세라 벌레가 실제로 돌아다니는 것인데, 날개를 발생시켜서 새로운 지역을 감염시키는 것으로 생명주기 중에서 네 번째 길드를 시작할 수 있다. 새로운 포도밭에 도착하면 그들은 깨끗한 새 포도나무 잎에 수컷과 암컷 알을 낳고, 새로운 생활주기가 다시 시작된다.

이렇게 드러난 복잡한 생명주기는 쉽게 방해할 수 있는 것처럼 보이지만, 사실은 그 반대 경우임이 입증되었다. 왜냐하면 각각의 단계가 너무 기이하고 분명하게 서로 연관성이 없기 때문이다. 그리고 플랑숑은 관찰한 것들을 모아서 명료한 하나의 그림으로 만드는 데 상당한 어려움을 겪었다. 그래서 필록세라 감염에 대한 해결책은 나중에 발견되는데, 전혀 예상하지 못했던 다른 방향에서 등장했다. 그러나 그동안 플랑숑이 직면한 과학적 난제는 아무것도 아니었다. 해충이 바로 미스터리한 질병의 원인이라는 것을 사람들에게 이해시키는 과정은 비교할 수 없을 만큼 어려웠다. 그 곤충이 어떻게든 문제라는 점에는 위원회의 위원들 대부분이 동의했지만, 몇몇 영향력 있는 위원들은 포도나무가 이미 다른 이유로 약해졌기 때문에, 병에 걸린 식물에서 벌레가 생긴 것으로 생각했다. 그리고 아마 기후 문제이거나 잘못된 포도 재배 방식의 결과이거나, 자른 가지를 통한 동종 번식에 기인한 결과일 것으로 생각했다. 샘플을 받아본 파리의 저명한 곤충학자들의 결론도 그렇게 나왔고, 포도주를 많이 재배하는 보르도 지역의 전문가들도 이에 동조했다.

프랑스 남부 와인 산업이 서서히 무너져 내리는데도 불구하고, 수년 동안 질병의 원인에 대한 논쟁만 격렬했다. 질병의 원인은 공식적으로 인정되지 않았지만, 플랑숑은 질병을 퇴치하기 위해 필사적으로 노력했다. 프랑스 관료 집단은 필록세라보다 더 큰 골칫거리인 1870년과 1871년 사이에 프랑스-프러시아 전쟁과 파리 코뮌의 혼란 속에서 고민하고 있었다. 그러나 이런 갈등이 해결되기 시작하면서, 중앙에서도 프랑스가 중대한 다른 문제를 안고 있다는 사실을 분명히 인식했다. 누구라도 이 문제를 해결할 수 있으면, 상을 줄 것이라고 제안했다.

이때쯤에는 '메도크Médoc' 지역의 포도밭도 해충의 영향을 받기 시작했고, 뿌리가 썩어가는 질병은 기하급수적으로 퍼지고 있었다. 1875년과 1889년 사이에 프랑스의 연간 와인 생산량은 8450만에서 2340만 헥토리터로 급감했다. 1870년대 말에는 이 병의 폐해가 스페인, 독일, 이탈리아의 포도밭에서도 뚜렷하게 나타났다. 그리고 멀리 떨어져 있는 캘리포니아 포도밭에서도 1873년 초기에 필록세라가 발견되었는데, 이곳에는 이미 10~20년 전부터 필록세라가 존재했을 것으로 추정되었다. 불과 4년 후에는 호주와 같은 먼 곳에서도 필록세라의 발견이 보고되었다. 포도주 산업과 여기에 직접적으로 의존하는 수백만 명의 사람뿐만 아니라 프랑스와 유럽, 그리고 궁극적으로 거의 모든 와인 생산국들의 경제 전반에 커다란 경제적 재앙이 덮치고 있었다.

필록세라가 진짜 주범이라는 사실은, 1870년대 중반 무렵부터 몽펠리에 외부로 퍼져나가 점차 널리 인식되기 시작했다. 실마리는 프랑스의 포도 재배업자로부터 풀리기 시작했다. 과거에 그들은 흰가루병을 몰아내기 위해 유황처리법으로 대항했고, 이번 질병을 통제하기 위해 많은 기발한 노력을 해왔다. 가장 성공적인 실험은 겨울 휴면기 동안 포도밭을 물에 잠기게 했는데, 포도 재배 경험이 풍부한 루이 포콩Louis Faucon이 시도한 방법이다. 1869년 초기에 강가에 있는 그의 포도밭이 예상 밖의 홍수로 한 달 동안 침수되었는데, 이후에 병든 포도나무가 다시 살아났다. 당시 포콩은 플랑송에게 물이 필록세라 해충에 미치는 영향을 연구해 달라고 요청했다. 플랑송 교수는 3주가 조금 넘는 기간 동안 포도밭을 침수시키면, 모든 해충이

익사하고 포도밭은 충분히 구제된다는 사실을 확인시켜 주었다. 간단하지만 상당히 노동 집약적인 이 방법은 이후에 프랑스에서 널리 채택되었다.

그러나 모든 포도밭이 자유자재로 침수나 배수가 가능한 계곡의 하류나 하천이 발달된 선상지의 하부에 있는 것은 아니다. 실제로 상당수 포도밭은 배수가 특별히 잘되는 곳으로, 일부러 찾아낸 산비탈에 있다. 비록 포도밭 침수가 필록세라 병충해의 만병통치약이 되지는 않겠지만, 포콩의 통찰력은 플랑송이 앞서 제시한 해충과 질병 사이에 직접적인 관련성을 실증적으로 보여주었다. 즉 곤충을 없애버리자, 질병의 증상이 사라진 것이다.

해충과 질병의 관계를 증명하려면, 해충이 유래한 곳을 찾아내는 것 역시 중요하다. 이 연구에서도 플랑송은 다시 한번 앞서나갔다. 필록세라 해충이 프랑스에서 보고되고 확인되자마자, 영국계 미국인 곤충학자 C. V. 라일리C. V. Riley는 뉴욕의 곤충학자 에이사 피치Asa Fitch가 1854년 그의 고향 포도나무 잎에서 발견한, 지금은 '닥툴로스파리아 비티폴리'라고 불리는 진딧물 종류와 유럽 수액 흡충이 같은 생물체인지 확인하고 싶었다.

문제는 이 곤충의 생활주기에 대해 완전히 알지 못했지만, 미국의 포도나무 잎에 살면서도 질병을 일으키지 않는다는 사실이다. 그런데 이 곤충은 유럽 품종 포도나무 뿌리에 침투해 질병을 일으켰다. 라일리가 해충이 뿌리와 잎에 침투하는 것을 관찰해, 이것이 해충의 성장 단계 및 뿌리 침투와 관련된 것을 알게 되어 부분적으로 해결했다. 라일리는 1873년 미국을 방문한 플랑송에게 미국 포도나무가 유럽 품종의 뿌리에 접목되었을 때 해충이 뿌리까지 빠르게 내려와 머물면서 포도나무를 죽인다는 것을 보여주었다. 라일리는 현미경 연구를 통해 두 곤충이 생김새와 습성 모두에서 동일하다는 것을 확인시켜 주었다. 그들은 정말로 같은 벌레였다. 플랑송과 그의 동료들은 미국산 포도나무 뿌리에는 곤충들이 피하려는 특성이 분명

그림 7.2 플랑숑(왼쪽)과 라일리(오른쪽)

히 존재한다는 점에 주목했다. 해충은 미국 포도나무의 잎사귀에 국한해 살았다. 비록 선호하는 서식지는 아니었을지도 모르지만, 잎에서는 장기적인 위해를 끼치지 않았다.

비록 수긍하지 않는 사람도 있었지만, 라일리의 연구 결과는 해충이 미국에서 수입된 포도나무 줄기를 타고 우연히 프랑스에 유입되었다는 것을 암시했다. 론 계곡과 메도크 지역의 해충 침투는 독립적인 것으로 밝혀져, 적어도 두 번 이상 유입되었다. 비록 프랑스의 포도 재배는 대부분 구대륙의 포도나무인 비티스 비니페라 종에 속하는 전통적인 고급 품종에 뿌리를 두고 있었지만, 몇몇 호기심 많은 프랑스 포도 재배자들은 실험적이고 관상용 목적으로 미국 포도나무 재배를 시작했다. 보르도에서 포도를 재배하는 '레오 랄리망Léo Laliman'도 포함되는데, 1869년 포콩이 침수법에 대한 아이디어를 발표했던 회의에서 랄리망은 그해에 모든 유럽산 포도나무는 잃었지만, 줄지어 늘어선 미국산 포도나무들은 여전히 번창하고 있다고 보고했다. 흰가루병에 대한 내성을 시험하기 위해 수입된 미국산 포도나무 역시 필록세라 해충에 대해 확실한 내성이 있었다.

그러나 미국산 포도나무에는 문제가 있었다. 보르도 지역 환경에서 정성껏 재배한 미국산 포도나무에서는 이상한 포도 젤리 향이 나는 '폭시foxy' 와인이 생산되었다. 심지어 랄리망조차 극악하다고밖에 표현할 수 없다고 한 맛이었다. 이런 이유로 필록세라 벌레가 포도나무 뿌리병의 원인인지 혹은 그 질병의 결과인지에 대한 문제가 아직 해결되기 전에, 랄리망은 이미 와인 제조에 더 적당한 미국 품종을 계속 수색하고 있었다.

1870년대 중반, 필사적이었던 프랑스 와인 재배자들은 미국에서 수십만 그루의 포도나무 묘목을 수입했다. 전통적인 고급 품종을 보존하려는 프랑스 정부의 통제는 무시되었다. 이 해충의 근원지가 미국으로 확인된 이후, 프랑스 정부에서 신대륙의 포도나무 품종 수입을 반대하는 것은 당연한 일이다. 최종적으로 이 문제는 어떻게 해결되었을까? 비록 포도밭 침수, 살충제 처리, 개선된 재배기술, 잠재적 천적의 도입, 포도밭을 무균 모래 토양으로 옮기는 것과 같은 방책을 정부가 승인하고 자금이 투입되었지만, 프랑스 포도나무는 계속 죽어갔다.

프랑스 정부는 1880년대 초반이 되어서야 어느 지방에서는 포도 재배자들이 필록세라 방제에 성공하고 있다는 사실을 인정하게 되었다. 이들은 10년 전부터 플랑숑과 그의 동료들의 강력한 권고로, 공식적으로 외면받았던 미국 포도나무를 실험 재배하기 시작했다. 시간이 지나면서 미국 포도나무를 활용하는 방법이 바로 필록세라 문제에 대한 해결책이라는 점이 분명해졌다. 문제는 어떤 방법을 사용할 것인지에 집중되었다.

가장 확실한 방책은 랄리망의 포도나무보다 더 품질이 좋은 와인을 생산할 수 있는 미국 포도나무 품종을 골라내는 것이었고, 고르기만 하면 되는 후보 품종들도 많았다. 미국에서는 유럽의 포도 품종을 키우려고 노력했으나 비참하게도 실패했다. 아마도 필록세라 때문일 것이다. 따라서 19세기 동안 미국에서는 토착 포도나무 재배가 주로 시도되었다. 여기에 더해 유럽 품종이 이전에 도입되었기 때문에, 미국의 토착 포도나무는 새로운 이민자 품종과 교배하는 것이 가능했다. 실제로 유럽 포도나무와 미국 포도나무는 저절로, 여러 차례, 다양한 방식으로 교배되었을 것이다. 다행스럽게도 이렇게 생겨난 자손에서 유전자 계보상 그들의 조상이 가진 특성이 섞여 있는 경향이 보인다. 미국 포도나무의 조상은 수백만 년 동안 해충과 함께 진화했기 때문에 필록세라에 내성이 있었다. 이것은 다윈 신봉자인 라일리가 일찍이 1871년에 지적했다. 미국 포도나무의 교배 후손들은 최소한 어느 정도의 저항성을 나타냈다. 동시에, 유럽 쪽 유산을 물려받은 교배종은 당도가 높은 포도를 생산했다. 그리고 구대륙의 입맛에 맞지 않는, 미국 토종에서 나오는 젤리 향도 적어졌다.

이러한 종류의 교배종이나 미국의 순종 포도나무 묘목이 1870년대와 1880년대에 유럽으로 많이 수입되었다. 사실 어떤 것이 어떤 것인지는 매번 분명하지 않았다. 교배종 대부분은 새로운 환경에 성공적으로 적응하지 못하거나, 때로는 제대로 뿌리를 내리지 못하거나, 효과적으로 재배되지 않았고, 잘 자라지도 못했다. 예를 들어, 미국의 '비티스 라브루스카Vitis labrusca'는 흐리고 비가 오는 북동부 지역 산물인데, 프랑스 남부의 덥고 건조한 땅에 심자 자라지 않았다. 최종적으로 튼튼한 미국 품종 여섯 개가 살아남았고, 프랑스와 대서양 동부 여러 곳에 뿌리내렸다. 저렴한 와인을 소비하는 유럽인 상당수는 랄리망이 통탄했던 젤리 향에 익숙해졌다. 그래서 심지어 일부 프랑스 와인 제조자는 아직도 미국산 포도나무와 여기서 만든 폭시 와인에, 필자를 포함한 미국의 포도 소비자처럼, 깊은 애착을 느끼고 있다. 우리는 보르도에 가까운 '도르도뉴Dordogne'를 방문할 때마다, 아직도 몰래 미국산 노아 포도를 재배하는 시골 호스텔을 꼭 방문해, 구운 야생 멧

돼지와 여기에 특별히 잘 어울리는 독보적인 와인을 마신다.

교배종 와인 맛에 조금 길들었어도, 훨씬 더 미묘한 비니페라 와인으로 되돌아가는 것은 행복한 일이다. 그리고 실제로 미국 포도나무는 대체로 성공을 거두지 못했다. 프랑스-미국 교배종으로 교체한 포도 재배자들에게 결국에는 재앙이 닥쳤다. 예를 들어, 중세시대부터 짙은 탄닌 향이 나는 블랙 와인으로 유명한 프랑스 남부 '카오르Cahors' 지역 및 보르도에서 '말베크Malbec'라고 불리는 '오세루아Auxerrois' 품종과 미국산 '비티스 루페스트리스Vitis lupestris' 종의 여러 품종 사이에서 우연히 얻은 교배종으로, 마실 만한 와인이 생산되었다. 그러나 카오르의 와인 산업은 수십 년 동안 크게 쇠퇴했고, 그런 상태로 남게 되었다. 이유는 교배종 포도나무에서 만들어진 카오르 와인이 20세기 전반부에 알제리에서 밀려오는 값싼 비니페라 와인과 경쟁할 수 없었기 때문이다. 1816년 연간 17만 5000배럴이던 카오르의 와인 생산량은 1958년에 650배럴로 급감했다. 그러나 무명의 영웅 '호세 보델José Baudel이 현지 협동조합을 되살리고, 소수의 소규모 농부들이 시종일관 오세루아를 지켜오지 않았다면 카오르의 포도주 산업은 사라졌을 것이다. 지금 카오르는 와인 생산 지역으로서 다시 자부심을 느끼게 되었다. 카오르 와인은 예전만큼 검지 않을 수도 있지만, 오세루아의 강인함에 메를로와 타나Tannat가 블렌딩되어 프랑스에서 가장 관심을 끄는 와인 중 하나가 되었다고 말할 수 있다.

카오르의 포도 재배자들의 경험에서, 미국산 품종을 재배하는 대신 다른 대안이 충분히 성공할 수 있다는 것이 입증되었다. 그런데 상황이 악화하면서, 프랑스에 미국산 포도나무를 직접 도입하려는 시도는 대부분 품질 문제뿐만 아니라 공식적인 저항에 직면하면서 무산되었다. 미국 포도나무는 필록세라 해충과 관련성뿐만 아니라 메탄올을 많이 포함하고 있다는 비방으로 회복하기 어려울 정도로 더럽혀졌다. 이러한 믿음은 근거가 없음에도 아직도 남아 있다. 당신을 초대한 프랑스인 주인이 노아 와인은 너무 많이 마시지 말라고 심각하게 충고할 정도다. 와인 생산자들이 필사적으로 미국 포도나무를 도입할수록, 이에 비례해 프랑스 정부의 적대감은 커졌고, 미국 포도나무를 심는 지역이 확대되면서, 공식적인 반대는 강해졌다. 결국 프랑스 땅 어디에서도 재배를 전면 금지하는 법이 통과되었다.

그러나 미국 포도나무를 대규모로 이식하는 대신 다른 대안이 필록세라 사건 초기에 이미 논의되었다. 그 방법은 포도나무 열매 모종이 미국 포도나무 뿌리 모종에 접목될 수 있는지에 달려 있었다. 식물이 성장하면서 열매 모종과 뿌리 모종이 모두 부모의 형질을 유지하는 것이 성공적인 접목의 핵심이다. 미국 동부 해안의 포도나무는 뿌리를 갉아 먹는 필록세라 곤충과 오랫동안 공존해 왔다. 비록 전부는 아니지만, 상당수는 해충의 약탈에 대해 내성을 가지도록 진화했다. 이번에는, 유럽 종인 비티스 비니페라는 세계 최고의 와인 포도를 생산하기 위해 천 년이 넘는 시간 동안 재배되었다. 따라서 미국의 뿌리 모종과 유럽의 열매 모종의 결합은 이상적인 결혼이 될 것이다.

필록세라 위기 초반에도 이런 접목법을 알았다. 실제로 랄리망은 그가 소유한 메도크 지역의 포도밭에서 미국 포도나무는 멀쩡한데 유럽의 품종은 멸종했다는 소식을 처음 접했을 때도 접목법의 가능성을 언급했다. 플랑숑 역시 접목법 옹호자였다. 그의 절친한 동료인 프로방스의 포도 재배자 가스통 바지유Gaston Bazille는 유럽의 열매 모종과 미국의 뿌리 모종 접목을 1871년에 이미 시도했다. 그러나 접목 과정은 쉽지 않은 것으로 드러났고, 진행은 느렸다. 예를 들어 카오르에서는 미국 뿌리 모종에 오세루아의 열매 모종을 접목했는데 꽃을 피운 후에 열매를 맺지 못하고, 꽃이 떨어져 버리는 포도나무 병이 생겼다. 결국, 수년간의 시행착오를 통해 이상적인 접목 방법과 여러 토양 및 기후 조건에 적합한 열매 모종과 뿌리 모종의 조합을 찾았다. 포도 재배자들은 뿌리 모종끼리의 교배종에서 가장 좋은 뿌리 모종이 나올 수 있다는 사실을 알게 되었고, 그런 모종을 찾아냈다.

프랑스 전역의 수천 명의 포도 재배 농민들에게 낯설고 노동 집약적인 새로운 접목법이 소개되었다. 그러나 예상보다 시간이 훨씬 더 많이 걸렸고, 공식적인 지원에도 불구하고 모든 곳에서 성공하지 못했다. 그러나 결국 접목법이 올바른 방향이라는 것이 증명되었고, 현재 모든 프랑스 고급 포도 품종들은 조상인 미국 포도나무의 뿌리 모종을 기반으로 재배되고 있다. 세계의 몇몇 외딴 지역은 가까스로 필록세라 벌레의 유입을 모면했다. 특히 칠레에서 유럽의 위대한 비티스 비니페라 품종은 대규모 접목 없이 자신들의 뿌리로 자라고 있다.

이유는 알 수 없지만 프랑스, 포르투갈, 이탈리아 포도밭의 아주 일부에서 필록세라의 침입을 피할 수 있었다. 이곳에서 생산된 와인은 현대의 비평가들에게, 접목 재배된 제품과 비교해서, 풍부하고 농축된 와인이라는 찬사를 받는다. 그러나 이런 평가에는 필연적으로 의문이 생긴다. 포도 재배와 와인 제조가 기술적으로 진보를 거듭한, 150년이 지난 지금 시점에, 만약 포도나무가 원래 뿌리에서 자라 와인을 만든다면 유럽의 와인이 아직도 더 우월할까? 20세기의 와인 감정가들은 대부분 그렇다고 확신하겠지만, 현실은 확신을 할 수 있을 정도로 알 수 없다는 것이다. 그러나 필록세라 전염병이 발생하지 않았다면 훨씬 더 좋았을 것이다. 오랫동안 열성적인 접목공이었던 포도 재배자의 일반적인 경험으로부터, 접목 과정을 통해 생산되는 포도의 품질이나 이로부터 만들어지는 와인의 우수성에도 큰 차이가 없을 것이라는 사실이 확인된다. 그러나 여전히 애절한 향수를 억누르기 어렵다.

◆ ◆ ◆

20세기가 바뀔 즈음에 필록세라 이야기는 유럽과 여러 지역에서 해충이 패배하는 걸로 끝나지 않았다. 아이러니하게 꼬이면서 이야기의 마지막 장은 미국에서 펼쳐졌다. 수백만 년 동안, 필록세라에 시달리는 동부 해안에서 캘리포니아는 근본적으로 아주 멀리 떨어져 있었다. 그래서 비록 미국 서부에서도 야생 포도나무가 자랐지만, 16세기에 프란치스코 선교사들이 스페인에서 수입한 별로 특별하지 않은 미숑 포도나무를 사용하면서 캘리포니아에서 와인을 만들기 시작했다. 그리고 이 지역에는 해충이 없었다. 다른 품종은 적극적으로 심지 않았으나, 1850년대부터 유럽과 미국 동부에서 비니페라 꺾꽂이 모종이 도입되었다. 이 시점에서 필록세라 해충이 아마 처음으로 캘리포니아에 나타났겠지만, 1873년 이전까지는 공식적으로 확인되지 않았다. 초기에, 고통은 비교적 서서히 퍼져나갔다. 유럽과 달리 캘리포니아 해충은 날개가 달리는 단계는 보이지 않았다. 아마도 그래서 빠르게 퍼지지 못했을 것이다. 처음에는 이 병충해에 대한 대응이 늦었지만, 캘리포니아 포도 재배자들은 내성을 가지는 뿌리 모종이 올바른 방법이라는 데 동의하고, 프랑스와 그 외 지역에서의 경험을 바탕으로, 기존 포도밭에 새로운 포도 모종을 대규모로 다시 심었다. 미국에서 「금주법」이 내려졌을 시기에도, 필록세라 벌레는 캘리포니아에서 심각한 문제가 아니었다.

문제는 캘리포니아 와인 산업이 호황을 누리기 시작했던 비교적 최근인 1960년대와 1970년대에 다시 발생했다. 갑자기, 캘리포니아 와인의 수요가 치솟았다. 포도 재배자들은 새로운 땅에 경작하는 것뿐 아니라, 당시에 많이 사용되던 순수한 미국 '루페스트리스 세인트 조지Rupestris Saint George'

품종보다 더 생산적인 뿌리 모종을 찾기 시작했다. 캘리포니아 대학교 데이비스 캠퍼스 과학자의 권유에 따라, 높은 수확량과 손쉬운 관리에 열광한 재배자들은 AxRl로 알려진 뿌리 모종을 서둘러 심거나 혹은 이걸로 바꿔 심었다. 이 품종은 접목 실험 초기에 프랑스에서 처음 개발된 프랑스 포도나무와 미국 포도나무의 교잡종이었다. 상부의 열매 모종에서 포도가 풍부하게 영글었고, 접목과 키우기도 쉬웠지만, 프랑스에서 AxRl 뿌리 모종은 필록세라 내성이 낮아 바로 버려졌다. 불행하게도, 이후에 시칠리아, 스페인, 남아프리카에서 심었지만, 그때도 매번 필록세라에 굴복했다. 그런데도 캘리포니아의 과학자와 포도 재배자들은 이 경고를 무시하거나 미국 서부 해안의 환경에서는 해충이 번식하지 않을 것이라고 스스로를 설득하곤 했다. 생산성이 엄청나다는 전망에 힘입어 캘리포니아 재배자들은 거대한 지역에 이 모종을 심었다. 1970년대 말까지, 내퍼와 소노마밸리 포도 재배지역 3분의 2에 AxRl이 심어졌다.

내퍼 포도밭의 AxRl 포도나무는 1980년에 병들기 시작했다. 당연한 결과였다. 원인은 바로 필록세라로 확인되었고 병충해는 캘리포니아 전 지역에 퍼졌다. 데이비스의 전문가들은 1989년에, 상당히 늦은 후에야 AxRl을 더 심지 말라는 경고를 내렸다. 1992년에 뉴욕타임스 특파원 프랭크 프라이얼Frank Prial은 이런 글을 남겼다.

> 내퍼밸리를 따라 펼쳐진 광경은 황량했다. …… 땅에서 뽑아낸 죽은 포도나무 더미는 파묻히고 …… 와인 생산자들은 암울하게 그들의 인생 작품이 불길에 휩싸이는 것을 보았다.

경제적 피해는 모두 약 30억 달러로 추정되었고, 결국 캘리포니아 와인 생산자들은 그들의 포도밭에 내성이 입증된 뿌리 모종을 다시 심기 위해 적어도 5억 달러를 써야 했다.

다행스럽게 지금까지 필록세라 박멸을 위해 엄청나게 노력했고, 결과는 성공적이다. 필록세라가 초래한 모든 충격에도 불구하고, 이 재앙을 통해 포도 재배자들은 어떤 품종이 어디에 심어야 좋은지를 다시 생각하고 이에 따라 포도밭의 구성을 조정하게 되었다. 그 결과, 캘리포니아 와인 산업은 1990년대 중반 이후에 반등했고, 사람들이 이전 와인만큼 좋다고 평가하는 와인을 생산했다.

필록세라 벌레와 포도나무라는 슬픈 이야기에서 얻을 수 있는 가장 중요한 단 하나의 교훈이 있다면 바로 이것이다. 계속 좋은 와인을 만들고 싶다면, 포도나무가 주는 혜택 때문에 와인 재배자들과 경쟁하는 생물체보다 적어도 한발 앞서서 끊임없이 경계해야 한다. 필록세라가 지구상의 포도밭에 들끓는 파괴적인 재앙의 마지막이 되지는 않을 것이라고 분명히 예상할 수 있다. 흰가루병, 세균성마름병, 잎그을음병과 같은 이미 퍼지고 있는 박테리아, 곰팡이, 바이러스에서 유래한 포도나무 병 외에도, 이동성이 높은 다른 해충들이 잠복해 있다. 최근 캘리포니아의 골칫거리는 학명 '호마로디스카 바이트리페니스Homalodisca vitripennis'로 알려진 매미충의 일종인데 피어스병의 매개체이다. 피어스병에 걸리면, 박테리아가 식물체에서 수분과 용해된 미네랄을 이동시키는 수관의 흐름을 차단한다. 감염된 포도나무는 몇 년 안에 죽을 수 있다. 날개가 달린 필록세라 벌레보다 훨씬 더 빨리 퍼져나가고 잠재적으로 넓은 지역을 빠르게 감염시킬 수 있다. 매미충은 박테리아를 옮기는 특별히 위험한 매개체다. 비싼 와인이건 아니건 간에 영원한 경계가 필요한 대상이 될 것이다.

과학철학자 조지 게일George Gale은 최고의 역작 『넝쿨 위의 죽음Dying on

the Vine』에서, 지나치게 많은 부분이 다른 세계에 적용되는 규칙에 얽매이지 않는다고 느끼는, 특별히 미국에 해당하는 점을 지적하고 있다. 그는 '캘리포니아 예외주의'가 20세기 후반의 피할 수 있었던 필록세라 대재해에서 가장 큰 영향을 끼친 것으로 파악하고 있다. 게일은 비극이 닥치기 직전에 "캘리포니아의 기후와 토양은 모두 필록세라의 위험을 줄이는 경향이 있는 자연적 장치"라고 주장하는 캘리포니아 데이비스 대학교의 한 전문가의 말을 인용했다. 불과 반세기 전에 일어났던 무시무시한 경험에서 그렇지 않다는 증거가 넘치는 이런 태평스러운 태도는 볼 만하다. 그렇다! 여기서 혹은 어디에서라도 이런 실수는 반복될 것이다.

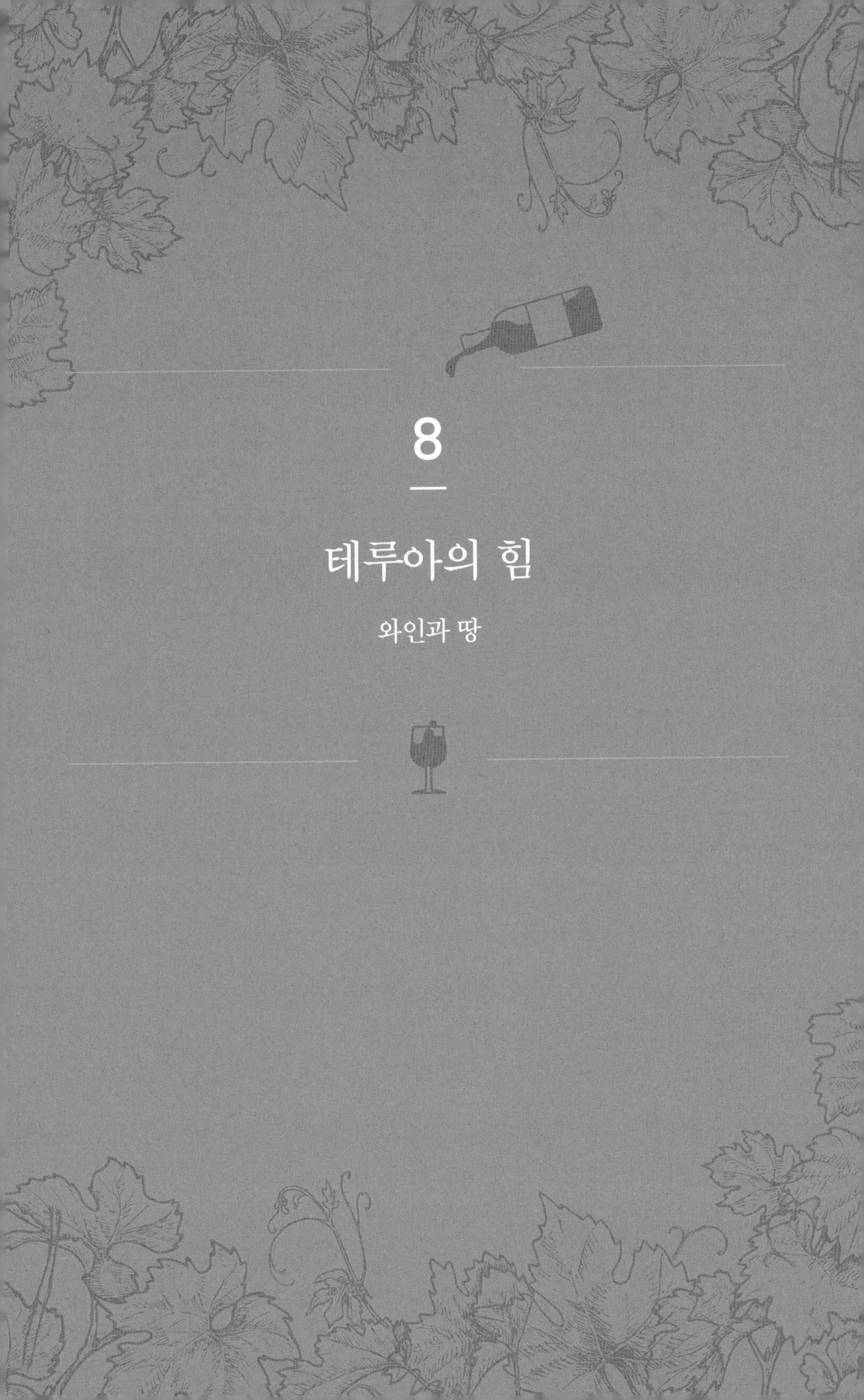

8

테루아의 힘

와인과 땅

샤니Chagny에서 본Beaune까지 이어지는 포도밭을 따라

북쪽으로 굽이치는 도로에서,

지평선 근처까지 펼쳐지는 나지막한 포도나무로 덮인 구릉은 잘 보이지 않는다.

이곳은 '몽라샤Mont Rachaz'로 알려졌고, 1252년에 처음 포도밭으로 등록되었다.

부르고뉴 어디서나 볼 수 있는 특별히 다르지 않은 풍경이 펼쳐진다.

그러나 이곳의 와인은 다르다!

언덕배기를 덮고 있는 석회암과 석회질 진흙이 섞인 표층은,

세계 어디에도 없는, 정말 놀라운 최고의 와인 테루아를 만들었다.

아주 정말 드문 일이지만, 수년 전에 이 어리석은 인간들의 주머니가 허락했을 때

죄책감도 들었지만,

'몽라셰Montrachet' 포도밭에서 생산된 와인에 돈을 쏟아부었다.

우리는 여전히 그 와인을 맛보았던 마법의 순간을 기억하려 애쓰고 있다.

지구 표면은 애처롭다. 지구가 생겨난 이후에 지표면은 계속되는 악천후로 파괴되어 왔다. 지금은 덜하지만, 40억 년 전에는 극단적이었다. '후기 대충돌기' 동안 지구의 표면은 굳어지기 시작했고, 소행성은 지구를 공격했다. 행성들은 태양계가 형성되면서 궤도에 남은 작은 파편을 집어삼켰다. 이제는 잠잠해진 상태이지만, 지표면은 매일같이 공격을 받고 있다. 매일 혹은 계절적으로 오르내리는 주기적인 기온 변화는 땅 위의 바위를 팽창 수축시켜 균열을 만들고, 바람과 물은 끊임없이 바위를 침식시킨다. 무자비한 침식으로 바위에서 떨어진 부스러기가 이동해 육지에 쌓이거나 바다로 흘러가 버린다. 그리고 그곳에서 퇴적된다. 육지에 퇴적물이 계속 쌓이면, 이내 여기에 다양한 생명체가 모이고, 토양이 형성된다. 토양은 암석을 구성하는 원소의 종류나 부스러진 입자의 크기 그리고 창궐하는 유기체의 영향으로 인한 복잡한 상호작용의 결과다. 비록 바로 인접한 토양이라 하더라도 위치에 따라 크게 달라지는, 엄청나게 복잡한 자연의 생성물이다. 테루아의 개념은 이렇게 토양의 다양성과 함께 시작한다. 프랑스어를 하는 사람은 누구나 본능적으로 테루아의 깊은 의미를 알 수 있지만, 영어로 번역하려다 보면 테루아는 묘하게 이해하기 어려워진다.

와인에 관련해서 테루아는 기본적으로 포도를 재배하는 장소의 토질이다. 토양의 질은 기반암, 흙, 배수 상태가 우선이지만, 포도밭의 경사, 일조

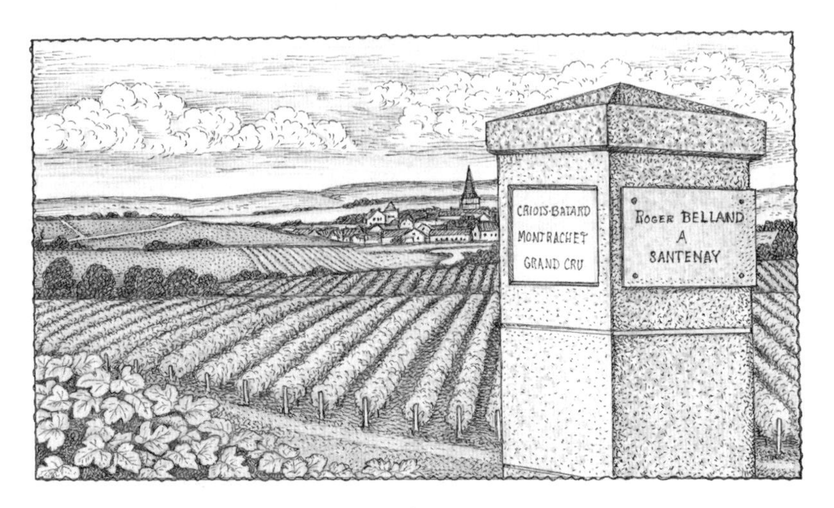

그림 8.1 부르고뉴 몽라셰의 구획된 포도밭 풍경

량, '국지기후microclimate', 고도, 위도 등 다양한 요소까지 확장된다. 아울러 6장에서 언급한 놀랄 정도로 다양한 미생물 집단도 토질에 영향을 준다. 그러나 이런 변수를 모두 고려해도 테루아에 대해 완전히 설명하지 못한다. 왜냐하면 테루아의 개념에는 역사의 울림이 메아리치고 있기 때문이다. 테루아에는 물리적·생물학적 요소뿐만 아니라, 문화와 전통이 있다. 여러 장소에서 각각 생산되는 완제품은 그 지역에서 수 세기에 걸쳐 발전해 온 포도 재배와 와인 제조법의 영향을 받았다. 조금 추상적으로 표현하자면, 테루아는 마법의 땅에서 느낄 수 있는 혼, 즉 땅의 수호신이다.

다시 말하자면 테루아는 복합적이고 다차원적인 개념이다. 테루아로 인해 세상의 와인은 모두 다른 조건에서 생산된다. 와인마다 재배되고 제조되는 조건은 크든 작든 모두 다르기 때문이다. 그래서 테루아로 인해 와인에 상당한 차이가 생기는 것은 확실하다. 와인의 세계에서 테루아는 결정적 요소이다. 때로는 최고급·최고가 와인의 생산비에서 거의 전부가 테루아다. 세계에서 가장 비싼 땅은 도쿄나 맨해튼 중심지가 아니다. 프랑스 부르고뉴 지역의 '디종'에서 남쪽 '샤니'로 이어지는 시골길에서 보이는 포도나무로 가려진 작은 쪼가리 땅들이다.

테루아나 테루아의 유명세를 비웃는 사람이 있는 것도 당연하다. 최종 제품의 품질을 따지자면 포도밭의 입지보다, 포도를 재배하고 와인으로 만드는 공정이 더 중요하다고 주장한다. 이런 주장도 어느 정도는 사실이다. 와인에는 모든 변수가 다 중요하다. 좋은 포도 없이 훌륭한 와인을 만들 수 없듯이, 제조 과정이 부실하다면 완벽한 최고의 과일을 망쳐버릴 수 있다. 게다가, 테루아는 지역적으로 아주 좁은 장소에 국한될 수 있어, 포도밭이 커질수록 생산된 포도가 모두 테루아 영역의 특성을 반영할 가능성은 적어진다. 따라서 포도밭의 크기를 엄격하게 제한하거나 아니면 포도밭에서 같이 기르는 포도나무의 재배 영역을 제한해야 테루아에 존재한다는 신비를 볼 수 있다.

이렇게 재배 영역을 제한하는 것은 절대로 손해가 아니다. 와인 생산자는 와인에 단일 포도밭 명칭을 표기해서 엄청난 혜택을 얻는다. 정말 훌륭한 마케팅 수단이다. '르몽라셰Le Montrachet' 포도밭은 프랑스의 풍자 작가 라블레Rabelais 이후에 더 유명해졌다. 부르고뉴는 물론이고, 아마도 전 세계 최고의 화이트와인이 이곳에서 생산된다. 몽라셰는 본에서 남쪽으로 수 킬로미터 떨어진 8헥타르 규모의 포도밭으로, '풀리니 몽라셰Puligny-Montrachet'와 '샤사뉴 몽라셰Chassagne-Montrachet' 두 공동체로 나뉘어 있다. 복잡한 지방 상속법 때문에, 18명의 소유자가 있고, 26명의 경작자가 포도를 재배한다.

현재 고급 몽라셰 와인 한 병은 여전히 3000달러가 넘는 가격에 팔리고 있다. 이 때문에, 여러 경작지에서 생산된 모든 몽라셰 제품을 통달했다고 자랑하는 사람은 거의 없다. 몽라셰 와인 품질은 해마다 혹은 경작자마다 조금씩 차이가 있을 수밖에 없지만, 몽라셰의 높은 시장 가격은 와인 수집가에게 좋은 평가를 받는다는 사실을 반영한다. 그런 이유로 필자 중 한 명은 드라기셰de Laguiche 후작이 소유한 몇 이랑의 포도밭에서 생산된 1982년식 몽라셰를 마셨다. 마셨던 와인 중에서 가장 최고의 절묘한 와인으로 기억하고 있다. 이상적인 장소에 있는 8헥타르의 포도밭에도 재배 과정은 물론이고, 토양과 일조 노출의 차이는 있을 수밖에 없다. 그래도 만약 우리가 복권에 당첨된다면, 같은 해에 생산된 몽라셰의 와인을 모두 맛보는 것이 우리의 버킷 리스트의 상위에 올라가 있을 것이다.

테루아는 극단적으로 지엽적인 현상이지만, 그래도 이렇게 드문 현상은 어느 정도 살펴볼 가치가 충분하다. 당연히 포도밭의 지형과 관련이 있다는 사실에는 이견이 없기 때문이다. 포도를 재배하는 땅의 지형은 와인의 기초가 되고 와인을 마실 때 가장 큰 즐거움을 느끼게 해줄 수 있다. 포도밭의 지형을 알지 못하고는, 와인을 완전히 이해할 수 없다는 주장은 충분히 타당한 말이다. 그리고 포도를 재배하고 와인을 생산하는 현장에서 와인을 마시는 것과 비교할 만한 것은 없다. 포도를 재배하는 지역은 대부분 숨 막힐 정도로 아름답고, 단순히 그곳에 들어가는 것만으로도 행복감을 느낀다. 남아프리카공화국 '케이프 와인랜드'에 펼쳐진 전경은 잊지 못할 것이다. 푸르른 '케이프 폴드 마운틴'의 녹색 기슭을 따라 포도나무가 나란히 줄을 맞추고, 단순함 속의 우아함의 전형인 흰색으로 칠해진 '케이프 네덜란드' 농가가 드문드문 있었다. 르네상스 그림에서 바로 나온 것처럼 보이는 '투스카니' 지방의 구불구불한 올리브 언덕도 그렇다. 이런 곳을 잠시 여행한다면, 와인을 마시는 것 외에 무엇이 더 친밀한 여행 경험이 될 수 있을까?

반면에, 우연히 와인을 마셨던 장소는 완벽한 기억으로 남을 수 있다. 이언은 산기슭을 따라 햇볕이 얼룩지는 캅카스 남부의 작은 마을 '나고르노카라바흐Nagorno-Karabakh'에서 마셨던 화이트와인에 완전히 반했다. 나고르노카라바흐는 불행한 과거를 가진, 경제적으로 뒤처진 오지다. 바로 19세기로 이어지는 듯한 시골 풍경이 전부다. 주변에는 농부들이 봄밀을 수확하고 당나귀 수레에 쌓는 모습이 보인다. 훌륭한 와인이 나올 듯한 장소는 아니다. 하지만 맑은 여름 아침에 와인을 마시기에는 좋은 곳이다. 기분이 들뜬 이언은 그곳에서 마신 와인을 몇 병 사서 뉴욕으로 돌아가는 비행기를 탔다. 그런데 열정적인 와인 칭찬을 참으며 듣고 있던, 이언의 아내는 그 와인 맛이 아주 형편없다고 솔직하게 말했다. 처음에는 와인에 코르크가 들어갔거나 와인이 상했기 때문이라 생각했다. 그러나 두 번째 와인을 따보고, 와인이 상한 건 아닌 것으로 판명되었다. 어쩌다가 둘 다 상한 게 아니라면, 그냥 싸구려 와인이다. 너무나 맛있었던 느낌은 시간과 장소의 장난이나 허상 때문이었다.

물론 아주 쉽게 상하는 와인이었을 가능성도 있다. 이동에 취약한 와인일지도 모른다. 와인을 다른 장소로 옮겨도 되는지의 문제는 와인 애호가들 사이에도 논란을 일으키는 주제다. 이언은 그렇게 생각하지 않았다. 지구 반대편 인도양의 프랑스령 '레위니옹Réunion'섬에서 운송한 와인도 여러 종류를 많이 마셔보았다. 모두 맛이 괜찮았다. 와인을 운송하는 중에 고온에 노출되는 불행한 일만 없다면 운송 자체는 문제가 되지 않는다는 것이다. 상업적으로 파는 와인은 운송 중에 과열이 되는 경우가 흔하지만, 캅카스의 화이트와인은 이런 사례는 아니었다. 전말이 어떻든, '나고르노카라바흐'의 와인 사건 결말은 좋지 않았고, 재미보다 교훈을 주었다. 와인을 마실 때, 와인을 마시는 장소가 긍정적인 분위기를 제공할 수 있다는 것이다.

◆ ◆ ◆

포도나무는 수명이 길다. 대부분 40~50년 동안 수확 가능하다고 예상한다. 어떤 곳에서는 100년 이상 된 나무에서 수확한 포도를 특히 좋다고 생각한다. 포도나무를 심으면, 나무와 토양은 매우 장기간의 관계를 시작하게 된다. 토양은 나무의 뿌리를 붙들고 있으며, 영양분을 제공해 포도 품질에 큰 영향을 준다. 포도나무를 심은 사람은 중매쟁이가 되어서, 포도와 토양의 결합이 성공적으로 되도록 노력해야 한다. 포도나무는 모두 배수가 잘되고 해충이 없으며, 생물학적으로 그리고 화학적으로 균형 잡힌 땅을 선호하지만, 품종에 따라 특별한 토양에서 더 잘 적응할 수 있다.

오래전부터 포도 재배자는 지질도에 특별히 관심을 가졌는데, 여기에는 포도밭 아래 혹은 주변에 있는 암석의 종류가 표시되어 있다. 포도밭은 당연히 고도가 높은 지역에서 씻겨 내려온 다른 암석 입자의 영향도 받지만, 대부분은 토양 아래에 있는 기반암에서 유래했기 때문이다. 지질학에서는 암석을 세 종류(화성암, 퇴적암, 변성암)로 나눈다. 화성암은 액체 상태의 맨틀이 지각으로 올라와 굳어서 생긴다. 대륙의 중앙 부분을 형성하는 화성암은 대부분 화강암이고, 여기에 화산재와 현무암 같은 화산암이 부풀어져 나와 있다. 같은 화강암이라 하더라도 광물 구성과 화학 조성은 아주 다양하게 나타난다. 화강암은 산성을 띠며 풍화에 강한 석영 입자와 장석 같은 연한 색의 광물이 대부분을 차지하고 있다. 일반적으로 큰 석영 입자가 많은 화강암에서 형성된 토양은 배수가 잘된다. 반면 화산암은 대체로 알칼리성이고 짙은 색의 철과 마그네슘 성분이 많은 광물을 다량 함유하고 있다. 화산암이 풍화되면 부드러운 점토가 된다. 이렇게 생겨난 토양에서는 물 빠짐이 느리다.

퇴적암은 주로 제자리에서 풍화되어 만들어진 암석 입자가 압축되거나, 다른 곳에서 중력, 물, 바람으로 인해 옮겨와 퇴적되어 만들어진다. 지형의 융기와 침식이 활발하고 빠르게 일어나는 동안에, 거친 퇴적물이 짧은 시간에 쌓인다. 퇴적물은 대륙 둘레의 바다로 쓸려 나가기도 한다. 그리고 온난한 기후 조건에서 바닷물에 과포화된 탄산칼슘이 침전하거나 지표수에 사는 미생물의 외골격, 즉 미세한 껍질이 쌓여서, 얕은 바다에서는 보통 석회석이 퇴적되기도 한다. 반면에 깊은 바다에는 미세한 입자가 뭉쳐진 세립질 이암이 형성된다.

해저 분지는 지질구조가 형성되는 과정에서 만들어지고 또 사라지기 때문에, 바다 퇴적물은 모두 통째로 육지로 올라온다. 이곳에서 현재 유명 와인 재배 지역의 기반암이 형성되었다. 육지로 올라온 심해 이암도 육지 퇴적물처럼 물리적 작용으로 침식된다. 그런데 석회석은 빗물에 녹아 흘러가버린다. 이 때문에 석회석 기반암 위에 생겨난 토양은 대부분 두텁지 못하고, 석회석에서 남은 불용성 물질과 유기물 잔해로 대부분 이루어져 있다.

변성암은 다른 두 종류의 암석이 화산활동으로 높은 열을 받거나 지각 변동으로 높은 압력을 받아 재결정화되면서 만들어진다. 이암은 이런 과정을 통해 셰일, 점판암, 편암처럼 단단하고 부서지지 않는 암석이 된다. 그러나 이런 암석 역시 풍화되어 토양으로 변할 수 있다. 프랑스 중부의 '보졸레Beaujolais' 와인을 비롯한 적지 않은 수의 유명한 와인이 이런 토양에서 만들어진다.

풍화작용에서 물은 핵심적인 역할을 한다. 석회암을 녹이거나 물리적인 작용도 중요하지만, 여러 생물을 자라게 한다는 점이 핵심이다. 식물 뿌리는 암석의 틈새로 들어가 자라면서 틈 간격을 넓힌다. 그리고 이끼는 토양 형성의 초기 단계에서 부서지는 암석을 화학적으로 변화시킨다. 그러나 물의 영향은 거기서 멈추지 않는다. 물은 암석 조각을 이동시키면서 크기에 따라 분류한다. 큰 퇴적물도 급류를 따라 움직일 수 있다. 심지어 바위를 옮기는 거센 물살도 있다. 돌을 옮기는 물살의 힘이 사라지면 돌은 바닥에 버려지고 거기서 퇴적된다. 천천히 흐르는 물은 아주 미세한 물질만을 옮기고 퇴적시킨다. 시간도 무시할 수 없는 요소이지만 다른 조건이 모두 같다면, 퇴적층이 노출되어 형성된 토양의 성질은 하부 퇴적물의 입자 구성에 크게 영향을 받는다. 적당히 빠른 물길에 퇴적된 굵은 강자갈은 말라버린 호수 바닥에 남은 부드러운 진흙땅과 매우 다른 포도 재배 토양을 제공한다.

그러나 토양 형성에 지질학이 모든 것을 결정하지는 않는다. 온도와 강수의 형태 역시 토양 형성에 중요한 역할을 한다. 또한 경사도, 일조량 그리고 경사지의 어느 부분에 위치하는지와 같은 요소도 따로 고려해야 한다. 경사지의 아래쪽보다 위쪽의 토양이 통상적으로 배수가 좋다. 그리고 토질의 차이도 나타나는데, 언덕 아래로 내려갈수록 유기물이 더 많이 축적되어 있다. 마지막으로 시간의 영향도 있다. 오랫동안 형성된 토양일수록 깊이가 깊은 경향을 보이고, 토양의 이력은 과거 여러 시기에 있었던 상황을 반영한다. 무엇보다도 토양은 동적이며, 언제나 변하고 있다.

포도나무가 자라면 토질은 약화될 수 있다. 그래서 오랜 시간 포도를 키워온 재배자들은 포도나무가 흙에 주는 악영향을 줄이는 법을 잘 알고 있다. 식물의 성장을 촉진시키는 만큼이나 지나치게 자라는 것을 억제하는 것도 중요하다. 봄철 토양에 질소나 물이 너무 많으면, 포도나무에 잎사귀가 너무 많이 자란다. 포도는 그림자에 가려져 자라고 너무 늦게 익는다. 와인은 톡 쏘고 설익은 맛이 난다. 잎이 지나치게 무성해지면, 당연히 잎을 솎아내어 상황을 개선할 수 있지만, 잎 정리에는 많은 노동력을 투입해야 하고, 때로는 원치 않은 결과를 가져오기도 한다. 따라서 이런 문제는 가능하면 처음부터 예방하는 것이 좋다. 특정 토양이나 과도한 일조량은 피해서 재배해야 한다는 의미다. 부르고뉴에서는 여전히 이렇게 하고 있다. 세계에서 가장 비싼 와인 재배지 사이사이에 숲이 계속 존재하는 것은 이런 지식이 없으면 이해하기 어렵다.

부르고뉴의 포도 재배자는 여러 세대를 거치면서, 수 세기 동안의 시행착오를 통해, 포도를 심어도 되는 땅과 그렇지 않은 땅을 힘들여 찾아냈다. 이것이 '부르고뉴', 영어로는 '버건디'로 원산지 표시한 와인이 특별한 이유 중에 하나다. 그러나 프랑스의 '아펠라시옹' 시스템에는 다른 요소도 포함되어 있다. 예를 들어 와인에 사용된 포도 품종과 변종 그리고 과육의 수율 허용치 등이다. 이런 변수는 와인의 품질 지표로서, 포도가 재배된 특별한 장소만큼 중요할 수 있다. 특별한 포도나무가 가장 오랫동안 재배된 곳이라고 해서, 재배 조건이 최적화되었다는 보장은 없다. 현재 미국 시장에서 판매되는 수많은 '카베르네'와 메를로가 프랑스에서 유래했다는 사실이 이를 증명한다. 남부 프랑스에서는 최근까지 수천 년 동안 다른 품종의 포도를 기르고 있었다. 수십 년 전 이곳 재배 농가에서 전통 품종 포도나무 대신 다른 품종을 키운다고 하면 코웃음을 쳤을 것이다. 미국 소비자에게 잘 알려진 품종을 키우는 최근의 변화는 마케팅을 위해서라는 이유도 있을 것이다.

새 품종 도입에 테루아가 어떤 영향을 줄지, 좋은 선택이었는지, 시간이 지나야 알 수 있을 것이다. 그러나 그사이에 포도 재배자들은 고민이 많다. 새로운 포도밭을 조성하거나 아니면 포도나무를 다시 심어야 할 때, 어떤 토양에 어떤 품종이 적절한지 어떻게 알 수 있을까? 또 물을 대거나 거름을 주는 등의 토지 개량을 하면 훌륭한 와인 생산에 도움이 될까? 안타깝게도 과학자는 이 부분에서 생각보다 많은 도움이 되지 않았다. 포도 재배에 관련된 지식은 대부분 지엽적이고, 포도 재배자들 개인의 경험으로만 남아 있다.

이러한 경험은 재배자에 따라 다음 세대로 전해질 수도 있고 그렇지 않을 수도 있다. 예를 들어 어떤 오크 통을 사용해야 하는지와 같은 경험적 지식은 여전히 중요하다. 이러한 정보를 제공하는 사람들이 아직 부족하지는 않다.

테루아를 연구하는 데 중요한 복합적 요소는 여러 변수의 상대적인 영향을 배제하기가 쉽지 않다는 것이다. 남호주의 연구 프로젝트에서 '시라즈Shiraz' 품종은 재배토의 급수 여부에 따라 수확량, 산도, 색이 달라진다는 결과를 내놓았다. 마른땅에서 재배한 포도에서 생산되는 양은 눈에 띄게 적었지만, 산도와 농도는 짙었고 색은 더욱 강렬했다. 이 와인은 평가단에게도 호평받았다. 이런 연구 결과는 생육을 억제해서 수확량을 줄이면, 좋은 와인을 얻을 수 있다는 오랜 지식과 일치한다. 포도나무는 물을 흡수하기 위해 열심히 노력하기 때문이다. 그렇지만 지역에 따라 토양의 종류는 너무나 다양하므로, 토양의 깊이나 토양의 조성, 그리고 테루아를 구성하는 요소들이 와인의 질에 유의미한 영향을 미치지 않는다고 속단하기는 어렵다.

독일의 연구진은 다른 변수를 배제하고 토질의 영향을 관찰하기 위해, 같은 장소에서 '뮐러 트루가우Muller-Thurgau'와 '실바너Silvaner' 품종을 일곱 개의 다른 토양으로 채운 화분에서 재배했다. 연구 결과, 토양에 따른 특별한 변화가 없는 것으로 나타났다. 그렇다고 하더라도 토양의 종류와 질이 와인 품질에 영향을 주지 않는다고 단정 짓기는 어렵다. 연구에서 사용된 화분 크기는 제한적이었고, 매우 인위적인 방식으로 포도나무를 재배했기 때문이다. 와인 품질은 이와 같은 재배 환경에 더 큰 영향을 받았을 것이다.

그리고 이것은 대상을 자세히 관찰할수록, 오히려 그 대상 자체를 변하게 만드는 관찰자 효과임을 알 수 있다. 게다가 신중한 과학자가 실험실에서 진행하는 제한된 조건이 더욱 실제 상황과 동떨어지게 만든다. 복잡한 시스템에서 하나의 변수를 제한하면 여러 다른 변수도 필연적으로 영향을

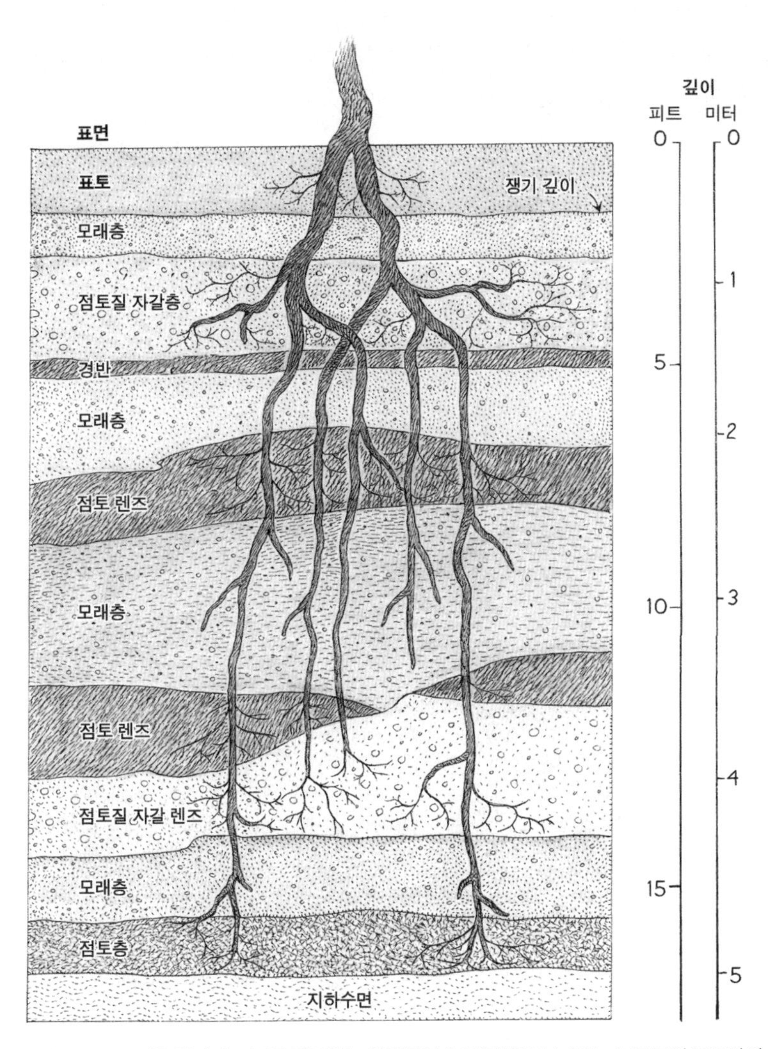

그림 8.2 포도나무 뿌리가 그곳을 관통하는 침전물의 층위 구성을 보여주는 보르도의 포도밭의 일반화된 토양 이력

세갱(Seguin)의 『포도주의 특성에 영향을 주는 자연적 요인(Influence des facteurs naturels sur les caracteres des vins)』에서 발췌하여 수정해 그렸다.

받는다. 심지어 미세 기후나 토양의 여러 특성을 분석할 수 있는 고도의 기기 장치를 사용해도 테루아를 완전히 알 수 없다. 이런 장치는 특정 지역의 특징을 조금 알려줄 뿐이다. 좋은 와인을 만드는 장소가 무엇 때문에 특별한지 알려주지 못한다. 연구 대상이 주관적이라는 점도 문제를 복잡하게 만든다. 사람에 따라 좋은 와인, 나쁜 와인, 끔찍한 와인의 정의가 다르기 때문이다. 실제로 테루아가 얼마나 모호한 개념인지, 몇 가지 예시를 통해 알아보자.

◆ ◆ ◆

보르도는 프랑스에서 큰 도시 중에 하나다. 보르도를 관통하는 '가론Garonne'강은 도르도뉴강과 만나고 '지롱드Gronde' 삼각주를 형성한다. 이렇게 만난 강줄기는 대서양으로 흘러간다. 보르도라는 도시 명칭은 두 강 사이와 주변의 광활한 포도 재배지를 지칭하는 '보르들레Bordelais'에서 유래했다. 도르도뉴강 너머 동쪽에는 석회암 절벽이 있다. 반면에 보르도와 그 주변의 포도밭은 서서히 굽이치는 강바닥에 겹겹이 쌓인 충적토층에 있다. 토질의 구성이 복합적이라 조금만 걸어가도 토양의 특성이 달라진다. 유명한 와인 생산 지역인 메도크의 포도밭은 지롱드와 가론강의 왼쪽인 서쪽 강가에 자리 잡고 있다. 이곳의 포도밭 대부분은 점토와 모래진흙에 모래가 뒤섞여 있는 거대한 강자갈 더미 위에 있다. 빙하에 쓸려와 간빙기 초기에 남겨진 굵은 자갈은 포도밭의 배수를 원활하게 만든다. 반면에 미세한 침전토는 수분을 흡수해 두고 식물 성장에 필요한 미량의 영양소를 포함하고 있다. 포도밭은 삭막한 자갈밖에는 보이는 것이 별로 없다. 이 때문에 뿌리를 깊게 내릴 수 있는 품종이 자라는 곳이다. 그래서 유명한 여러 포도밭 토양은 통상적으로 척박하다고 여겨진다. 그러나 지하의 사정은 조금 다르다. 포도나무의 뿌리는 점토질이 모인 곳을 찾아 잔뿌리를 뻗어낸다. 심지어 자갈이 많으면 그사이를 뚫고 지하수면까지 깊이 뿌리를 내리기 위해서 끊임없이 투쟁해야 하지만, 포도나무는 쑥쑥 잘 자란다.

메도크의 토질은 지질학적으로 다양하고 복합적이기 때문에, 포도 재배에 어디든지 똑같이 좋을 수는 없다. 그리고 수 세기가 지나면서 어떤 포도밭에서는 더 좋은 와인이 만들어진다는 사실을 포도 재배자나 와인 구매자 모두 알게 되었다. 1855년 파리에서 만국박람회가 개최되던 당시에 메도크의 와인 시장은 엄청나게 발전했다. 경매를 통해 판매되는 와인 가격을 기초로 박람회를 위한 엄선된 포도밭 분류가 생겨났을 정도다. 남쪽에 있지만 메도크의 토질과 비슷한 '그라브Graves'의 포도밭을 포함한 네 곳이 프레미에 크뤼Premier Cru로 선정되었다. 오랫동안 최고의 포도밭으로 알려졌고, 여기서 만든 레드와인은 최고가에 팔렸다. 이후 '프레미에 크뤼'에 메도크의 포도밭 하나가 더 추가되었다. 두 번째 등급에 해당하는 11곳의 포도밭은 '되지엠 크뤼Deuxiemes Crus'라고 불렸다. 그리고 열두 개 정도의 포도밭이 이어서 3등급, 4등급, 5등급에 해당하는 '트루아지엠Troisieme', '카트리엠Quatrime', '생키엠 크뤼Cinquieme Cru'로 선정되었다. 이때 평가 기준은 겉으로는 와인의 가격이었다. 그러나 순위의 차이 혹은 포도밭의 순위가 결정되어 있다면, 실제로 테루아의 차이를 의미했다. 당연히 1855년 이후에는 와인을 만드는 사람도 바뀌고, 많은 것이 변했다. 그러나 강력한 이의 제기에도 불구하고, 이런 분류는 한 세기 반 동안 유지되었다. 그리고 프레미에 크뤼 와인은 여전히 시장 최고가에 팔리고 있다. 요즘 '슈퍼 2등급'이라고 부르는 와인은 그보다 조금 더 낮은 가격에 팔린다. 이것은 실제로 성공이 계속 성공을 부른다는 사실을 보여주었다. 고가의 와인을 재배한 포도밭 주인들은 토지 관리와 와인 제작 비용에 더 투자할 수 있었기 때문이다. 그리고 와인 제조 공정이 엄청나게 발전해 오는 동안에도 포도밭 등급 분류는 살아남았다. 게다가 포도밭 주인이 여러 차례 바뀌었음에도 순위는 변하지 않았다. 이런 점을 고려하면 포도를 재배하는 장소, 즉 테루아가 핵심이라고 볼 수도 있다.

그렇다면 메도크의 최고 등급 포도밭의 비밀은 무엇일까? 장소에 따라 토질이 매우 심하게 달라지기 때문에, 메도크에서 동일한 테루아를 가지는 포도밭을 찾아보기는 어렵다. 1855년의 분류에서 선정된 와인은 모두 '마고Margaux', '생쥘리앵Saint-Julien', '포이야크Pauillac' 세 지역에서 만들었다. 모두 지롱드 어귀의 왼쪽에 있다. 즉 메도크의 넓은 포도밭 지역의 북쪽에 있다는 것이다. 현대의 메도크 프레미에 크뤼 와인 4종은 모두 마고와 포이야크에서 생산된다. 보통 사람에게 이곳은 다른 포도밭과 차이가 없어 보인다. 메도크의 보통 포도밭처럼 겉은 자갈로 뒤덮여 있기 때문이다. 그러나 뿌리를 깊게 내린 포도나무는 이곳이 다르다는 것을 안다. 메도크에서 가장 명성이 높은 포도밭 세 곳은 모두 배수가 잘되는 깊이가 상당한 자갈 퇴적층이다. 여기에 점토는 십자 모양으로, 모래진흙은 렌즈 모양으로 자갈층 사이사이에 박혀 있다. 북쪽으로 조금 더 가면, 역시 유명한 '생테스테프Saint-Estèphe'가 있다. 북쪽으로는 점토의 비율을 증가하면서 배수력은 감소한다. 포도나무 뿌리는 습한 땅을 싫어한다. 생테스테프 북쪽으로 가면 땅이 질고, 포도밭의 수가 적어지는 이유다.

메도크의 남쪽으로 갈수록 자갈이 많아진다. 마고의 남쪽 포도밭은 비교적 굵은 자갈과 얇은 겉흙으로 덮여 있다. 이곳에서 재배된 포도나무에서 생산되는 레드와인은 종합 평가에서 항상 최고다. 특히 강수량이 많아서 배수가 중요한 해에는 더욱 그렇다. 메도크에서 재배되는 포도나무는 모두 필요한 수분과 양분을 얻는 데 어려움을 겪는다. 그중에서도 마고에서 재배하는 포도나무가 가장 심하다. 그런데 마고 지역에서 최고의 포도밭은 바로 그 유명한 '샤토 마고Chateau Margaux'에 있는데, 이곳의 포도밭은 다소 특별하다. 지질학자 제임스 윌슨James Wilson에 따르면 샤토 마고에서 최고의 포도밭은 지질학적으로 '카프드오Cap de Haut' 지형인데, 담수에서 유래한 석회질의 기반암 위에 형성되어 있다. 따라서 포도나무 뿌리는 암석의 틈 사이를 뚫고 내려가 석회암의 불순물에서 영양소를 얻어야 한다. 이러한 상황은 도르도뉴강의 동쪽에 있는 '생테밀리옹Saint-Émilion'과 '포므롤Pomerol' 지역의 지하 와인 창고를 떠올리게 한다. 와인 창고는 석회석을 채굴하고 남은 빈 동굴에 만들었다. 관광객들이 와인 창고로 내려가 보면 포도나무 뿌리가 천장을 뚫고 내려온 것을 볼 수 있다. 포도밭 한쪽에 드러난 백악 석회질 토양에서는 여전히 높이 평가받는 샤토 마고의 저렴한 화이트와인이 생산된다.

마고가 원산지인 와인은 부드럽고, 북쪽에 있는 포이야크 주변의 와인보다 더 여성적이라고 알려져 있다. 반면에 포이야크의 레드와인은 남성적이라서 유명하고, 강렬한 탄닌 조직감이 더 느껴진다. 그렇다고 섬세함이 덜한 것은 아니다. 포이야크의 와인도 경작지의 지형과 기질에 따라 다양성을 보이기 때문이다. 프레미에 크뤼 '샤토 라투르Chateau Latour'는 포이야크 자갈층 포도밭의 남쪽으로 튀어나온 땅이다. 포도밭 분류 체계에서 벗어나 있으며 지롱드의 물가에 있다. 토양 맨 위의 자갈층이 특출 나게 두껍다. 여기에 찰흙과 모래진흙 덩어리와 상당히 큰 돌이 섞여 있다. 그 아래에는 굴 껍데기 성분이 풍부한 석회질 점토가 깔려 있다. 프레미에 크뤼 '샤토 라피트 로스차일드Chateau Lafite-Rothschild'와 '무통 로스차일드Mouton-Rothschild'는 북쪽으로 좀 떨어진 곳이다. 물 근처는 아니지만, 포도밭이 두꺼운 자갈층 위에 있어 배수가 좋다. 그래서 일관성 있는 결론을 내릴 수 있다. 이렇게 유명한 포도 경작지에서도 최고의 포도를 얻으려면, 포도나무는 배수가 잘되지만 뿌리는 지하수면에 닿아야 하고 식물이 자라는 데 필요한 미세한 흙덩이가 있는 두꺼운 토양에서 키워야 한다. 식물의 뿌리는 안정적인 환경을 좋아하고, 이런 요소가 모두 충족될 때 바닥 깊은 곳까지 뿌리를 내릴 수 있다. 그리고 지하 토양의 성분을 다양하게 섭취함으로써, 변화가 많은 지표면의 환경으로부터 차단되어 포도나무 자신을 보호할 수 있다.

1960년대 보르도 대학교의 과학자 제라르 세갱Gérard Seguin은 이런 사실을 고려하며 최적의 와인 재배 장소를 제시했다. 그에 따르면 메도크에서 포도 재배에 가장 좋은 환경은 원래 강이 흐르면서 깎여 나간 이후에, 강줄기가 변하면서 범람하는 퇴적물이 쌓여 막힌, 오래전의 물줄기 위에 생겨난 땅이라고 한다. 이러한 조건에서 하층의 토양은 비정상적으로 말라 있고, 포도나무가 뿌리를 수 미터 아래까지 내리도록 만든다. 뿌리는 모래진흙덩이를 지나면서 틈틈이 많은 잔뿌리를 내릴 것이다. 당연한 결론은 프레미에 크뤼 포도밭은 지하 배수로에 가장 가까운 데 있고, 하급 크뤼 포도밭은 더 멀리 떨어져 있다는 것이다. 포도 재배에서 토양 그 자체보다 토양의 아래에 있는 것이 더 중요할 수 있다.

보르도에서 땅의 표면은 포도 재배의 중요한 요소가 아닌 것처럼 보인다. 그러나 다른 곳에서도 그렇다고 할 수는 없다. 카오르 와인은 매우 특이한 스타일의 유명한 블랙 와인이며, 메도크에서 생산되는 '클라레Clarets'의 오래된 라이벌이다. 클라레는 보르도에서 18세기까지 영국으로 수출하던 진한 로제 와인을 지칭하던 클레레트의 변형이다. 카오르 와인은 오세루아라고 부르는 진하고 깊은 맛을 내는 말베크 품종으로 만드는데, 보르도 와인과는 아주 다른 매력이 있다. 보르도 와인을 블렌딩할 때 소량 첨가한다.

말베크는 원래 가론강의 지류인 '로Lot'강의 계곡을 따라 먼 내륙에서까지 재배되었다. 로강은 장대하게 침식된 석회질 지형을 따라 흐르고, 바다의 기후 조절에 영향을 받기에는 거리가 멀어, 이 지역은 보르들레보다 기후변화가 크다. 그래서 이곳의 포도 재배자는 변화가 심한 온도와 습도의 영향으로부터 토양을 보호할 수 있는 것이면 뭐든 환영한다. 로강 계곡의 충적토 자갈 포도밭에서 생산된 와인도 탁월하다. 그러나 대부분의 사람들은 계곡면 고지대에서 생산된 카오르 와인이 최고라고 생각한다. 또 심하게 풍화된 고원 평지에서도 최고의 와인이 생산된다. 평지는 넓적한 석회질의 자갈로 덮여 있지만, 아래에는 철분이 풍부하고 배수 능력이 뛰어난 석회질의 토양이 있다. 석회질 자갈은 수분을 머금었다가 내보낸다. 그리고 자갈 아래의 땅이 수분과 온도의 영향을 받지 않게 보호해, 포도나무 뿌리에 좋은 안정적인 환경을 만든다. 이 자갈들은 색이 밝아서 햇빛과 온기를 잎사귀와 포도송이로 다시 반사시킨다. 그러므로 이곳의 포도는 더 잘 익는다. 다른 식물에게는 최악의 장소이겠지만, 포도를 재배하는 사람에게 카오르의 환경은 축복이다.

◆ ◆ ◆

캘리포니아 북부에 있는 내퍼밸리는 신대륙에서 가장 유명한 와인 재배 지역일 것이다. 이곳은 거대한 대륙의 가장자리에 있고, 수백만 년 동안 다른 지각판으로부터 어마어마한 힘을 받아온 지역이다. 그래서 캘리포니아의 지형은 몹시 복잡하고 흥미롭다. 내퍼밸리 구역은 전체적으로 평평한 편이다. 실제로 포도를 재배하는 지역은 이보다 넓지만, 내퍼밸리 구역은 지형적으로 최대 너비가 5킬로미터, 길이는 약 50킬로미터로 '카네로스Carneros'에서 '캘리스토가Calistoga'까지 이어져 있다. 남서쪽에는 '마야카마스Mayacamas' 산맥이 있고, 북동쪽에는 '바카Vaca'산맥이 이곳을 감싸고 있다.

바카산맥은 내퍼의 화산활동에서 유래한 암석으로 만들어져 있다. 내퍼밸리의 포도밭에 돌출된 암석도 화산활동으로 만들어졌다. 이런 암석은 계곡의 반대쪽 측면을 따라서도 유사한 암석이 발견되지만, 마야카마스산맥은 대부분 지질학적으로 '그레이트밸리 시퀀스'라고 부르는 암석으로 이루어져 있다. 모두 바다에서 유래한 사암과 셰일이 쌓이고 뒤틀려 만들어졌다. 결론은 내퍼밸리의 절벽을 구성하는 다양한 종류의 암석이 계곡 바닥에 퇴적된 토양의 원천이라는 것이다. 여기에 내퍼강을 따라 멀리서 옮겨온 퇴적물로 인해서 토양은 더욱 다양해졌다.

조너선 스윈채트Jonathan P. Swinchatt와 데이비드 하월David Howell은 『와인 제조자의 춤The Winemaker's Dance』에서 내퍼밸리의 퇴적물이 지질학적으로 최근에 쌓인 것이라고 주장한다. 마지막 빙하기 동안에 만들어진 거대한 빙하 봉우리가 녹으면서 엄청난 양의 물이 방출되었고, 그 이전에 있었던 퇴적물이 내퍼강을 따라 씻겨 내려갔다는 것이다. 지금으로부터 1만 8000년 전에 빙하 봉우리는 최고로 높아졌고, 당시 지구의 해수면은 지금보다 100미터 정도 낮아졌다. 당시 샌프란시스코만은 바다가 아니고 마른 땅이었다. 빙하가 녹으면서 발생하는 유량 에너지가 내퍼밸리의 퇴적물을 내퍼강을 따라서 새크라멘토강과 바다가 만나는 지점까지 밀어냈다는 것이다. 이러한 점을 근거로 스윈채트와 하월은 지금의 내퍼밸리 토양의 두께가 얕은 이유는 1만~1만 5000년 전에 형성된 퇴적층이기 때문이라고 설명한다. 그래서 내퍼밸리 토양에서 층위 구성이 충분히 발달하기에는 시간이 부족했다.

미숙 토양과 심하게 침식된 급경사면 경계의 얕은 토양이 있는 내퍼밸리

그림 8.3 내퍼밸리의 굽이굽이 이어진 포도밭 전경

는 포도나무를 키우기에 좋은 곳으로 보이지는 않는다. 이곳을 세계에서 가장 훌륭한 와인이 생산되는 곳으로 믿기 어렵다. 하지만 상등품 내퍼 와인을 맛본 사람이라면 이곳이 얼마나 좋은 와인을 만들어내는지 알고 있다. 이웃한 샌프란시스코의 투자자들은 이 지역에 큰 흥미를 보이지만, 내퍼밸리 전 지역에서 좋은 와인이 생산되는 것은 아니다. 역시 테루아가 다시 등장한다. 퇴적 토양의 유래가 중요한 이슈다.

스윈채트와 하월은 내퍼밸리의 토양을 세 종류로 구분해 접근했다. 잔류토, 충적토, 수적토다. 잔류토는 주변의 계곡면에 여전히 남아 있던 오래된 퇴적물에서 만들어진 흙이다. 충적토는 침전물이 많은 물이 계곡으로 흘러 들어와 퇴적 작용으로 선상지를 만들면서 생겨난 토양을 의미한다. 마지막으로 수적토는 내퍼강이 흐르면서 퇴적된 토양이다.

스윈채트와 하월의 설명에 따르면, 내퍼 계곡의 토양은 층위 구성이 발달하지 않았으며, 배수력이 높고 영양소는 적다. 이런 토양은 포도나무에 스트레스를 주는 환경을 제공한다. 스트레스를 주는 지역 조건에서 자란 와인 성분의 구성은 좋고, 농도는 진하다. 충분히 숙성시키기 전에는 투박한 맛이 있지만, 시간이 지나며 우아한 와인이 되기도 한다.

충적토는 계곡 가장자리를 따라 형성되어 있으며, 일부는 강 쪽으로 상당히 뻗어 나와 있으며 다양한 비율로 섞여 있는 자갈, 모래, 유사流沙, 진흙모래, 점토가 드러나 있다. 내퍼밸리에서 가장 유명한 포도밭 중 일부는 선상지의 고지대에 솟아오른 충적토 선정에 있다. 그렇다고 충적토 선상지라고 해서 다 똑같은 것은 아니다. 퇴적물이 너무 미세하거나 토양의 깊이가 너무 얕으면 포도나무가 잘 자랄 수 없다. 가장 좋은 포도밭은 계곡의 측면에 가까이 있는데, 충적토를 구성하는 암석의 크기가 적당하기 때문이다. 여기서도 배수율이 핵심이고 중요하다는 사실을 상기시켜 준다. 당연히 적절한 영양분이 동시에 존재해야 한다. 그러나 이곳에서 조금만이라도 벗어난 곳에 위치한 포도밭이라면 결과는 달라진다. 일부 충적토 포도밭에서 다양하고 개성 있는 특별히 훌륭한 와인이 생산되지만, 동시에 나머지는 저렴한 와인이기 때문이다. 산기슭 포도밭의 와인보다 품질 기복이 심하다.

와인 포도나무는 수적토에서 가장 재배하기 어렵다. 아이러니하게도 수적토에 영양분이 많고, 여기서 자라는 포도나무는 잎사귀가 무성하기 때문이다. 너무 잘 자라는 포도나무는 관리하기도 어렵다. 스윈채트와 하월 역시 이러한 토양에서 생산된 포도만을 사용한 와인 중에서는 평판 좋은 와인이 없다는 사실을 지적한다. 동시에 이런 땅에서 생산되는 와인에서는 풋내가 날 수 있다고 한다.

포도밭에서 어떤 장소는 포도 재배에 매우 좋지만, 바로 옆에 인접한 다른 장소는 왜 그렇지 않은지 과학적으로 충분한 설명은 못 하지만, 와인 품질에 토질이 중요한 역할을 한다는 사실은 분명해 보인다. 1등급 와인에 필요한 화학 성분을 포함하는 좋은 토양은 필수 조건이다. 그렇다고 최고의 와인을 만들거나, 특별한 포도를 생산하는 데 충분한 조건은 아니다. 포도를 재배하고, 수확해서 와인을 만드는 동안에 무언가 잘못될 수 있는 여지는 많다. 그래서 테루아는 그냥 땅이라기보다 여기에 많은 요소가 포함되어 있다. 가장 중요한 것은 기후다.

◆ ◆ ◆

테루아는 땅의 본질이며, 어떤 땅의 가장 중요한 요소 중 하나가 기후다. 그러나 이것을 정확히 설명하는 것은 어렵다. 기후는 넓게 보면 몇 년 혹은 몇십 년에 걸쳐 나타나는 지구상의 특정 지역 날씨다. 그리고 온도, 기압, 강수, 풍압 등 다양한 요소로 측정된다. 이러한 요소는 그 지역의 고도, 위도, 지형, 물과의 거리에 의해 결정된다. 하지만 평균에 완벽히 부합하는 사람이 없듯, 평균에 완벽히 부합하는 날이나 해는 없다.

포도는 예상 밖으로 여러 지역에서 재배할 수 있다. 우리는 적도 위에 있는 나라 케냐의 '리프트밸리Rift Valley' 와인을 마신 적도 있다. 알래스카에도 최소한 네 곳의 와인 양조장이 있다. 하지만 포도의 지리학적 원산지를 고려하면, 포도는 위도 30도에서 50도 사이에 있는 지중해 기후에서 가장 잘 자란다는 사실이 당연해 보인다. 일조량에 큰 영향을 받는 온도는 호흡과 증산작용과 같은 포도나무의 생리학적 현상에 아주 중요하다. 이러한 작용은 10도 이하에서는 거의 일어나지 않기 때문이다. 온도가 높으면 과일은 빠르게 익는다. 잎사귀가 타들어 가거나 다른 성분을 만드는 대신에 당분만 빠르게 만든다. 그러나 온도가 너무 낮으면 당분이 충분하게 만들어지지 않고, 과즙의 신맛이 지나치게 강해진다. 또 서리는 포도나무에 손상을 입힌다. 특히 이른 봄에 나오는 새순이나 새싹은 서리에 취약하다. 겨울 동안 너무 추우면 포도나무는 죽어버릴 수 있다. 강수량도 중요하다. 성장기에 비가 너무 많이 내리면 흰곰팡이가 필 수 있다. 수확기 임박해 비가 너무 많이 내리면 과일 맛이 묽어질 수 있다. 연간 강수량이 700밀리미터 이하인 곳에서는 포도나무를 재배하려면 따로 물을 대야 한다. 그러나 지표면을 통한 관수는 깊이 뿌리내리지 못하게 할 수 있다. 지표면에 비료를 뿌려도 마찬가지다. 바람 역시 중요하다. 포도나무를 식히는 역할을 하고, 지역에 따라서는 포도나무를 따뜻하게 하기 때문이다.

다행스럽게도 포도나무의 기본적인 재배 조건을 충족하는 적절한 장소는 많다. 그러나 다른 곳보다 더 좋은 와인이 만들어지는 장소도 분명히 있다. 여기에는 기후가 중요한 역할을 한다. 기후가 다른 지역에서 좋은 와인을 만드는 방법은 그 기후에 잘 맞는 포도 품종을 재배하는 것이다. 독일과 프랑스 북부의 와인 제조자들이 실바네르와 샤르도네를 선호하는 이유다. 스페인 남부에서는 치피오나Chipiona나 치클라나Chiclana와 같은 품종을 선호한다. 두 품종 모두 2012년에 수확량은 적었지만, 그해의 극단적으로 건조하고 뜨거운 여름 동안에도 잘 자랐다. 그러나 경이로운 포도인 카베르네 소비뇽은 보르도, 내퍼 등 여러 곳에서 자라고, 최고의 포도인 피노 누아르는 오리건부터 부르고뉴까지, 다양한 환경에서 재배된다.

중요한 점은 지역에 따라 국지적 기후도 다르고 포도의 품질이 크게 달라진다는 것이다. 언제나 지형이 중요한 변수이고, 그래서 와인을 재배하는 사람들은 지형과 타협해야 한다. 배수가 잘되는 경사면에 포도밭을 만들기로 했다면, 햇볕의 양과 비추는 각도는 포도나무마다 모두 다를 것이다. 언덕 경사면이 곡면이라면 포도나무마다 태양에 노출되는 정도가 다를 것이다. 고도가 어떻게 되는지, 기울기가 어떻게 되는지, 공기는 어떻게 움직이는지에 따라 각각의 나무가 자라는 지점에서의 국지적 기후는 달라질 것이다. 토양의 영향은 고려하지 않을 경우에 해당하는 이야기다. 그러니 다시 테루아 이야기를 해보자.

훌륭한 와인이 생산되는 지역에서 기후의 역할을 개괄적으로 설명하는 것은 어렵지 않다. 보르도Bordeaux는 노바스코샤Nova Scotia와 위도가 비슷하지만, 지형적으로 보르도의 고도가 낮은 편이고 대서양과 인접해 있다. 대서양에는 난류성 걸프 해류가 흐른다. 그리고 이곳은 서풍이 우세하다. 서풍은 바다에서 습기를 머금어 일 년 내내 비가 내리게 만든다. 게다가 자주 안개를 발생시켜 태양의 영향을 완화시킨다. 해안가의 방풍림은 소금기 있는 낮게 부는 바람으로부터 포도밭을 보호한다. 메도크의 겨울은 시원하지만, 지나치게 춥지는 않다. 여름은 따뜻하지만 구름이 햇빛을 막기 때문에 보르도의 가장 품질 좋은 와인은 기온이 높았던 해에 나온다. 보르도 동쪽 지역에서 가장 많이 재배하는 포도는 메를로다. 서쪽에서는 카베르네 소비뇽이 주로 자란다. 와인 양조자들은 기후변화에 대응하기 위해 여러 품종의 포도를 블렌딩해 와인을 만드는 전통을 간직하고 있다. 지롱드에 인접한 메도크의 동쪽 포도밭은 배수가 확실하게 보장될 정도로 고도가 높다. 그리고 이곳의 지형은 평평한 편이라 일조량은 비교적 덜 중요하다.

내퍼밸리는 보르도보다 남쪽에 위치해 위도가 7도 낮다. 그리고 기후 환경이 완전히 다르다. 내퍼밸리의 양쪽 산맥은 서쪽의 태평양 해양을 막고, 동쪽으로는 스텝 기후인 센트럴밸리의 기후를 막아준다. 내퍼밸리의 겨울은 시원하고 습하다. 반면에 여름은 덥지만 짙은 안개로 어느 정도 완화된다. 내퍼밸리의 안개는 태평양의 습하고 따뜻한 공기가 연안을 흐르는 차가운 훔볼트 해류를 만나 형성되어 센트럴밸리의 바닥에서 올라오는 뜨거운 공기를 타고 내륙의 내파밸리로 흘러 들어온 것이다. 이러한 배경에다 내파밸리의 불규칙한 지형으로 다양한 국지적 기후가 만들어진다. 내파밸리의 지역마다 일조 노출 정도, 일조 기울기, 포도밭의 고도가 모두 다르다. 내파밸리의 국지적 기후는 메도크와 달리 해마다 크게 변하지 않는다. 그래서 일정한 품질의 와인이 만들어지고, 포도 재배자들은 각 지형에 잘 맞는 품종에 집중할 수 있다.

그러나 내파밸리는 보르도보다 기온이 상당히 높다. 그렇기 때문에 내파의 인기 품종인 카베르네나 메를로가 가장 적절한 품종인지에 대한 의문이 생길 수 있다. 사실 이 품종은 모두 내파보다 기후가 서늘한 지역에서 육종되었다. 프랑스 남부나 스페인 또는 시칠리아의 품종을 심는 것이 더 좋을지도 모른다. 일리가 있는 말이지만, 반대 논리도 유효하다. 더 적절한 다른 품종이 있겠지만 내파에는 카베르네를 심는 포도밭도 많다. 내파밸리에서 생산된 카베르네 와인은 대부분 과일향 지향적이다. 최고의 보르도 와인에서 조화로움과 우아함을 만들어내는 탄닌 구성이 부족한 와인이 많다. 그러나 내파에서 아주 훌륭한 카베르네 소비뇽이 나오기도 한다. 주로 내파밸리 가장자리에 솟은 산맥의 서늘한 경사지에서 재배된 포도로 만들어진다. 이곳 포도밭의 토양은 화산토다. 메도크의 토양 및 구조, 기원, 노출도와는 전혀 다르다. 실제로 2013년에 비공식적이지만 내파밸리 북쪽 끝 칼리스토가의 고지에서 재배된 '던 하월 마운틴Dunn Howell Mountain'의 수년 전 카베르네 빈티지와 포이야크 '샤토 린치 바주Chateau Lynch-Bages' 슈퍼 2등급 카베르네 시음회가 있었다. 그 결과 이 두 와인이 놀라울 정도로 유사하다는 사실을 알 수 있었다. 우리도, 또 시음회를 주최한 마이크 더줄라이티스Mike Dirzulaitis도 이러한 결과를 예상하지 못했다. 그리고 캘리포니아산 와인이 아슬아슬하게 더 나은 와인이라는 평을 받았다.

◆ ◆ ◆

테루아를 어떻게 봐야 할까? 와인 제조자나 와인 애호가 모두가 이구동성으로 와인 포도는 재배하기 좋은 곳이 있고 나쁜 곳도 있다고 말한다. 하지만 포도밭과 포도밭의 차이는 수없이 많은 요소 때문에 생기는 것이다. 그런 요소로는 와인이 자라는 토양부터 위도, 고도, 지역의 일조 노출도 등이 있다. 여기에 품종에 따라 토양이나 국지기후 측면의 다른 환경에서 잘 자란다. 와인을 만드는 포도밭의 크기도 와인의 평가에 영향을 준다. 극단적으로는 어떤 테루아는 큰 식탁보만 한 크기인 경우도 있다. 이것도 시작일 뿐이다. 궁극적으로 테루아의 평가는 얼마나 훌륭한 와인을 생산하는지에 달려 있다. 그리고 완성품의 품질은 포도나무가 자라는 장소뿐만 아니라 재배할 때 가지치기를 했는지, 모양 잡기를 했는지, 따로 물주기를 했는지에 따라, 심지어는 토양의 미생물과 나무 간 거리에도 영향을 받는다. 수확시기가 주는 영향까지 고려해도 양조장에서 어떻게 포도를 으깨고, 발효시키고, 숙성시키는 방식에 따라 완성품은 달라진다. 포도나무를 심는 단계와 와인 한 잔을 마시는 단계 사이에는 너무나도 많은 과정이 있다. 그래서 어떠한 요소가 어떠한 영향을 끼치는지 정확히 아는 것은 불가능에 가깝다.

그러나 테루아가 중요하다는 것을 부정하는 사람은 많지 않을 것이다. 그리고 테루아의 토양에 집중하면 핵심을 놓치게 된다. 테루아는 와인 제조의 문화적·물리적·생물학적인 맥락을 다 함의한 개념이다. 이 개념에 가장 중요한 것은 포도 품종들이 어디를 선호하고 어디에서 가장 좋은 와인을 만들어내느냐다. 물론 포도 품종은 우리에게 왜 이 땅이 좋은지 말해주지 않는다. 하지만 포도 품종은 결과물을 통해 자신이 어떠한 환경을 원하는지 알려준다. 그리고 오래전부터 사람들은 이러한 포도의 말을 따랐다. 그러니 오랜 시간 자기 지역에서 최고의 와인 재배지를 찾고 와인을 가장 잘 만드는 방법을 연구한 사람들에게 감사하자. 그리고 우리 시대에 가장 좋은 포도밭을 찾아내고 가장 훌륭한 기술을 사용해서 최고의 와인을 만들어낸 사람들에게도 감사하자.

마지막으로, 와인의 가장 매력적인 점은 순전히 와인의 다양성이다. 와인의 다양성은 테루아의 요소들을 포함해 다양한 이유에서 찾을 수 있다. 좋은 와인을 찾는 일에 역동적으로 몰입하게 되는데, 변화무쌍하고 여러 다양한 방법이 존재하기 때문이다. 이제 로마 사람들은 팔레르누스 와인을 사려고 애쓸 필요가 없다. 지금은 어딘지도 확실치 않은 이곳은 '캄파니아 Campania'의 수많은 포도 재배 지역의 하나다. 여기서 아미네아 품종은 사라졌고 지금은 '알리아니코' 품종이 대신 재배된다. 수천 년 후에는, 몽라셰도 샤르도네나 다른 품종을 키우는 보통 포도밭이 될지도 모른다. 아니면 르몽라셰 위에 쇼핑센터가 생기고 사람들은 킬리만자로의 샤르도네가 최고라고 말할지도 모른다. 아니면 수천 년이 지나도 르몽라셰가 최고의 포도원 자리를 지킬지도 모른다. 시간이 지나면 알겠지만, 지금 우리는 여전히 르몽라셰 와인을 살 수 있는 로또 상금을 기대하고 있다.

9

와인과 오감

샴페인만큼 우리의 감각을 통째로 끌어당기는 와인은 없다.

잔에 따르면 미세한 거품이 보이고, 귀에 가져다 대면 쉭 소리가 난다.

샴페인 향기는 견과류에서 농익은 배까지, 갓 구운 브리오슈까지 끝없이 이어진다.

작은 기포 방울은 당신의 혓바닥을 간질거린다.

그리고 좋은 샴페인은 당신의 혀의 감각을 몇 번 지근거리다

머뭇거리듯 천천히 사라진다.

와인을 마실 때 느끼는 감각을 샴페인에서 모두 한꺼번에 느끼게 된다.

좋은 탄산 와인은 이탈리아와 캘리포니아뿐만 아니라 전 세계에서 생산되지만,

가끔, 귀가해 좋은 샴페인 한 병을 즐기는 것만큼 좋은 일도 없다.

갈릴레오 갈릴레이는 태양계에서 지구의 위치를 새로운 관점에서 바라보았고, 이로 인한 바티칸과의 갈등으로 가장 잘 알려져 있다. 그러나 갈릴레오는 우주론에 대한 소동이 일어나기 훨씬 이전에 『분석자il sagiatorre』라는 훌륭한 책을 저술했다. 1623년에 출판된 이 책은 과학 전반에 걸쳐 폭넓은 내용을 다루었지만, 주로 시각에 중점을 두었다. 그리고 최근에 과학 역사학자 마르코 피콜리노Marco Picolino와 니컬러스 J. 웨이드Nicholas J. Wade는 갈릴레오의 '지각철학'이 얼마나 혁신적인지 설명했다. 그중에서 피콜리노와 웨이드는 "우리는 생명이 없다면 빛도 색깔도 없다는 것을 분명히 알아야 한다. 특히 고등생물이 생겨나기 이전에는 태양이 빛나고 산이 무너져도 어떤 것도 보이지 않았고 들리지도 않았다"라는 갈릴레오의 주장을 상기시켜 주었다. 행성은 실제로 그 속성이 있지만, 우리가 감각적으로 인식할 수 없다면 행성이 존재하는지 알 수 없다는 것이 갈릴레오의 해석이다. 와인을 "물로 결합된 햇빛"이라고 묘사했고, 자신의 지각철학은 와인에도 적용된다는 사실을 잊지 않았다. 그는 저서 『분석자』에서 "와인의 맛이 좋다면, 객관적으로 그렇다거나 그런 와인이기 때문이거나 혹은 겉보기에 그렇게 보여서가 아니라, 맛을 보는 사람의 감각이 특별하기 때문이다"라고 표현했다.

와인의 맛, 느낌, 모양, 소리, 냄새가 어떤지를 설명하려면 감각작용을 이해해야 한다는 사실을, 우리는 갈릴레오의 통찰력을 통해 알게 되었다. 와인 이벤트에 참석한 사람은 누구나 와인 시음의 다섯 가지 S를 알고 있다. 보기See, 흔들어 보기Swirl, 냄새 맡기Sniff, 한 모금 마시기Sip, 음미하기Savor다. 우리의 오감에서 시각, 후각, 미각 세 가지는 직접 다섯 S에 의해 자극받을 수 있다. 와인과 별로 어울리지 않는 두 가지 감각이 남는다. 바로 청각과 촉각이다. 하지만 청각과 촉각을 무시하면 실수하는 거다. 샴페인 병을 딸 때 나오는 친근한 '뻥' 소리보다 더 흡족한 것은 거의 없다. 그러나 뻥 소리가 신경 쓰이는 소심한 순수파는 사람들의 이목을 끌지 않는 '쉭' 하는 작은 소리를 선호한다. 일반적으로 와인에 대해 입소문으로 알게 된 정보가 감각적인 느낌에도 영향을 준다는 점은 중요하다. 실제로 귀로 전달되는 와인 평가에 수백만 달러 규모의 와인 광고 산업이 의존하고 있다. 그리고 다섯 번째 감각, 촉감은 우리가 와인을 느끼는 데 매우 중요하다. 손가락이 아니라 입과 목에 있는 촉각 센서를 통해서 느낀다. 입에서 와인을 느낄 수 없다면 와인에 대한 경험은 불완전한 것일 것이다.

◆ ◆ ◆

먼저 시각에 관해 시작해 보자. 색깔은 와인을 평가할 때 언제나 중요하다. 포도 껍질에서 만들어지는 색소는 조류를 유혹하도록 진화했을 수 있다. 새는 다른 생물보다 예민한 시각을 가졌기 때문이다. 지구상의 여러 생물체에서 눈의 진화는 20회 넘게 일어났다. 그래서 새의 눈과 우리 눈에는 공통적인 기원이 존재한다. 하나의 기원에서 나왔기 때문에 기능적으로 유사점도 많다는 것이 확실하다. 그렇기 때문에, 생물학적인 측면에서 사람 역시 포도의 다양한 색깔에 끌리는 경향이 있다고 보는 것이 타당하다. 사람은 파란색, 초록색, 노란색보다 붉은색을 더 선호한다고 한다. 우리가 붉은색을 느끼는 방식이 와인을 좋아하게 만드는 역할을 한 것이다.

빛의 연구에는 복잡한 역사가 있다. 어떤 사람들은 빛이 입자라고 생각했고 다른 사람들은 파동이라고 생각했다. 사실, 빛은 파동으로 그리고 입자로 같이 묘사하는 것이 가장 바람직한 방법이다. 그런데 우리가 눈으로 특정한 색을 볼 수 있는 이유는 빛의 파동성 때문이다. 사물이 다른 색으로 보이는 이유는 바로, 우리 눈과 뇌가 원래 빛의 극히 일부분에 불과한 반사광의 파동 스펙트럼에서 미세한 파장 차이를 감지할 수 있기 때문이다. 여러 색의 빛이 파장에 따라 배열된 것이 스펙트럼이다. 가시광선의 스펙트럼은 보라색으로 시작해서 빨간색으로 끝난다. 보라색 파장은 0.4마이크로미터이고 빨간색은 0.7마이크로미터다. 여기서 0.4마이크로미터는 1미터의 40만 분의 1이다. 백색광은 이런 파장이 모두 혼합된 빛이다.

우리는 투과하거나 반사된 빛의 파장을 감지하고, 와인이나 사물이 색을 가진다는 것을 지각할 수 있다. 은은한 백색광은 스펙트럼의 모든 색 - 빨강, 노랑, 초록, 파랑, 인디고, 보라색으로 만들어진다. 어떤 것이 하얗게 보이면, 우리는 실제로 모든 색이 섞여 있는 스펙트럼의 색을 보는 것이다. 스펙트럼의 무지개 색에서 어떤 부분이 흡수 혹은 반사됨에 따라 사물은 다르게 보인다. 예를 들어 흰색 빛을 비추면 적포도는 스펙트럼의 빨간색 쪽 끝부분을 제외한 나머지 모두를 흡수한다. 이에 빨간색이 반사되고, 우리는 빨간색을 보게 된다. 우리가 백포도라고 부르는 것도 마찬가지다. 실제로는 옅은 황록색 포도인데, 녹색과 황색 영역의 빛을 제외한 가시광선 스펙트럼의 나머지 색을 모두 흡수한다.

반사된 파장은 우리 눈 뒤의 망막에 있는 감각세포를 자극한다. 그리고 여기부터 분자 수준의 이야기가 주로 시작된다. 망막은 원추세포와 간상세포(혹은 막대세포)라고 부르는 가늘고 긴 세포들이 빽빽한 옥수수 밭과 비슷하다. 이 세포들은 신경세포에 연결되고, 신경세포는 뇌 후두엽의 일차 시각 영역까지 이어진다. 원추세포와 간상세포는 서로 가까이 배열되어 있지만, 구조는 서로 다르다. 빛의 자극이 없는 상태에서 실에 구슬을 꿴 모양의 단순한 선형 단백질을 가지고 있지만, 두 세포에서 단백질의 종류와 구성은 서로 다르다.

시각을 감지하는 일꾼은 '옵신Opsin'으로 알려진 단백질이다. 옵신 단백질은 일곱 번 박음질한 실처럼 세포막을 가로질러 짜깁기한 듯 고정되어 있다. 세포막 외부에는 옵신 단백질 한쪽 끝이 구형 모양으로 뭉쳐 있고, 다른 쪽 끝은 세포 안으로 들어가 있다. 특정한 파장의 빛에 노출되면, 단백질의 구형 부분에 붙어 있는 특정한 분자가 시스cis라고 불리는 형태에서 트랜스trans라고 불리는 형태로 뒤집힌다. 이 뒤집힘은 믿을 수 없을 정도로 정밀해서, 망막에 부딪친 빛의 파장이 정확하게 일치하면 발생한다. 이런 자극은 세포 내에서 연쇄반응을 일으키고, 전위차를 발생시키고, 신경계를 통해 뇌로 전달된다.

간상세포의 세포막에는 옵신의 변종인 '로돕신'이 존재한다. 로돕신은 망막에 도달하는 약한 빛에도 자극을 받는다. 그래서 로돕신은 야간 시각에 매우 중요한 구성 요소다. 반면에 간상세포로 전달되는 빛은 모두 색 정보 없이 처리된다. 반대로 우리의 원추세포에는 서로 다른 네 종류의 옵신이 각각 따로 들어 있다. 원추세포에 네 가지 종류가 있는 셈이다. 네 종류의 옵신은 긴 파장, 중간 파장, 짧은 파장에 민감한 LWS, MWS, SWS1 및 SWS2로 간략하게 명명된다. 망막의 원추세포 네 종은 특정한 빛의 파장이 눈에 도달했다는 것을 뇌의 특정 부분이 인식하도록 촉발하는 스위치와 같다. LWS 옵신은 빨간색 범위의 빛을 감지하고, MWS 옵신은 녹색 범위의 빛을 감지하며, 두 개의 SWS 옵신은 파란색과 보라색을 감지한다.

조금씩 다른 옵신이 있어 파장이 다른 빛을 감지하기 때문에, 우리는 대부분 미세한 색 변화를 알 수 있다. 여러 파장의 빛을 감지하는 옵신 단백질이 모두 정상적으로 작동해야 한다. 그런데 이 책을 읽고 있는 대부분의 독자 주변에는 적록색맹인 지인이 있을 것이다. 적록색맹은 유럽 혈통의 남성 여덟 명 중 한 명꼴로 나타난다. 이들은 망막에 닿는 붉은색과 녹색을 구별할 수 없다. 따라서 적록색맹은 냄새를 맡지 않고는 잔에 따른 레드와인과 녹색의 '크렘 드 망트creme de menthe'의 색깔 차이를 구별하지 못한다.

옵신 단백질 네 종에서 두 종만 가진 사람은 2색 시각을 갖게 된다. 이들은 두 종의 옵신을 자극하는 파장을 가진 빛만 볼 수 있다. 사실, 사람은 대부분 네 종의 옵신을 모두 가지고 있음에도 3색 시각을 지닌다. 이는 옵신 SWS 중 하나는 빛 흡수가 차단되어 기능하지 못하기 때문이다. 시각 전문가들은 지난 10년 동안 진정한 4색 시각자를 찾아내려고 노력했다. 4색 시각자는 옵신 네 종류가 모두 완전한 기능을 가진 여성일 것으로 추정되며, 136색 크레올라 크레용 상자에 있는 색보다 차원이 다른 풍부한 색상과 색조를 볼 수 있다. 과학자들은 만일 네 번째 원추세포가 기능을 한다면 3색 시각자보다 100배에서 1만 배 더 많은 색깔, 색조, 농담을 구별할 수 있게 해줄 것으로 추정하고 있다.

붉은색 와인에는 안토시아닌이 가득 포함되어 있다. 안토시아닌은 백색광에서 특정 파장의 빛을 흡수하는 화학물질이다. 식물에는 250가지가 넘는 다양한 안토시아닌이 발견되는데, 모두 빛을 흡수하는 물질이다. 안토시아닌은 파장인 약 520나노미터인 빛을 가장 효율적으로 흡수한다. 따라서 녹색과 노란색의 빛은 모두 흡수된다. 그리고 파장이 620나노미터보다 긴 빛은 흡수되지 않고 투과해서 우리 눈에 비친다. 예를 들어, 와인 잔을 통과하는 빛의 파장이 650에서 700나노미터 사이라면 와인은 매우 붉게 보일 것이다.

만약에 우리가 모두 4색 시각자라면 극히 미묘한 색상 차이를 쉽게 알 수 있었을 것이고, 그런 색을 표현하는 복잡한 어휘를 발달시켰을 것이다. 하지만 우리 대부분은 4색 시각자가 아니고, 그런 어휘는 만들어지지 않았다. 그 대신에 와인의 색상과 색조를 측정하는 정밀한 기술적 방법이 발달했다. 와인이 빛을 흡수하는 현상과 관련된 과학은 상당히 발전했고, 와인 생산자도 여기에 관심을 가지기 시작했다.

와인 색상에는 크게 세 가지 요소가 있다. 첫 번째는 빛의 세기다. 와인 색의 짙은 정도를 수치화한 것이다. 세 개의 다른 파장에서 빛을 흡수하는 정도를 통해 간단하게 계산할 수 있다. 와인이 담긴 작은 유리 용기 시료를 분광광도계spectrophotometer[1]에 넣고, 특정 파장의 빛을 와인 시료에 비춰 투과된 빛을 측정한다. 와인에 흡수된 빛은 흡광 화학물질의 예를 들자면 안토시아닌의 농도에 비례한다. 투과시키는 빛은 가시광선 스펙트럼의 세 개 지점에 해당하는 파장 420나노미터의 자외선, 파장 520나노미터의 녹색광, 파장 620나노미터 적색광이다. 와인 색의 강도는 이 세 파장에서의 흡광도의 합이다.

색상Hue은 와인 품질을 시각적으로 평가하는 두 번째 척도다. 기술적으로는 파장 420나노미터에서 측정한 흡광도를 파장 520나노미터에서 흡광도로 나눈 값이다. 이 값은 와인에 녹아 있는 보라색 대 녹색 물질의 비율을 나타내는데, 전문가에게 중요한 항목이다. 와인의 색을 평가하는 데 가장 일반적으로 사용되는 세 번째는 넓은 범위의 색 스펙트럼에서 얻을 수 있는

1 분광광도계는 파장별로 나뉜 단색광에 대해 투과하는 빛의 세기 혹은 흡광도를 측정하는 장치다. 따라서 파장에 따른 흡광 스펙트럼을 분석할 수 있어, 화학 혹은 생물학 실험실에서 빈번하게 사용한다.

흡광 데이터를 모두 사용한다. 이 방법은 색깔의 세 가지 측면을 모두 포함하고 있다. 첫 번째는 그림의 수직축인 L 값으로 나타내는 명도 혹은 광도인데, 와인이 얼마나 희거나(사실은 투명하거나) 검은지를 측정한다. L 값은 0에서 100까지의 척도로 점수가 매겨지며, L이 100에 가까울수록 와인이 더 희고, 0에 가까울수록 더 검어진다. 그림에 표현된 다른 두 축은 a와 b 값으로 알려져 있는데, 여기서 a축은 와인의 적색 또는 녹색(양수 값은 적색, 음수 값은 녹색), b축은 와인의 황색 또는 청색(양수 값은 황색, 음수 값은 청색)을 나타낸다. 이런 방식으로 분광광도계는 모든 것을 볼 수 있는 눈처럼 작용한다. 마치 4색 시각자 여성의 눈과 같다. 그러나 기계는 여성들에게 있을 법한 색에 대한 심미적 반응을 보이지는 않는다.

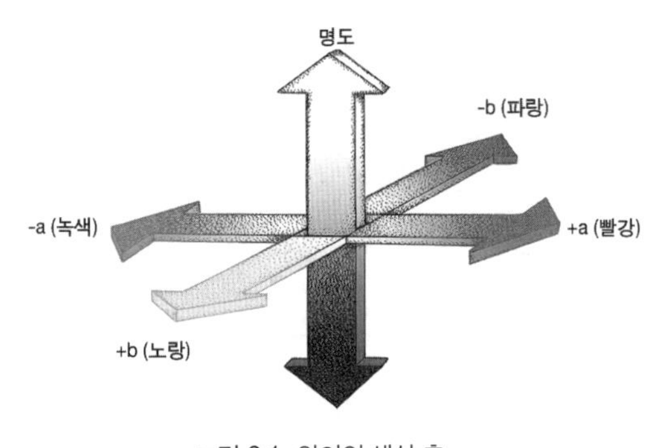

그림 9.1 와인의 색상 축

와인의 색을 그렇게 정확히 알고 싶어 하는 이유는 무엇일까? 몇 가지 이유 중에서 첫 번째는, 와인의 색은 전반적으로 포도 압착과 초기 발효 공정에 크게 영향을 받기 때문이다. 특히 포도 껍질이 포도즙액에 잠겨있는 시간은 와인의 색에 영향을 준다. 동시에 와인의 색은 원하는 성분이 얼마나 효과적으로 추출되었는지 보여준다. 또한 와인의 '풀니스Fullness'나 와인의

'바디body'에 직접적으로 영향을 미친다. 그래서 와인 생산자는 와인의 묵직함이나 가벼운 식감을 알 수 있는 척도로 와인의 색을 사용할 수 있다. 색과 질감이 잘 어울리면 좋은 와인이다.

와인의 색을 보면 품질, 질감, 저장 기간을 가늠할 수 있다. 이런 사실은 오래전부터 와인 생산자도 알고 있었다. 예를 들어 와인 색은 와인에 들어 있는 산이 많거나 적으면 달라진다. 게다가 와인의 색은 언제나 그대로 있는 것이 아니다. 와인을 숙성시키는 동안 와인에 녹아 있는 여러 화학물질과 산이 서로 반응한다. 짙은 붉은색의 레드와인은 시간이 지나면서 대부분 황갈색으로 변해간다. 화이트와인은 색이 짙어지는 경향이 있다. 정말 오래된 와인은 원래 어떤 색이었는지 겉으로 보기만 해서는 알 수 없는 때도 있다. 게다가 와인의 색은 숙성시키는 용기의 영향을 받는다. 오크 통을 사용하여 숙성된 와인은 화학적으로 무척 복잡다단하게 변한다. 색은 물론이고 와인의 향과 맛에도 영향을 준다. 결론적으로 색을 잘 측정하면 와인을 혼합시키는 여러 과정을 잘 제어할 수 있다. 그리고 로제 와인의 생산에 정확한 색 분석은 직접적으로 도움이 되었다.

◆ ◆ ◆

후각은 중요하다. 특히 괜찮은 와인이라면, 후각으로 와인의 특성과 장점을 평가하기 때문이다. 와인 시음자는 와인을 맛보기 전에 언제나 와인 냄새부터 맡는다. 미각은 기본 맛 다섯 가지에 국한되지만, 냄새에 대한 사람의 감각은 복잡하다. 맛보기 전에 먼저 냄새부터 맡으면 와인에서 얻어낼 수 있는 느낌이 훨씬 다양하고 풍성해진다. 와인 시음자는 좋은 와인과 최고의 와인 차이를 바로 구별할 수 있게 된다.

우리 코가 어떻게 냄새 맡는지 자세한 설명을 하기 전에, 먼저 냄새를 맡아 와인을 평가하고 묘사하는 고전적인 방법을 알아보자. 문맥상으로 '아로마Aroma', '부케Bouquet', '오더Odor'라는 세 가지 용어가 자주 등장하는데, 와인과 모두 관련된다. 아로마는 와인의 기본적인 화학 성분 때문에 와인에서 바로 뿜어 나오는 향기를 말한다. 반면에 부케는 발효와 숙성 과정에서 생겨난 향기를 설명하는 데 사용된다. 포도가 와인으로 진화하면서 생겨난 결과물이다. 오더는 바람직하지 않은 냄새를 말하거나, 와인에 뭔가 문제가 있다고 하거나 이에 동의할 때 주로 사용하는 용어다.

와인은 만들어지면서 화학물질투성이가 된다. 당류, 페놀류, 다양한 유기산과 같은 것이다. 그리고 이것들이 서로 반응해 새로운 분자를 만들어낸다. 비록 이러한 화학반응은 주로 발효 초기에 발생하고 아로마의 변화도 동시에 급격하게 발생하지만, 같은 와인에서도 제조 단계별로 와인의 향기는 달라진다. 아마 오더 역시 그럴 것이다. 그리고 아로마의 변화는 발효가 진행될수록 느려진다.

후각은 분자적 감각이다. 분자적 감각은 특정 분자를 탐지할 수 있어야 한다. 와인에 존재하는 분자도 어느 분자와 다르지 않다. 구성 원자가 다를 뿐이다. 원자들이 서로 다르게 배열되어 분자의 특징적인 크기와 형태를 결정하기 때문에, 서로 다르게 보일 뿐이다. 와인 한 잔을 따른다고 상상해 보자. 코르크를 따자마자 분자는 공기 중에 떠다니기 시작한다. 물론 대부분 분자는 잔에 따른 와인의 표면에 머물게 된다. 공기 중에는 수십 억 개의 분자가 있고 종류는 수백 가지다. 이들은 주로 알코올, '페놀'류, '에스터'류 분자다. 대부분 휘발성이 있어서 증발하고 공기 중에 날아다닌다. 반면에 어떤 분자들은 액체 속에 머물러 있다. 그래서 유리잔을 소용돌이치듯 흔들어서 방출시켜야 한다. 이때쯤 우리의 코는 와인을 구성하는 분자가 한

둘이 아니라는 것을 받아들이게 된다. 와인 잔 속의 공기는 완성된 그림으로 조립되기를 기다리는 지그소 퍼즐 조각 상자와 여러 가지로 비슷하다. 퍼즐 맞추기는 코에서 시작되는데, 분자의 종류와 상대적인 양을 빠르게 분류하고, 이 정보는 뇌에서 빠르고 효율적으로 분석된다.

그렇다면 어떻게 한다는 것인가? 거울 앞으로 가서 고개를 약간 위로 젖히고 코를 들여다보라. 약간의 빛만 있으면 코의 안쪽 면을 볼 수 있다. 다른 말로는 비강 상피라고 알려진 곳이다. 만약 현미경 수준으로 확대할 수 있다면, 섬모라고 알려진 작은 털로 덮여 있는 것을 볼 수 있을 것이다. 섬모는 0.06밀리미터 두께의 얇은 점액 속에서 요동치고 있고, 와인에서 퍼져나온 화학물질은 대부분 점액층에 녹아 들어간다. 섬모는 화학물질을 빠르게 낚아챈다. 일단 섬모 표면의 세포가 화학물질과 접촉하면, 비록 완전히 밝혀져 있지 않지만 눈에서 일어나는 것과 대체로 유사한 연쇄반응이 일어난다.

냄새 연구에는 서로 의견을 달리하는 두 학파가 있다. 첫 번째는 열쇠와 자물쇠 메커니즘이 코에서 작동한다고 생각한다. 냄새 수용체 단백질이 섬모세포의 세포막에 박혀 있고, 화학물질은 섬모세포에 접촉한다. 마치 망막의 옵신 단백질처럼 냄새 수용체들의 일부가 세포 밖으로 튀어나온 것이다. 화학물질은 딱 맞는 열쇠 구멍을 가진 냄새 수용체에 접촉하는 방식으로 수용체 단백질에 결합한다. 화학물질이 결합하면 수용체 단백질은 구조가 변형된다. 변형된 수용체는 섬모세포에서 연쇄적인 반응을 유도해 전위차를 발생시키고, 이 전기신호는 뇌의 후각구Olfactory bulb라고 불리는 부분에 가깝게 전달된다. 후각구 내부의 신경망은 원래의 화합물이 나타내는 냄새 종류를 해석한다. 시각과 마찬가지로 후각도 우리의 뇌를 자극하는 것이다.

두 번째 가능성은 생물물리학자 루카 투린Luca Turin이 현재 주도하고 있다. '투린'은 우리가 냄새를 맡을 수 있는 것은 화학물질이 진동하기 때문이라고 주장한다. 자물쇠의 열쇠 메커니즘이 아니라, 화학물질에 따라 진동하는 방식이 다르기 때문이라고 한다. 분자의 진동은 냄새 물질의 전자를 섬모의 세포 표면에 있는 수용체로 전달하게 하고, 이에 대응해 수용체는 연쇄적인 반응을 일으키고 결국 우리의 후각구에서 감지되도록 한다.

어떤 메커니즘이 옳은지 간에, 코의 냄새 수용체에 충돌하는 무수히 많은 냄새 분자들을 구별할 수 있는 능력은 엄청나게 다양한 수용체가 있어야 가능하다. 시각에는 단지 네 가지 종류의 원추세포만 있을 뿐이다. 그러나 인간의 유전체는 약 900개의 냄새 수용체 유전자를 가지고 있는데, 비강에는 각각 다른 냄새 수용체를 지닌 섬모가 수백 종이 발견된다. 그리고 이것이 바로 와인이 뿜어내는 수백 가지 화합물이 만드는 상상하기 어려울 정도로 많은 경우의 수를 우리 코가 구분하는 이유다.

◆ ◆ ◆

코미디언 조지 칼린George Carlin이 말했던 "아침 시리얼과 어울리는 와인은 어떤 건가?"라는 질문은 그저 흥미를 끄기 위한 말이 아닐 수도 있다. 실제로 사람들은 어떤 음식이 어떤 와인과 가장 잘 어울리는지 고민하는 데 많은 시간을 보낸다. 사실 하찮은 걱정거리는 아니다. 와인의 맛은 다른 물질과 어울릴수록 더 미뢰의 관심을 끌기 때문이다.

미뢰의 관심을 끄는 과정은 혀에서 시작된다. 괜찮은 짙은 레드와인 한 잔을 준비하자. 예를 들어 최근 생산된 카베르네 소비뇽이면 좋다. 한 입 들이켜 와인으로 혀를 씻기고 거울을 들여다보자. 당신의 혀는 작은 보라색

그림 9.2 미각 수용체가 있는 혀의 거친 표면을 보여주는 그림
초기의 혀의 맛 수용체 이론 중 하나는 다섯 가지 맛 중 네 가지 맛에 대한 수용체가 혀의 특정 부위에 존재한다는 것을 시사했다. 하지만 이 이론은 철회되었다.

버섯이나 작은 보라색 말뚝 덩어리들이 있는 벌판을 닮았을 것이다. 이 말뚝들은 곰팡이형 돌기라고 불리는데, 맨눈으로는 구분할 수 없지만 모두 같은 모양은 아니다. 돌기의 표면에는 50에서 150개의 맛 세포로 이루어진 미뢰가 파묻혀 있다. 돌기의 표면에 미공이라 부르는 작은 홈이 있고, 여기에 모인 맛 세포의 끝이 외부에 노출된다. 우리가 입안에 넣은 물질에서 떨어져 나온 분자는 미공에 노출된 미세한 털과 접촉한다. 맛 세포의 '미세 융모 microvilli'라고 부르는 미세한 털의 끝에는 실제로 맛을 감지하는 미각 수용체 단백질이 붙어 있다.

미각 수용체 종류는 후각 수용체보다 적다. 미각에는 크게 짠맛, 단맛, 쓴맛, 우마미[2], 신맛의 다섯 가지 종류가 있다. 쓴맛, 단맛, 우마미는 일반적으로 냄새와 같은 방법으로 감지된다. 따라서 쓴맛이나 단맛이 나는 음식에서는 그런 맛을 내는 분자가 나온다. 입속에 들어온 음식에서 흩어져 나온 작은 분자는 미세 융모에 있는 맛 수용체에 작용한다. 수용체는 세포 내부의 연쇄반응을 일으키고, 연쇄반응은 전기 자극으로 바뀐다. 수용체 세포에서 시작된 자극은 신경세포를 통해 결국 뇌로 전달된다. 반면에 짠맛과 신맛은 다른 방식으로 작동한다. 짠맛과 신맛 분자는 수용체 단백질과 결합하는 대신, 특정 세포막 단백질을 통과한다. 결국 신경 세포막의 전하를 띠는 이온 농도를 변화시키고, 세포막에 가해지는 전위를 변화시킨다. 단맛, 우마미, 쓴맛에서 유래한 전기 자극이 그렇듯이 짠맛, 신맛의 전기 자극도 뇌로 보내져서 맛이라고 해석된다.

얼마 전까지만 해도, 혀에는 맛을 느끼는 위치가 각각 구분되어 있다고 생각했다. 혀의 뒷부분은 쓴맛을 감지하고, 혀 중간의 옆쪽은 신맛을, 혀끝의 양쪽 가장자리는 짠맛을, 그리고 혀끝 부분은 단맛을 느낀다고 믿었다. 지금은 그 근거에 의심을 받는, 혀에 맛의 영역이 따로 존재한다는 원리에 따라, 일부 와인 잔 생산자는 모양을 재설계해 유리잔을 만들었다. 잔의 모양을 다르게 하면 혀나 입의 특정 위치에 액체를 보내고, 그 결과로 특별한 맛을 느끼게 된다고 주장한다. 그래서 제조업체들은, 예를 들어 샤르도네나 혹은 카베르네용으로 특별하게 디자인된, 자사 제품 잔으로 와인을 마시면 맛이 좋아진다고 선전했다. 어떤 회사에서는 자사 제품 가운데 와인을 혀의 가운데로 보내는 잔도 있고, 혀끝에 전달하는 잔이 있다고 주장했다. 이에 따른 권장 사항으로 첫 번째 잔은 보통 산도의 와인에 사용하고, 두 번

2 우마미는 실제로 단맛 미각 수용체에 의해 감지된다. 일본의 '아지노 모도'가 잘나가던 시절에 조미료 마케팅의 수단으로 연구비를 뿌리고 홍보한 결과로 의심된다. 단백질의 구조 측면에서 맛 수용체는 단맛, 쓴맛, 신맛, 짠맛 수용체, 이 네 가지로 구분될 수 있을 뿐이다.

째 잔은 산도가 높은 와인에 사용할 것을 추천했다.

이런 주장이 얼마간 사실일 수 있다. 그러나 이와 같은 주장이 의심을 받게 된 두 가지 사실이 알려졌다. 첫 번째는 분자 수준에서 미각 수용체를 분석하게 되면서 혀가 미각 영역으로 분할되어 있다는 개념이 틀렸다는 것이 드러났다. 혀에 있는 곰팡이형 돌기에는 혀에서의 위치와 관계없이 다섯 가지 다른 맛을 감지하는 각각의 맛 세포가 골고루 분포했다. 음식이나 음료가 혀의 어느 부분을 자극하는지 뇌는 상관하지 않는다. 두 번째 제5의 맛이라는 우마미도 미각 영역이 나뉘어 있다는 편견을 깨뜨렸다. '글루타메이트'라는 작은 분자에서 느껴지는 맛이 우마미이다. 와인에도 글루타메이트는 있지만, 혀에서 우마미를 감지하는 미각 영역은 따로 존재하지 않는다.

와인의 맛과 스타일에 음식을 잘 어울리게 만드는 일은 이제는 큰 사업이 되었다. 그런데 음식과 와인을 매칭하는 기본적인 규칙은 이미 수십 년 전부터 있었었다. 첫 번째는 와인을 마실 때 마늘, 향신료, 식초, 생과일을 함께 먹지 말라는 것이다. 이런 음식은 와인의 미묘한 맛을 압도하는 경향이 있다. 맛에 대한 감각은 입속의 맛 수용체를 통해 뇌로 전달된다는 것을 생각해 보면 금지하는 이유를 이해할 수 있다. 마늘, 향신료, 식초, 생과일에 있는 분자는 모두 빠르고 강력하게 혀의 맛 수용체에 결합하기 때문이다. 결과적으로 와인의 맛을 느낄 수 있는 맛 수용체는 거의 남아 있지 않게 된다. 냄새가 지독한 블루치즈나 지방질의 푸아그라와 같이 자극이 강하거나 기름진 음식에도 비슷한 규칙이 적용된다. 두 번째 규칙을 따르자면 이런 음식에 맞는 와인은 신중하게 골라야 하는데, 치즈에는 포르투갈의 '포트Port' 와인이, 그리고 푸아그라에는 보르도 '소테른Sauternes'의 귀부 와인처럼 달콤한 와인이 추천된다. 세 번째, 화이트와인은 붉은 고기와 같이 마시지 말고, 레드와인은 생선과 함께 마시지 말라는 것이다. 마지막 금지 규칙은 오래가지 못했다. 요즘에는 요리사가 레드와인으로 가자미를 절이는 것을 이상하게 생각하지 않는다. 얼마든지 생각하기 나름이다. 음식에 잘 어울리는 섬세한 풍미와 질감을 가지는 와인을 고르는 것이 기본적으로 어려울 뿐이다.

그래서 실제로 시도해 보면 음식과 와인의 맛을 서로 상승시키는 최고의 조합을 찾아낼 수 있다. 그리고 다섯 가지 기본적인 미각 수용체와 이것들을 자극하는 방법을 기억한다면, 즐겁게 적절한 조합을 찾는 길을 발견하게 될 것이다. 예를 들자면, 만약 여러분이 짠 음식을 먹는다면, 여러분은 소금 수용체를 자극하는 와인을 멀리하고 싶을지도 모른다. 하지만 짠 음식을 먹은 다음에 달콤한 와인을 마시면, 평소보다 단맛이 난다는 것도 기억해 보자. 왜냐하면 짠 음식은 여러분의 짠맛 수용체를 대부분 차단한다. 혀에서는 단맛 분자는 감지하더라도 포도주 속의 소금을 무시할 것이기 때문이다. 비어 있는 맛 수용체는 모두 단맛을 감지하고, 그래서 아무것도 없는 상태에서 맛을 느끼기 시작할 때보다, 단맛이 훨씬 더 강하게 드러날 것이다. 반면에 단 음식을 먹을 때는 신맛이 두드러지고 질감이 강한 와인이 제일 좋다. 최근 수십 년 동안 요리사들은 독창적으로 와인과 음식 조합을 시도해 왔지만, 우리가 인식하든 아니든 간에, 성공적인 와인 페어링은 눈에는 보이지 않은 미각 수용기의 화학작용에 달려 있다.

◆ ◆ ◆

와인 잔 모양에 따라 액체가 혀로 흐르는 방향이 조절된다고 하지만, 와인 맛도 크게 달라지는지 분명하지 않다. 그러나 와인 잔의 모양을 다르게 만드는 이유는 혀의 특정 부위에서 맛을 느끼게 하려는 목적이 전부는 아니다. 심지어 우리끼리 그냥 비교 테스트를 해봐도, 이런 유리잔에서 더 좋은 느낌을 받게 될 것이다.

와인 잔의 특성 중에서 유리 두께가 가장 중요하다. 와인을 마시고 즐기는 과정에서 촉감의 중요성을 분명하게 보여주기 때문이다. 두껍고, 들쑥날쑥하고, 뭉뚝한 테두리는 와인의 맛을 무디게 한다. 고급 조각이 새겨진 커트 글라스이라 하더라도 테두리가 둔하다면 마찬가지다. 반면에 얇고 깨끗하게 마무리된 테두리는 다른 어디에서도 경험하지 못했던 세밀한 촉감을 느끼게 해준다.

그리고 와인 잔에서 볼bowl의 크기 역시 중요하다. 와인을 시음하려면, 맛을 보는 것만 아니라 향기도 맡아야 한다. 유리잔에 담긴 와인은 향기 분자와 휘발성 분자를 방출할 공간이 필요하다. 여기서 분자들이 산화되고 퍼져 나가고, 후각 수용체를 자극하게 된다. 특히 레드와인 잔은 크기가 클수록 그 이상의 효과가 있다. 그래서 와인 잔은 기화되는 분자를 가두고 농축시켜 코로 감상을 할 수 있는 모양으로 만들어야 한다. 풍선 모양의 거대한 레드와인 잔은 주로 호화판 와인 시음회에 참석하는 사람들이 좋아한다. 이런 거대한 잔을 사용해야 하는지 아니면 품종에 따라 크기와 모양이 다른 잔으로 와인을 음미해야 하는지는 여전히 논란거리다.

그러나 프랑스 국립 원산지명 및 품질 연구소의 $7\frac{1}{4}$ 온스(215ml)의 공식 유리잔 같은 아담한 와인 잔을 사용하면 시음장에서 버려지는 와인을 줄일 수 있고, 공평한 경쟁이 가능하다고 할 수 있다. 그러나 공식 유리잔은 와인에서 모든 것을 끌어낼 수 있을 정도의 크기는 아니라는 것이다. 더 좋은 선택은 비슷한 모양의 12온스(350ml)의 크고 얇은 크리스털 잔이다. 어떤 와인을 마셔도 무방하고, 제조업체도 많고 비교적 저렴하게 살 수 있다. 레드

와인은 아가리가 넓은 큰 잔으로 마셔야 한다고 주장하는 사람도 있다. 감각기관의 구조에는 개인차가 있으므로, 우리는 시행착오를 통해 어떤 잔이 혹은 어떤 종류가 적합한지 찾아낼 수 있다. 다행스럽게도 고를 수 있는 유리잔의 종류는 많다.

어떤 종류의 와인에는 분명히 특별한 모양의 잔이 필요하다. 스파클링와인이 그렇다. 과거에 사용하던 넘쳐흐르기 쉬운 뚜껑 없는 고블릿goblet 잔은 지난 수십 년 동안 거의 사라졌다. 마리 앙투아네트의 가슴을 모델로 했다는데, 고블릿 잔에서는 샴페인이나 스파클링와인의 거품은 빨리 사라져 버린다. 어색한 고블릿 잔 이후에는 길고 폭이 좁은 플루트 잔이 등장했다. 플루트 잔은 거품이 솟아오르는 것을 보여주고, 또 한참 동안 거품이 그대로 남아 있기 때문에, 시각적으로 만족감을 극대화해 준다. 플루트 잔은 우아하고 날렵하지만, 사람들은 여전히 단점을 지적한다. 플루트 잔의 폭이 너무 좁으면 스파클링와인의 향은 무뎌지고, 산미는 강해진다고 한다. 그래서 아가리가 약간 크고 몸통이 굵은 튤립 플루트 잔을 옹호하는 전문가도 있다. 필자들은 아래 기둥은 움푹하고 폭이 넓은 플루트 잔을 가장 좋아한다. 바닥에서 올라오는 기포를 오랫동안 즐기게 해주기 때문이다.

제라르 리제벨레르Gérard Liger-Belair가 저술한 『코르크를 열다: 샴페인의 과학Uncorked: the science od champagne』에 의하면, 샴페인의 기포는 유리 표면에 미세한 흠집이 있어야 만들어진다. 압력을 받아 녹아 있는 탄산가스가 기포로 만들어지려면 유리잔에 흠집의 크기가 적어도 0.2마이크로미터 이상이어야 한다. 그런데 최근 기술의 발전으로 유리 자체의 표면 흠집의 크기는 이보다 더 작아졌다. 플루트 잔이 완벽하게 깨끗하다면 이론적으로 샴페인에 거품이 한 방울도 생기지 않을 것이다. 탄산가스는 잔의 바닥에서 시작하는 매력적인 기포 행진을 벌이지 않고, 모두 액체 표면에서 바로 대기 중으로 사라질 것이다. 미세한 흠집은 있어야 한다.

◆ ◆ ◆

감각에 대해 생각하다 보면, 우리는 뇌로 다가가게 된다. 뇌는 모든 감각 정보가 처리되고 합성되는 매우 복잡한 기관이다. 우리는 감각만으로 맛을 알 수 없고, 생각으로 맛을 느낀다. 그리고 생각은 언제나 많은 영향을 받는다. 심지어 영향을 받았다는 사실을 인식하지 못하는 때도 많다. 감각이나 상식은 쉽게 왜곡될 수 있다. 우리가 마시는 와인에 대해 알고 있거나 알고 있다고 생각하는 데서 비롯되는 여러 가지 외부적 요인 때문이다. 여러 상품 중에서 가성비가 좋은 것을 선택하려고 와인을 평가할 때처럼, 복잡한 조건에서 우리 마음이 어떻게 움직이는지 알아내는 것은 신경경제학의 범주에 속한다.

신경경제학에서는, 예를 들어 소비자 선호도와 와인 가격 사이의 관계를 연구하려 한다면, 일반적으로 은폐 실험을 사용한다. 은폐 실험은 피실험자에게 실험 변수를 알려주지 않는 방법이다. 최근에 스톡홀름 경제학과와 예일 대학교의 연구원들은 와인 선호도와 가격의 상관관계에 관한 이중 은폐 실험double blind[3]을 진행했다. 이중 은폐 실험에서는 피실험자와 이들을 상대하는 실험 진행자 모두에게 실험 변수에 관해 알려주지 않는다. 6000명이 넘는 피실험자 표본에는 와인 전문가, 가끔 와인 마시는 사람, 초보자가 포함되었다. 실험은 간단했다. 피실험자들은 몇 종류의 와인을 맛보고

---

3 이중 은폐는 실험 진행자나 피실험자에게 실험 변수에 관한 내용을 알려주지 않는 것을 말한다. 실험자나 피실험자의 편향이나 주관의 개입을 배제하여 결과를 왜곡할 가능성을 줄이는 실험 기업이다. 이중 맹검 혹은 더블 블라인드라고도 불린다.

표 9.1 캘리포니아 공과대학교의 신경경제학 실험의 가격 자료

실험 와인	가격	피실험자에게 알려준 가격
1	$90	$90
2	$90	$10
3	$35	$35
4	$5	$5
5	$5	$45

'나쁘다', '보통이다', '좋다', '최고다'로 평가했다. 와인은 가격이 1.65달러부터 150달러까지 다양했지만, 물론 피실험자와 실험자에게 가격은 알려주지 않는다. 각각의 와인에 대한 반응은 표로 작성했고, 통계분석을 적용했다. 일반적으로 와인을 구매하는 보통 사람들은 이 실험이 가격과 품질이 상관관계가 있다는 것을 보여주기를 바랄 것이다. 그러나 세상은 그렇게 단순하지 않다. 와인의 가격과 선호 등급에서 전체적으로 상관관계는 낮거나, 상관관계가 없는 것으로 나타났다. 일반적으로 비싼 와인을 약간 덜 좋아한다는 사실이 연구 결과로 나타났다.

이러한 상관관계는 캘리포니아 공과대학교의 연구원들에 의해 더 깊이 탐구되었다. 와인 선호도의 변화뿐만 아니라 가격을 같이 고려할 때, 뇌의 어느 부위에서 와인 선호도가 조절되는지 조사하는 실험을 시작했다. 뇌에서 그 위치를 알아냈다. 기능적 자기공명영상fMRI이라고 알려진 기술을 사용했다. 이 기술을 사용해 맛을 느끼는 것을 확인하려면 피험자는 계속 가만히 누워 있어야 한다는 것이다. 그래서 연구원들은 피험자에게 와인을 공급하는 펌프와 튜브 장치를 고안해야 했다. 그리고 와인의 가격이 맛에 대한 인식에 영향을 미치는지 아닌지를 파악하기 위한 당황스러운 질문이 던져졌다.

연구원들은 먼저 여러 포도밭에서 생산된 카베르네 소비뇽 와인 3종을 구매했다. 제일 비싼 것은 90달러, 중간은 35달러, 가장 저렴한 와인은 5달러였다. 피시험자는 모두 레드와인을 좋아하고, 때때로 마시며, 알코올 중독이 아닌 21세에서 30세 사이의 젊은 남성들이었다. 연구원들은 fMRI 장치에 피시험자를 눕히고 와인 공급 호스를 연결한 후에 다섯 가지 종류의 카베르네 소비뇽을 맛보게 될 것이라 말해주었다. 그리고 표에 적힌 명목 가격을 말해준 다음, 피실험자들의 입으로 일정 시간 동안 미리 정해진 순서대로 준비된 실험용 와인을 주입했다. 이어서 와인 5종에 대한 선호도를 알아내도록 설계된 질문이 계속되었다. 와인을 선택하는 데 가격이 큰 요인이라는 것을 이 실험에서 확인했다. 하지만 더 중요한 발견은 와인을 선택하는 동안 피실험자들 모두 뇌의 중심 전두엽 피질이라고 불리는 부위에서 과민반응을 보였다는 사실이다. 와인을 선택할 때 돈이 관련되어 있으면 우리는 모두 뇌에서 같은 부위를 사용하는 것으로 생각된다.

이 실험에서 피실험자들의 와인 선호도는 실험용 와인의 가격이 얼마라고 생각하는 것에 크게 영향을 받았다. 그리고 뇌의 특정 부분에서 이러한 방식의 계산이 처리된다는 것을 분명하게 보여주었다. 이런 연구는 이제 시작이다. 이 실험에서 피실험자들은 상대적으로 젊고 와인 시음에는 경험이 적다. 그래서 와인 전문가에게도 와인의 가격이 이러한 방식으로 영향을 주는지 궁금할 수 있다. 와인 전문가를 대상으로 fMRI 장치를 사용하는 연구는 아직 수행된 적이 없다. 그러나 여러 문헌에 따르면, 와인에 대한 사전 지식은 사람들이 와인을 평가하는 데 중요한 요소다.

심리학자 안토니아 만토나키스Antonia Mantonakis와 동료들은 와인에 대한 선입견을 다른 관점으로 바라보았다. 연구원들은 와인을 맛보는 실험을 하기 전에 미리 피실험자에게 선입견을 심어주었다. 이전에 마셨던 와인이 '좋았다'거나 '질러버렸다'는 암시였다. 실험 대상자가 과거의 음주 경험을 실제로 기억하는지는 실험과 무관했다. 사실 와인을 마시다 보면 사람들은 모두 언젠가는 두 가지 종류의 경험을 하기 때문이다. 중요한 점은 피실험자들에게 처음에 제공된 암시였다. 그리고 결과는 예상대로였다. 와인의 등급을 평가할 때 긍정적인 암시를 받은 사람들은 부정적인 암시를 받은 사람들보다 더 많이 영향을 받았다. 외부 요인이 와인 시음자의 반응에 영향을 주었다는 점은 분명하다. 연구원들이 논리적으로 내린 결론은 만약 와인 판매자가 고객의 개인적인 와인 경험을 자극하려면, 가능한 한 와인과 연관된 가장 기분 좋았던 것을 회상하도록 해야 한다는 것이다.

신경경제학자는 과거부터 경험적으로 또한 실험을 통해 알게 된 사실을 증명할 수 있었다. 와인병 속의 내용물뿐만 아니라 병 바깥의 라벨에서 보이는 것도 우리 생각에 영향을 준다는 것이다. 바르셀로나와 파리 연구팀은 은폐 실험을 통해 라벨의 모양과 색상이 와인 선호도에 미치는 영향을 평가했다. 소비자의 선택에는 라벨의 모양과 색상 모두 중요했지만, 색상보다 라벨의 모양이나 인쇄 형태가 더 중요했다. 가장 좋은 라벨은 직사각형 또는 육각형 무늬를 가진 갈색, 노란색, 검은색 또는 녹색 혹은 이들을 조합한 것이었다. 라벨에서 가격을 추정할 수 있기에, 실험 결과에 영향을 미쳤다는 의문이 생길 수 있다. 그러나 가격과 라벨 선호도 사이에는 상관관계가 없다는 것을 확인했기 때문에, 연구자들은 이 실험 결과를 신뢰할 수 있다고 결론 내렸다.

와인에 대한 일반적인 지식이 풍부하면, 어떤 특정 와인을 파악하는 데 영향을 줄까? 그리고 고급 와인은 이름값을 할까? 두 번째 질문에 답하려면 엄청난 비용이 필요할 것이다. 그래서 연구원들은 첫 번째 질문을 평가하기 위해 와인 전문가, 와인을 좀 아는 애호가, 초보자를 모집했다. 그리고 그들이 시음하기 전에 특정 '진판델Zinfandel' 품종의 와인에 대한 광고 캠페인을 보여주었다. 실험 변수는 외부 전문가가 평가한 와인의 품질과 피실험자의 선호도였다. 와인 전문가들은 어떤 경우에도 가짜 광고 캠페인에 흔들리지 않았다. 반면에 초보자들은 광고에 영향을 받아 와인을 골랐다. 그런데 와인을 좀 안다는 와인 애호가들의 반응이 가장 흥미로웠다. 광고 캠페인과 알고 있는 와인 지식을 고려한 후에 판단을 내리도록 하면, 전문가들과 같은 와인을 선택했다. 다소 와인 지식이 있는 피실험자들도 고민할 시간이 주어지면, 와인의 품질에 따라 그들의 선호도를 정할 수 있었다. 그러나 서두르거나 생각할 시간을 주지 않으면, 그들도 초보자들과 같은 결과를 얻었다.

연구원들은 초기 연구 결과에 기초해 와인 초보자를 대상으로 같은 실험을 반복했다. 이번에는 피실험자들이 와인을 시음하기 전에 25분 동안 와인과 와인의 품질에 대해 교육했다. 초보자들도 와인을 좀 안다는 애호가 그룹의 첫 번째 실험과 같은 결과를 얻었다. 이 경우에도 마찬가지로, 피실험자들이 교육 시간에 배운 것을 생각하게 하는 것이 와인의 품질을 정확하게 판단하는 데 중요했다.

한편, 이와 같은 연구를 통해 광고주들은 우리가 와인을 고르는 데 영향을 주는 것이 무엇인지 잘 파악하게 된다는 사실이다. 그리고 사람들이 그들의 제품을 구매하도록 영향력을 행사할 수 있는 더 교묘한 방법을 찾을 것이다. 그래서 소비자는 보호받아야 한다. 와인을 경험하는 데 영향을 주는 여러 요소가 있는데, 그중에는 타당하지 않게 보이는 것도 있기 때문이다. 예를 들자면, 만토나키스와 그의 동료 브라이언 갈리피Bryan Galiffi는 발음하기 어려운 이름을 붙인 와인 양조장의 제품을 상당히 선호하는 경향이 있다는 것을 보여주었다. 그러나 좋은 와인의 구성 요소가 무엇인지 스스로 공부하고, 새로운 와인을 맛볼 때마다 이런 지식을 기준으로 삼는다면, 우리는 와인의 품질을 정확히 판단할 수 있게 될 것이다.

와인을 한 모금 삼킬 때쯤이면, 당신의 오감은 모두 사로잡혔을 것이다. 사실, 최고의 와인은 이전에 경험한 적 없는 가장 풍부하고 고차원적인 감각적 경험을 제공한다. 다만 유감스럽게도 가장 비용이 많이 드는 경험이 될 것이다. 실제로 우리가 와인의 색깔, 선명도, 맛·코·입의 느낌을 점수로 매기거나 묘사할 수 있더라도 최종 제품은 불가피하게 단 하나의 숫자, 즉 가격으로 압축될 수 있다. 기대치는 가격에 따라 같이 움직이지만, 와인 품질이 반드시 가격과 일치하는 것은 아니다. 와인 시장은 혼란스러운 시장이다. 따라서 와인 생산뿐만 아니라 와인의 소비를 도와주는 감각적 평가를 전문으로 하는 직업군의 등장은 당연한 일이다.

한때 최고의 와인 비평가는 영국인이었다. 그들은 대체로 와인을 인생의 총체적 경험의 일부로 찬미하는 미학자들이었다. 그들은 자신들이 평가하는 와인을 비교적 추상적이고 스타일적인 용어를 사용하는 경향이 있었다. 주로 귀족적이고, 담백하고, 절제되고, 관능적이라고 묘사했다. 나중에는 보통 1위에서 5위까지 상을 수여함으로써 스타급 와인의 순위를 매기기 시작했다. 점차 와인 전문가들이 모이면서 1위에서 20위까지 등급이 도입되었다. 이러한 순위는 앞서 설명한 1855년 보르도 분류와 거의 비슷했다. 이와 같은 순위 매김은 기존 질서를 확고하게 만드는 경향이 있다.

그리고 로버트 파커Robert Parker가 이끄는 미국인들이 등장했다. 변호사 교육을 받은 파커는 와인 뉴스레터를 발간하면서 세계에서 가장 영향력 있는 와인 평론가로서 경력을 시작했고, 1982년 보르도 와인이 최고의 빈티지라고 최초로 홍보하면서 경쟁자들을 제치고 유명해졌다. 이런 성공 이후, 그가 발행하는 뉴스레터 ≪와인 옹호자Wine advocate≫는 와인 무역 분야에서 널리 유포되기 시작했다.

파커는 영국인처럼 자신이 순위를 매긴 와인을 상세히 묘사했다. 그러나 색다른 어휘를 사용했다. 스타일에 관한 표현은 줄이고, 와인이 혀의 미뢰를 직접 자극하는 것과 관련된 단어를 사용했다. 갑자기 와인에서 잼이나 가죽 같다거나 허브, 올리브, 체리, 시가 박스 맛이 나게 되었다. 그러나 와인을 50에서 100까지 등급으로 평가하는 것이 파커 방식에서 핵심이었다. 독자들이 고등학교에서 학업 성과에 대해 평가를 받았던 것과 똑같은 방식이다. 어떤 와인도 50점 이하를 받을 수 없고, 50에서 60점 사이의 와인은 거의 언급하지도 않았다. 점수가 70에서 79 사이인 와인은 그저 평균 정도였다. 의미 있게 관심을 끌기 위해서는 점수는 80을 넘어야 했다. 이것이 바로 파커의 독자들 모두가 알 수 있는 와인의 등급이었다. 비록 이것을 비난하는 사람들은 세밀한 눈금이 그려진 자같이 터무니없다고 욕했지만, 파커는 매우 탁월한 미각의 소유자였고, 맛을 보자마자 좋은 와인인지 혹은 관심을 끌 와인인지 바로 알아내었다는 사실에는 의심의 여지가 없다. 게다가 파커는 뉴스레터를 만들었을 당시에 의도적으로 상업적인 후원을 피했다. 그리고 비용을 지불하고 와인을 시음했다. 그런데 ≪와인 스펙테이터 Wine Spectator≫는 다르다. 신문 용지에 인쇄되던 얇은 잡지로 출발했지만, 지금은 고급 광택지에 사진을 싣는 유명 잡지와 출판 가치 측면에서 경쟁하고 있다. 주로 중상위 와인 시장에 집중해 생산량이 많은 와인을 엄청나게 광고하기 때문이다. ≪와인 스펙테이터≫는 파커의 50~100스케일을 사용하는데, 75점 이상의 와인만을 추천한다. 그러나 ≪와인 옹호자≫의 방식과 다르게 ≪와인 스펙테이터≫에서는 위원회가 와인을 평가한다. 위원회를 주도하는 시음자가 와인 세계에서 유명인이 되기 전까지는, 점수의 평균이 사용되었다.

숫자로 표시되는 점수는 와인 등급이 공평하고 객관적이라는 분위기를 풍긴다. 그러나 파커도, ≪와인 스펙테이터≫의 편집자들도 인간이기 때문에 여전히 자신들의 취향에 끌리는 존재다. 더구나 다양한 와인을 이런 방식으로 순위를 매기는 것은, 마치 파란색과 노란색을 같은 잣대로 평가하도록 요구하는 것과 다를 바가 없다. 평가 자체는 가능하다. 색깔의 점수는 단순히 평가자가 어떤 색을 선호하는가에 전적으로 달려 있기 때문이다. 대부분 훌륭한 와인 혹은 더 좋은 와인이 무엇인지 알지만, 여전히 점수 몇 점 차이는 많은 사람에게 중요한 의미가 있다.

그래서 사람들은 파커 점수는 바로 받아들였다. 어떤 와인을 좋아해야 할지 혹은 아닐지 마음을 결정하게 하는, 와인 비평가의 서정적인 묘사를 더 이상 해독할 필요가 없기 때문이다. 간단하게 파커가 90점 이상이라고 평가한 와인만 고르면 되었다. 결국 파커가 선호하는 와인에 대한 수요는 매우 증가했다. 따라서 와인 가격도 상승했다.

와인 애호가들이 재정적으로 감당할 수 없을 정도로 가격이 치솟았다. 누군가 와인 판매상에게 불쾌하게 한마디 건넸다. 파커가 주도한 가격 인상 때문에 아마 이익이 늘어서 좋겠다는 것이었다. 상인은 전혀 그렇지 않다고 대답했다. 파커가 90점 이상 주면 살 수가 없고, 파커가 점수를 적게 주면 팔 수 없기 때문이란다. 이런 일은 점수의 세계에서, 저녁 회식에서 부자인 손님이 자신은 가장 최고의 와인만 마신다고 떠벌리는 것만큼 슬픈 일이다. 다른 것을 마시기에는 인생이 너무 짧다고도 말했다. 알고 보니 그가 주장하는 가장 최고라는 것은 사실은 그냥 점수가 높거나 상당히 비싼 와인이었다. 와인을 마실 때 가장 흥미롭고, 감각적으로 가치 있는 것은 아마도 사람의 마음을 끄는 와인의 다양성이다. 와인으로부터 사람들을 이간질하려는 전략이 고안되었다면, 그것은 분명히 점수 매김일 것이다.

파커는 항상 론 계곡이나 보르도 동쪽에 있는 '포므롤' 혹은 '생테밀리옹' 같은 메를로가 주품종인 지역에서 생산되는 멋지고 강한 맛의 공격적인 와인을 편애했다. 파커의 영향력이 너무 널리 퍼져서, 전 세계의 와인 생산자들은 파커 등급에서 높은 점수를 받을 수 있는 알코올 농도가 높고 과일 향을 지향하는 와인을 생산할 수 있는 기술을 적용하기 시작했다. 테루아의 개념은 사라지고, 파커 등급에서 100점을 받을 수 있는 와인을 찾는 아이디어가 쏟아졌다. 심지어 소노마에는 분석 연구소가 설립되었는데, 이 분석 연구소는 얼마간 비용을 받고 모든 방문자에게 파커 90+ 와인을 생산하는 방법에 대해 조언한다.

그러나 세상은 변하게 마련이다. 인터넷 때문에 게임의 법칙은 완전히 다시 바뀌었다. 인터넷으로 전문가의 공통된 의견을 들을 수 있게 되었고, 동시에 쫓고 쫓기는 긴장감이 사라져 버린 합리적인 시장이 만들어졌다. 세월이 변해서 그러려니 하고 받아들일 수 있는 것은, 얼마 전에 심지어 파커도 그의 뉴스레터에 관심을 보이는 싱가포르인에게 지분을 팔았다는 것이다. 그러나 파커의 세심한 점수와 자세한 비평은 전 세계 와인 업체 모두를 포도 재배와 포도주 양조 공정에 더 많은 관심을 기울이게 했음은 분명하다. 그리고 기술 향상으로 인해 와인의 수준을 전반적으로 높이는 데 도움을 주었다.

그러나 와인의 수준이 높아졌더라도, 이러한 변화는 또한 전 세계적으로 만연하는 스타일의 획일화를 촉진했다. 그리고 많은 사람이 와인 맛의 세계화를 한탄하게 되었다. 만약 영화 〈몬도비노Mondovino〉를 보지 않았다면, 한번 보시라. 상영 가치가 가장 크지는 않을 수 있지만, 국제적인 대규모 와인 시장이 발전하면서 와인의 영혼은 사라지고 있다는 메시지는 마음을 사로잡는다.

와인의 세계화는 몇몇 포도 품종을 스타로 만들었다. 다행히 '갈리시아Galicia'의 '알바리뇨Albariño'와 캄파니아의 '알리아니코Aglianico' 같은 품종은 부티크 그룹에 다시 포함되었지만, 나머지 품종들은 열외로 취급당했다.

1950년대만 해도 부르고뉴 외곽의 농민들 일부만 샤르도네나 피노 누아르를 키우고 있었다. 캘리포니아만큼이나 와인을 많이 생산하는 '샤블리'와 부르고뉴 중심부 대부분의 지역에서, 당시에는 샤르도네나 피노 누아르 포도나무를 볼 수 없었다. 그러나 지금은 샤르도네나 피노 누아르는 흔하다. 제대로 된 레스토랑의 와인 목록을 훑어보면 어지러울 정도로 많은 포도밭에서 재배된다. 반면에 아마 '사바냥Savagnin'을 찾는 것은 헛수고다. 그러나 피노 누아르의 특성은 빛나고 저품질 와인에서도 여전히 남아 있지만, 샤르도네는 놀라울 정도로 환경에 민감하다. 사람이나 재배 장소에 따라 완전히 다른 와인을 생산할 수 있다. 그래서 어떤 측면에서는 샤르도네는 이상적인 세계화 품종이다.

물론 점수가 높은 와인은 가격이 높게 매겨진다. 이것은 와인을 만드는 사람들에게 손해는 아니다. 거의 모든 것을 가능하게 하는 기술이 존재하고, 고액의 자본이 심심치 않게 알코올 과일 폭탄에 투입되는 세상에서, 와인 생산자도 보조를 맞춰 따라왔다. 이것은 폴 루카치Paul Lukacs가 그의 탁월한 저서 『와인의 발명Inventing wine』에서 명쾌하게 지적했던 현상이다. 그러나 모든 작용에 대해 동등한 반작용이 있고, 한 방향으로만 흔들리는 진자는 없다. 전문적인 와인 평론가는 사람들의 와인 취향이 변하기 시작했다고 예상했다. 과일 향 위주에서 구조적으로 담백하고 알코올이 적고 우아한 와인으로 중심이 이동하고 있다. 이런 변화가 제12장에서 논의할 기후변화와 어떻게 조화를 이룰지 궁금하기는 하지만, 우리는 이런 변화를 보게 될 것이다.

보통 사람도 가끔 고급 와인 한 병을 살 수 있던 시절이 있었다. 그 시절을 그리워하는 사람도 와인 산업의 발전이 전적으로 나쁘다고만은 생각하지 않을 것이다. 만약 좋은 와인 공급이 늘어나고 결과적으로 가격을 낮춘다면 말이다. 그러려면 와인 생산자에게도 지원책이 필요하다. 최고의 제품 생산에 필요한 노동력과 투자를 쏟아 넣어야 하기 때문이다. 좋은 와인이 만들어지면서 수익이 증가했고, 와인 품질의 기준은 계속해서 향상되었다. 향수를 고려하지 않는다면, 우리의 젊은 시절의 보통 테이블 와인은 지금과는 비교도 할 수 없다. 얼마 전까지만 해도 허접한 와인이 대부분이었기 때문이다. 와인의 매력은 마시기에 비교적 안전하거나 단순히 취하게 해준다는 정도였다.

와인의 세계를 이제야 탐구하기 시작한 보통 와인 음주자에게는 좋은 소식이다. 혹은 과거에 즐겨 마시던 술을 잊어버리려는 사람들에게도 마찬가지다. 고가의 유명한 고급 와인이 투자 수단으로 점점 더 중요하게 되어가기 때문에, 좋은 소식이기도 하다. 수익성이 좋은 투자 수단을 찾기가 점점 더 어려워지는 탐욕스러운 세상에서, 사치스러울 정도로 부유한 개인뿐만 아니라 주요 헤지 펀드들도 가치 상승 가능성이 있는 고급 와인을 구입하고 있다. 현장에서는 최고급 와인이 생산되자마자 바로 샤토에서 사라지고, 보관하기 좋은 온도 조절이 되는 저장고로 옮겨진다는 의미다. 이 저장고는 최고급 와인이 전성기가 될 때까지, 경매를 통해 가끔 주인이 바뀐다.

이것은 와인이 인생에서 가장 세련된 즐거움의 통로라고 생각하는 사람들에게는 불행하게 들릴지 모르겠다. 그러나 와인을 단순히 고가품이라고 수집하고 즐기는 것보다는 낫다. 최고의 와인이 최고의 품질로 인정받는 대신, 과시용 패션 액세서리가 되는 현상은 우리 주변에서 계속 빈번하게 발생한다. 이런 추세는 과거에는 와인을 마시거나 즐기지 않았던 새로운 시장으로 최고급 와인이 대량으로 밀려들면서 점점 가속화되고 있다. 신경 경제학자들이 잘 알고 있는 것처럼, 이런 시장에서는 와인의 내용물보다는 가격과 라벨이 훨씬 더 높게 평가될 것이다.

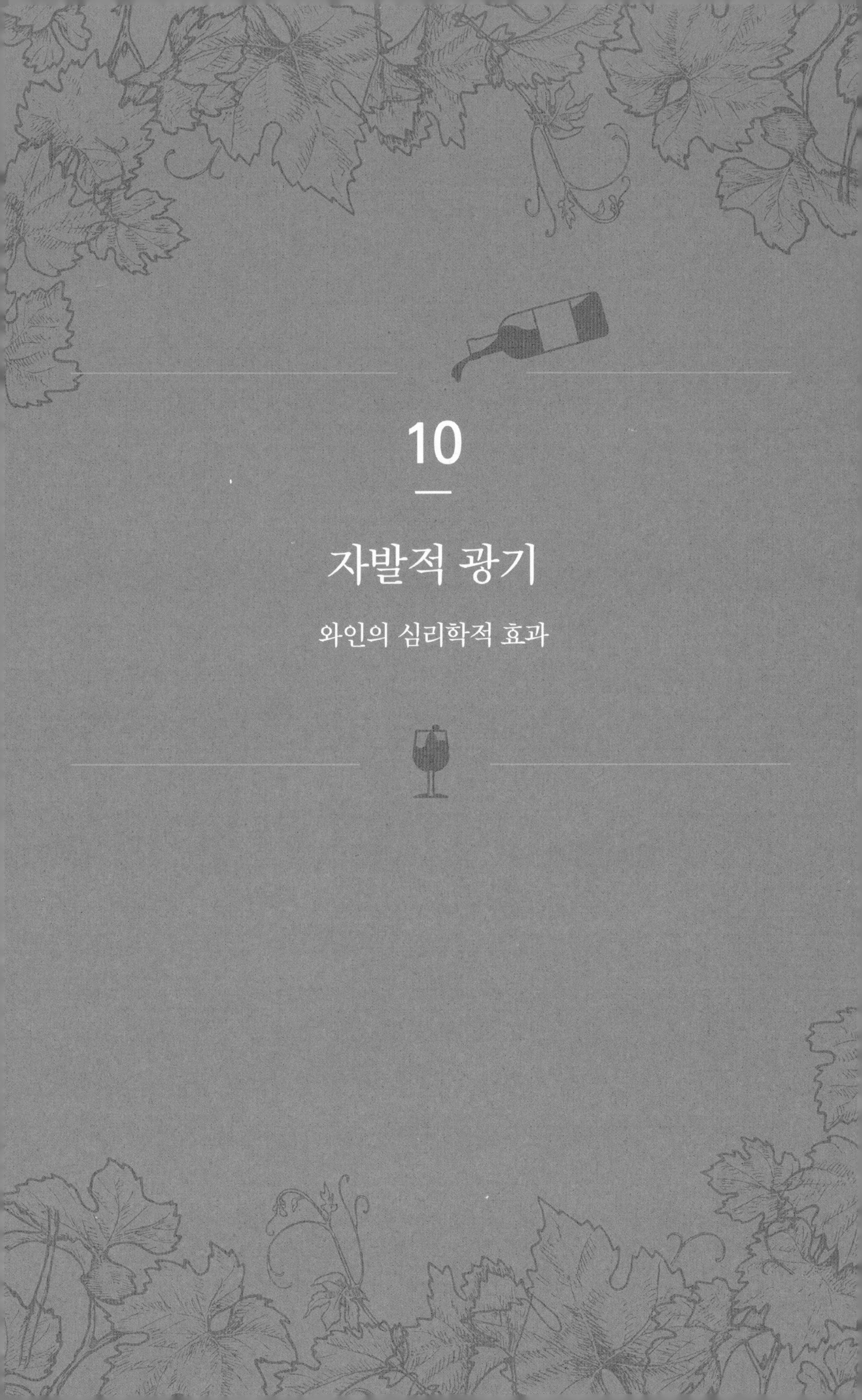

10

자발적 광기

와인의 심리학적 효과

좋아, 젠 커크먼Jen Kirkman이 마신다는데, 우리도 마실 수 있지.

우리는 커크먼이 마셨다는 소노마카운티에서 만든

알코올이 14.5퍼센트인 카버네 와인 한 병을 놓고 앉았다.

커크먼은 텔레비전 코미디 시리즈 〈취한 역사Drunk History〉가 방송되기 전에

1.5리터를 마시고 프레드릭 더글러스Fedrick Douglass와

에이브러햄 링컨Abraham Lincoln 이야기를 했다.

쇼를 보면서 커크먼이 엉망으로 취한 걸 알았다.

그러나 우리에게 궁금한 것은,

프로듀서가 방송 전에 커크먼에게 마시게 한, 와인의 맛이다.

우리는 와인병을 열었고,

그리고 "좋은 와인이야"라고 말할 수 있어 기뻤다.

인터넷 열풍과 함께 시작되었고, 지금은 '코미디 센트럴Comedy Central'에서 방영되고 있는 〈취한 역사〉는 코미디언들이 과음한 후에 역사적 사건을 묘사하는 모습을 보여주는 미국의 텔레비전 쇼 프로그램이다. 젠 커크먼이 이 시리즈에 등장한 첫 번째 코미디언이다. 와인을 두 병 마신 후에 커크먼은 눈의 초점을 잡지 못했고, 얼굴이 붉게 상기되었으며, 어휘를 헛갈렸다. 더글러스 이야기를 하는 도중에 마치 남북전쟁 전문가의 어투로 "링컨은 멍청이가 아니었다"라고 중얼거렸다. 갑자기 어지러워서 드러눕기도 했다. 그래도 새 와인 잔을 손에 들고 계속했다. 혀가 꼬부라진 목소리는 리처드 드레푸스Richard Dreyfus와 더글러스를 혼동하고, 링컨 대통령과 클린턴 대통령도 구별하지 못했다. 링컨 암살에 대해 말하다가, 갑자기 카메라를 향해 "내가 바지를 벗지 않았지?"라고 했다. 커크먼이 한기를 심하게 느끼기 시작한 것이 분명해 보였다. 그리고 "이제 내 머리가 잠이 들 것 같다"와 "정신병이 있다"라고 말하면서 쇼를 마쳤다.

〈취한 역사〉에서 커크먼의 공연은, 2000년 전 로마 철학자 세네카Seneca가 '자발적 광기'라고 부르는, 고통을 겪고 있는 누군가를 완벽하게 묘사했다. 알코올이 뇌에 미치는 영향은 오래전부터 알려져 있는데, 바로 동공 확장, 혀가 꼬인 발음, 어지럼증, 기억력 상실, 생리적 변화, 졸음, 그리고 무엇보다 억제력 마비가 있다. 사람이 취하는 모습은 연구 대상이 되었고, 자발적인 광기에 대해서도 과학적으로 많이 이해하게 되었다. 현재 우리가 음주에 관심을 기울이는 이유는 단순히 알코올 의존이 사회적으로 재앙으로 될 수 있기 때문만은 아니다. 음주로 생기는 복잡한 생리 현상 역시 우리가 알고 싶기 때문이다. 사람 몸은 호흡, 식사, 음주의 결과로 몸 안에 들어오는 많은 화학물질과 혼합물을 견딜 수 있도록 진화해 왔다. 알코올은 우리 몸을 괴롭게 하는데, 호모사피엔스 종인 우리가 오랫동안 겪어온 문제다. 그리고 우리의 먼 조상들도 알코올과 싸워왔다는 것을 진화의 역사는 말해준다. 곤충, 지렁이, 다른 척추동물에서 알코올에 내성이 있는 유전자의 존재가 이를 증명한다. 내성 유전자 덕분에 알코올 자체가 문제가 아니다. 실제로 약간의 술은 당신에게 좋을 수 있다. 그러나 지나친 음주는 해로울 수 있고, 심지어는 치명적일 수도 있다.

◆ ◆ ◆

사람이 술을 너무 많이 마시면 어떻게 될까? 취하는 현상을 이해하기 위해, 와인에서 유래한 에탄올 분자가 사람 몸에서 뇌로 전달되는 과정을 추적해 보자. 그리고 에탄올이 전달되는 과정에서 이렇게 작고 단순한 약물이 우리의 생리 시스템에 어떤 영향을 미치는지 살펴보자. 에탄올은 전달 경로를 따라 이동하면서 대부분 주변으로 사라져 버리고, 결국 아주 소량이 뇌를 공격하고, 피실험자를 취하게 만든다. 이것이 바로 우리가 염려하는 점이다.

좋은 와인 한 잔을 입 가까이 가져오면, 부케와 아로마가 퍼져 나온다. 우리가 보기엔 부케와 아로마는 차이가 없지만, 와인 시음 전문가에게 아로마는 포도 자체에서 나오는 향이고, 부케는 와인이 숙성되면서 생기는 향이다. 약하게 뿜어 나오는 증기처럼 와인은 조금씩 공기 중으로 흩어진다. 와인 증기는 에탄올 분자와 발효 부산물이다. 와인을 특별한 술로 만드는 부케와 아로마 분자도 같이 들어 있다. 앞서 본 바와 같이, 인간이 가지고 있는 후각 수용체를 자극하는 분자는 모두 특정한 냄새로 우리의 두뇌에 기억될 것이다. 인간의 후각 시스템은 에탄올 분자에 대한 수용체는 없지만, 에탄올의 부산물인 아세트알데하이드에 대한 수용체는 있다. 따라서 순전히 연상 작용으로, 아세트알데하이드 냄새가 알코올을 생각나게 만든다.

알코올의 감각은 와인이 입술을 넘어오면서 이어진다. 에탄올은 혀에 있는 단맛 수용체 T1R3와 쓴맛 수용체 hTAS2R16에 결합할 수 있다. 이런 미각 수용체의 틈새에 에탄올 분자가 결합하고 작용해 두뇌에 단맛과 쓴맛 모두 섭취되었음을 알려준다. 생쥐(T1R3)와 사람(hTAS2R16)의 수용체에 유전자 돌연변이가 생기면 에탄올 맛에 대한 내성이 생긴다. 수용체 hTAS2R16에서 특정한 변이를 가진 사람 집단에서 알코올 중독 위험이 증가하는 상관관계가 나타난다. 반대로, 수용체 hTAS2R16에 생기는 다른 변이는 수용체 단백질을 에탄올과 더 잘 결합하게 만든다. 그렇기 때문에, 이런 변이를 가진 사람은 에탄올에서 쓴맛을 강하게 느끼고 종종 알코올에 대해 혐오감을 갖는다. 쓴맛 수용체의 예에서 볼 수 있듯이, 수용체 분자의 미세한 변이는 에탄올에 대한 태도를 급진적으로 변화시킬 수 있다. 그러나 처음에 느끼는 알코올의 감각이 전부는 아니다. 와인을 마시는 이유에는 맛보다 깊은 수준의 즐거움이 있다.

우리는 와인 한 모금에 있던 극소량의 에탄올 분자를 좇아가고 있다는 것을 기억하자. 에탄올 분자가 우리 몸에 미치는 영향은 전적으로 어디에 있는 어떤 수용체를 찾아가느냐에 달려 있다. 그야말로 전적으로 우연적인 것이다. 그러나 많이 마시면, 에탄올은 우리 몸 여기저기에 있는 취약한 장기 시스템을 찾아다니게 된다. 와인 한 병의 영향은 와인 한 잔하고 같을 수 없다. 또 다른 중요한 변수는 음주자의 혈액량이다. 와인의 에탄올은 결국 소화관의 막을 통과해 혈액으로 들어가기 때문이다. 실제로 혈중알코올농도는 국가에서 측정하고 음주운전의 판단을 내리는 기준이다. 이 기준에 따라 몇 시간 전 음주운전자의 몸 안에 있는 에탄올의 양을 추정한다.

혈중알코올농도 계산은 간단하다. 혈중 알코올 함량이 0.1퍼센트라는 것은 혈액 부피 1퍼센트의 10분의 1은 1000분의 1을 말한다. 이 정도의 혈중알코올농도는 상당히 취했다는 것을 의미한다. 기분 좋게 취기가 오르는 분위기 절정 시점의 혈중알코올농도는 0.030에서 0.059퍼센트 사이로 추정되어 왔다. 이는 미국의 법적 운전 제한인 0.080퍼센트에 약간 못 미친다. 대부분의 유럽 국가의 법적 제한 수치이거나 그보다 낮다. 혈중알코올농도가 일정한 값에 도달하는 데 필요한 에탄올의 양은 사람의 체중에 따라 다르다. 즉 몸무게가 높은 사람은 혈액의 부피가 크다. 술을 마신 시간도 중요하다. 에탄올은 흡수되어 요로를 통해 배출되고, 간에서 분해되면서 혈액 내 에탄올 농도가 감소하기 때문이다. 예를 들어, 덩치가 있는 남성은 30분 안에 두 잔의 와인을 마시면 미국의 법적 제한을 초과한다. 반면, 체구가 작은 여성은 같은 시간 동안 와인을 한 잔 미만으로 마셔야 한다. 그리고 당연히 혈중 알코올 함량이 높을수록 에탄올이 신체에 미치는 영향은 더 심해진다.

미각의 영역을 통과한 에탄올 분자는 식도로 지나가기 전에 목의 일부인 인두를 만나게 된다. 인두와 식도는 일반적으로 소화 과정을 시작하는 단백질과 효소가 가득한 점액질로 모두 덮여 있다. 그러나 에탄올은 소화기관에서 처리할 수 없는 분자이기 때문에 소화효소의 영향을 받지 않고 통과한다. 그러나 전혀 영향이 없는 것은 아니다. 에탄올은 식도의 점막에 있는 일부 효소에 실제로 독성을 나타내기 때문이다. 이 외에 식도 점액을 변화시키고, 침을 만드는 침샘에 스며들 수도 있다. 에탄올 농도가 높아 침샘을 손상시킬 수 있다.

에탄올 분자는 식도 아래 끝에 도착하고, 식도 괄약근과 마주친다. 위와 통하는 관문이다. 괄약근이 제대로 작동하면 음식물이 뱃속으로 들어가는 동시에 역류를 막는다. 그러나 에탄올이 많으면 식도 하부 괄약근의 무력화로 위 속의 내용물이 조금 역류할 수 있다. 이렇게 되면 위산 역류, 즉 속쓰림을 경험한다. 역류가 생기지 않으면 에탄올 분자는 위 속으로 미끄러져 들어가고, 여기서 새로운 세포 및 효소와 마주치며 우여곡절을 겪는다.

에탄올 분자는 위 속에서 먼저 소화효소를 만나게 되는데, 특히 펩신이라고 알려진 효소다. 위 속에서 염산과 같은 작은 분자와도 접촉한다. 염산은 음식을 섭취한 후 위에서 많이 만들어지는 물질이다. 에탄올은 크기가 작은 분자이기 때문에 큰 단백질을 대상으로 하는 소화효소에는 상대적으로 영향을 받지 않는다. 그러나 소량의 에탄올은 소화효소의 생산을 지나치게 자극하고, 과량의 에탄올은 소화효소의 생산을 중단시켜 위를 손상시킬 수 있다. 그래서 많든 적든 간에 어떤 양의 에탄올은 정상적인 동작을 방해할 수 있다. 위에 있는 음식은 에탄올 분자 흡수로 인한 지나친 피해를 막음으로써 위에 도움을 준다. 또한 에탄올을 흡수해, 혈류로 유입되는 양을 줄일 수 있다.

위를 통과한 에탄올은 이어서 장으로 유입된다. 에탄올 분자는 소장 내막을 통과해 혈류로 흡수된다. 그러나 와인 에탄올은 소장과 대장에서 모두 장벽의 근육을 약화시키거나 장 기능을 저하시킬 수 있다. 그리고 음식물을 평소보다 더 빨리 통과시켜 문제를 일으킬 수 있다. 이것이 폭음 후에 가끔 설사를 경험하는 이유다. 좀 실례되는 이야기지만, 레드와인을 마시며 저녁 시간을 보낸 사람들 가운데 간혹 녹색 배설물을 경험하는 때도 있다. 이런 반전은 담즙으로 알려진 녹색 소화효소가 약해진 장을 빠르게 통과하기 때문에 발생한다.

에탄올은 소장의 막을 쉽게 가로질러 혈액으로 들어간다. 에탄올은 혈류를 따라 몸의 다른 부분으로 이동한다. 에탄올 분자는 먼저 간과 신장처럼 영양소를 처리하는 기관에 도달한다. 신장 전문가 머레이 엡스타인은 이렇게 말한다.

> 세포의 기능을 유지하려면 영양소를 지속적으로 공급받고 대사 과정에서 발생한 노폐물은 제거되어야 한다. 그뿐만 아니라 세포 주변의 액체는 물리적·화학적으로 안정된 조건을 유지해야 한다.

그래서 신장 세포 주변의 액체에 에탄올이 존재하면 몇 가지 흥미로운 일들이 일어난다. 신장은 인체의 수분을 관리하고, 그 속의 나트륨, 칼륨, 칼슘, 인산염과 같은 여러 전해질의 수치를 조절한다. 이러한 전해질의 농도가 비정상이 되면 대혼란이 발생할 수 있다. 그리고 결국 신장의 기능 상실과 사망을 초래할지도 모른다. 에탄올은 항이뇨호르몬인 '바소프레신 basopressin'의 방출을 막는다. 그리고 신장을 자극해 소변 생성량을 증가시키기도 한다. 바소프레신이 없거나 방출이 억제되어 있으면 세뇨관은 수분을 배출해 신장에서 생성된 소변을 희석하는 경향이 있다. 그 결과로 혈류 내 전해질 농도는 올라가고, 우리 몸은 탈수를 감지한다. 와인이나 다른 술을 마실 때 물을 많이 마시는 것이 좋은 이유다.

신장의 작용을 우회한 에탄올 분자는 이제 우리 몸에서 중요한 다른 장기를 통과해야 한다. 바로 혈액을 여과하는 거대한 장기인 간이다. 간은 인체 내에서 가장 큰 장기인데 무게로는 뇌보다 약간 무겁다. 간은 소엽이라

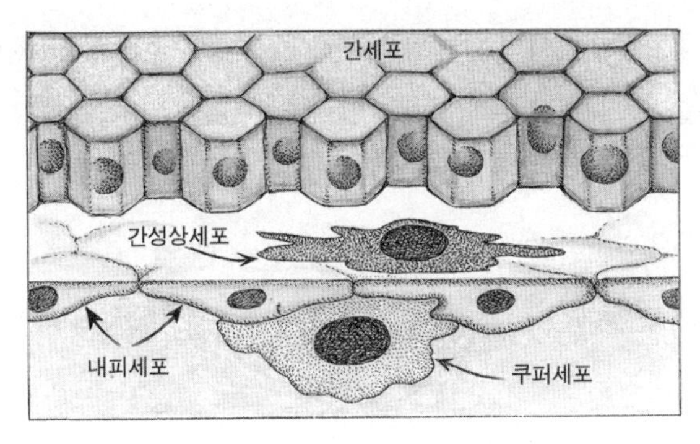

그림 10.1 간의 세포 조직
간성상세포와 내피세포는 간 신진대사에서 다른 역할을 한다.

고 불리는 하부 단위로 구성된 섬유질 덩어리인데, 여기서 여과 과정이 진행된다. 건강한 간에는 5만 개가 넘는 소엽이 있고, 각각의 소엽에는 몇 개의 정맥이 관통해 흐른다. 이 정맥에서 가지를 뻗어 나온 많은 작은 모세혈관은 수로를 형성하고, 여기서 여과된 혈액이 빠져나가는 중앙 정맥으로 연결된다. 이러한 시스템은 소엽의 표면적을 증가시킨다. 그리고 혈액이 소엽의 세포와 접촉할 가능성을 높여준다. 소엽의 모세관에는 두 종류의 세포가 늘어서 있다. '쿠퍼Kupffer' 세포는 박테리아와 다른 큰 독성 물질을 제거하는 면역 체계 세포다. 반면에 간의 일꾼에 해당하는 간세포는 콜레스테롤 합성, 비타민과 당분의 저장, 지방의 대사 등을 포함하는 광범위한 작업을 한다.

이 단계에서 간의 기능이 중요한데, 혈류에서 들어오는 에탄올을 대사하는 것이다. 에탄올 대사는 알코올 탈수소효소ADH라는 효소에 의존한다. ADH는 에탄올을 산화반응 시켜 아세트알데하이드로 변환시킨다. 기본적으로는 5장에서 설명한 발효 과정의 역작용이다. 아세트알데하이드는 신체에 미치는 독성이 매우 강하다. 그렇기 때문에, 인간을 포함한 많은 생명체는 아세트알데하이드를 빠르게 변환시켜 활용하는 능력이 진화했다. 이와 같이 해독 작용을 하는 효소는 알데하이드 탈수소효소 또는 ALDH라고 불리며, ALDH1과 ALDH2 두 종류의 유전자에서 만들어진다. 아세트알데하이드를 아세테이트acetate로 변환시킨다. 이때 얻어지는 아세테이트 종류의 분자는 인체에서 사용할 수 있는 귀중한 연료이기 때문에 다른 장기로 운반되어 처리된다.

앞서 2장에서 암시했듯이 ADH와 ALDH는 원래 에탄올의 해독을 돕기 위해 진화한 유전자가 아니다. 진화 시간을 따라 거슬러 가보면, 우리의 조상은 아마도 에탄올이라는 화학물질을 많이 섭취하지 않았을 수 있다. 그 대신, 둘 다 원래 레티놀이라고도 불리는 비타민 A의 대사에 필요한 효소였다. 레티놀 대사 효소를 만드는 유전자가 변형되어 에탄올을 대사하는 기능을 가지게 된 것으로 보인다. 이렇게 다른 기능을 가지게 되는 이유는 레티놀과 에탄올 분자의 모양이 비슷하고, 효소가 인식하는 것은 분자의 모양이기 때문이다.

간세포에서 에탄올은 다른 방식으로도 대사된다. 사이토크롬 P4502E1CYP2E1 효소가 관여하는 데 에탄올을 아세트알데하이드로 산화시킨다. 간은 보통 CYP2E1 효소를 많이 가지고 있지 않지만, 만성적으로 에탄올을 섭취하면 더 많은 CYP2E1 효소를 생산하는 경향이 있다. 그래서 CYP2E1이 과도하게 많으면 간경변, 즉 단백질, 탄수화물 등의 정상적인 대사 과정이 알코올에 의해 교란될 때 나타나는 질환과 관련이 있다. 결국 간 조직은 위축되기 시작하고 간세포가 죽기 시작한다. 결국에는 간세포 내부의 손상된 섬유질이 생기는 '말로리 바디Mallory body'를 형성하는데, 이는 치료법이 없는 간경변이 생겼다는 명백한 징후 중 하나다.

에탄올 분자가 간에서 아세트알데하이드로 분해되는 것을 모면하고, 여전히 혈액 속에 있다고 가정해 보자. 결국 에탄올은 뇌에 도달해 즉각적으로 사람의 행동에 영향을 미친다. 에탄올은 세포막을 쉽게 통과한다. 상대적으로 크기가 작기 때문이다. 따라서 '혈액-뇌 장벽'도 통과할 수 있다. 일단 뇌 속에 들어간 에탄올의 주요 역할은 'N-메틸-D-아스파르트산NMDA' 수용체와 GABA 수용체로 알려진 신경세포의 세포막에 있는 분자들의 작용을 방해하는 것이다.

NMDA 수용체는 뇌에서 사고와 쾌락 추구 및 기억을 담당하는 중요한 영역이다. 후각과 미각에 대한 감각 수용체와 마찬가지로 수용체에 NMDA 분자가 붙으면 세포에서 연쇄반응을 일으켜 신경계에서 정보를 전달한다. NMDA 수용체의 기능은 사실상 글루탐산염 수용체 단백질에 의해 가능한데, 이 단백질은 글루탐산염과 글리신 두 작은 분자와 상호작용하는데, 이 분자들이 수용체의 적절한 위치에 결합되면 이온 채널이 열린다. 따라서 정상적인 뇌의 활동은 글루탐산염과 글리신의 작용에 달려 있다.

저명한 생화학자 프랜시스 크릭Francis Crick은 그의 저서 『놀라운 가설The Astonishing Hypothesis』에서 "한 사람의 정신 활동은 전적으로 신경세포, 신경아교세포, 그리고 그것들을 구성하고 영향을 미치는 원자, 이온, 분자의 행동에 기인한다"라고 설명했다. 또한 글루타메이트와 글리신은 본질적으로 인간이 어떻게 생각하고 행동하는지를 결정하는 화폐라고 말했다. 신경계에서 글루타메이트와 글리신 같은 신경전달물질은 매우 중요한데, 신경세포는 각각 필요에 따라 신경전달물질 분자를 결합하거나 거부하기 때문이다. 그러나 신경계에 독성을 가지는 작은 분자들이 생겨났는데, 여러 가지 방법으로 신경전달물질의 작용을 방해하는 신경독성을 나타낸다. 첫 번째 방법은 수용체 단백질에 결합 부위를 닮은 '경쟁적 길항제'이고, 두 번째는 더 일반적이라고 알려진 '비경쟁적 길항제'로 작은 분자가 작용하는 방법이

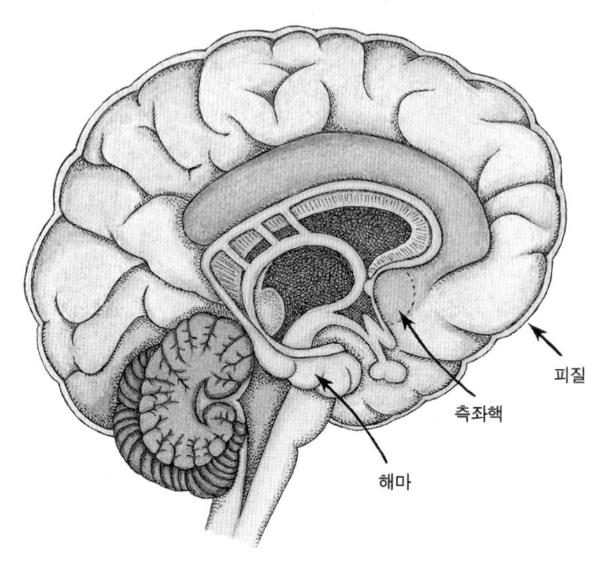

그림 10.2 인간 뇌의 단면

다. 비경쟁적 길항제는 NMDA 수용체 단백질의 다른 부분에 달라붙어 수용체의 구조에 이어서 결합 부위를 변형시켜 원래의 신경전달물질이 작용하지 못하게 한다. 결과적으로 비경쟁적 길항제는 마치 작은 분자들이 엉켜 통로를 차단한 것처럼 신경 통신을 혼란스럽게 한다.

에탄올은 바로 신경전달물질의 비경쟁적 길항제로 알려져 있다. 약으로 허가받은 '이보가인ibogaine', 현재는 허가 취소된 합성의약품인 '메톡세타민methoxetamine', 웃음 가스라고 알려진 아산화질소나 '제논Xenon' 같은 기체도 신경전달물질의 비경쟁적 길항제다. 그러나 에탄올은 단순히 경쟁적 길항제로만 뇌에 영향을 미치는 것은 아니다. 에탄올은 GABA 수용체에도 추가로 작용한다. 뇌에서 에탄올 수치가 높아져 GABA 수용체를 지나치게 자극하면, 이온 통로는 열린 상태를 유지하고 염소 이온이 세포의 한쪽에 모이게 한다. 이것은 뇌의 정상적인 이온 분포를 방해하고 신경세포들은 서로 소통하는 것을 방해한다. 어떤 메커니즘이든 에탄올 농도가 올라가면, 수용체가 오작동하거나 뇌세포 사이에 소통이 정상적으로 동작하지 않는 결과를 초래한다.

뇌 속에 에탄올 분자가 여전히 충분하게 남아 있으면, 에탄올은 NMDA 수용체가 많이 존재하는 중요한 영역 세 곳으로 이동하게 된다. 생각이 대부분 생겨나는 대뇌피질과 기억을 관장하는 해마 그리고 보상을 추구하는 행동이 유발하는 측좌핵이다. 대뇌피질, 해마, 측좌핵의 NMDA 수용체에 에탄올 분자가 결합하면 수용체 단백질의 구조가 변형된다. 정확하게 글루탐산염이나 글리신의 결합 부위에 정확하게 결합하지 않더라도 마찬가지다. 그리고 수용체가 조절하는 이온 통로는 완전히 열린다. 이후 열린 이온 통로를 통해 뇌는 자극을 받고, 즐거운 느낌을 받는다.

즐거운 느낌은 계속되지만, 알코올 섭취량이 지나치면 다른 부작용이 나타난다. 뇌에 도달하는 에탄올 농도가 높아지면 NMDA 수용체는 마비된다. 그리고 정상적인 자극에도 반응하지 못하게 되어버린다. 알코올이 더 많이 뇌에 유입될수록 뇌 기능의 감소는 더 심각해진다. 대뇌피질의 사고 영역과 측좌핵의 쾌락 영역이 모두 이런 방식으로 영향을 받기 때문이다. 동시에 에탄올 분자는 GABA 수용체가 많은 뇌의 다른 부분에도 영향을 미친다. 기억력을 관장하는 중요 부위인 해마에서 GABA 수용체와 일부 NMDA 수용체의 기능이 멈춰버린다. 커크먼의 뇌는 와인 두 병을 마신 후에는 프레드릭 더글러스에 대해 논리정연한 이야기를 만들어내지 못하는 상태가 된다.

대뇌피질 수용체와 결합하지 못한 에탄올 분자는 뇌의 후두엽으로 옮겨갈 수 있다. 이 영역에서는 외부 세계에서 오는 시각적 자극을 처리한다. 에탄올은 포도당 대사에 독성을 나타내는데, 포도당은 바로 세포의 에너지를 공급하는 중요 당분이기 때문이다. 고농도의 에탄올이 후두엽을 자극하면 포도당의 처리 속도는 30퍼센트 정도 늦춰진다. 눈에 들어오는 이미지를 정확하게 처리할 충분한 에너지가 없다는 것을 의미한다. 세포들은 서로 정상적으로 소통하지 못하고, 시각 문제가 발생할 것이다. 사물이 둘로 보이는 것은 알코올 과다로 인한 시각 장애로 많이 알려져 있지만, 시각 장애에는 종류가 많다.

'나는 취했고, 방은 빙글빙글 돈다'라는 이름의 인터넷 채팅방을 찾는 사람들은 제목이 묘사하는 효과와 같은 괴로움을 자주 토로한다. 이런 현상에 해당하는 병명이 존재한다. 바로 알코올에 의한 체위성 안진이다. 안진은 에탄올이 뇌를 곤혹스럽게 만드는 현상이지만, 전적으로 뇌에서만 발생하는 문제는 아니다. 에탄올 때문에 신체 여러 부분의 움직임이 나빠질 수 있는데, 현기증은 내이에서 시작한다. 내이가 6번째 감각 혹은 균형 감각을 관장하고 있기 때문이다. 내이는 자이로스코프처럼 작동하면서 신체의 위치를 감지하는데, 소량의 유체로 차 있고 공간상 각각 세 축 방향에 위치한 세반고리관을 이용한다. 세반고리관에는 '쿠풀라cupula'로 불리는 세포의 집합체가 각각 들어 있다. 이들은 머리의 움직임에 따라 요동치면서, 뇌로 통하는 신경과 연결된 작은 털을 가진 세포를 자극한다. 여기서 자극 세포가 공급하는 정보는 신체의 공간적 위치로 해석된다.

에탄올 분자는 혈류를 따라서 귀까지 이동한 다음에 쿠풀라에 침투하고 세포를 왜곡시켜 작은 털 세포와 계속 부딪치게 만든다. 연속적인 충격 때문에 뇌는 우리 몸이 회전한다고 느낀다. 따라서 균형을 맞추기 위한 보상 작용으로, 뇌는 시각 시스템을 회전시킨다. 결국에는 머리가 빙빙 도는 느낌을 받는다. 마침내 음주자가 잠을 자거나 혹시라도 정신을 잃으면, 쿠풀라에 대한 에탄올의 영향은 사라진다. 가끔은 음주자가 잠을 깬 후에도 방이 빙글빙글 도는 것처럼 느낀다. 왜 그럴까? 사실 과음 후 정신이 돌아올 때의 특징은 음주자가 잠들기 전에 겪었던 일을 뇌는 기억하고 있고, 머리가 아직도 빙빙 돌고 있다고 생각한다. 그래서 뇌는 시각계를 반대 방향으로 회전시켜 교정을 시도한다.

◆ ◆ ◆

이제 와인을 너무 많이 마시면 발생할 수 있는 가장 위험한 측면 두 가지를 살펴보자. 바로 숙취와 알코올 중독이다. 먼저 숙취는 위험하지만 오래가지 않고 대부분 견딜 만하다. 반면에 알코올 중독은 사람을 쇠약하게 만들고 때때로 비극적인 질병으로 귀결된다. 결국 에탄올 과다 섭취는 생리적으로 해결할 수 없는 문제를 발생시킨다. 숙취는 우리 몸에서 일어나는 여러 가지 괴로운 반응이다. 숙취의 원인이 단순하다면, 숙취를 회피하거나 완화할 수 있는 방법을 찾았을지 모른다. 그러나 숙취는 여러 원인에서 비롯하기 때문에 그 방법을 찾기가 매우 어렵다.

우리는 숙취 경험의 하나로, 방이 빙글빙글 도는 느낌에 대해서 이미 이야기했다. 하지만 과음으로 인한 에탄올은 신체의 다른 부분에도 영향을 줄 수 있다. 우선, 에탄올은 물을 빨아들인다. 그래서 인체 시스템의 탈수, 구강 건조, 메스꺼움, 두통 발생 등 불편하고 위험하며, 때로는 생리적으로 치명적인 결과를 가져온다. 숙취를 경험해 본 사람은 뇌 조직과 뇌세포에 통증 수용체가 없다는 사실을 믿지 않으려 할 것이다. 그런데도 숙취 통증은 지독하다. 두통은 뇌가 직접 아픈 것이 아니기 때문에, 머리가 아프다는 의미에서 두통으로 이름 붙여졌다. 머리와 목의 통증 수용체가 공격을 받는 것이다. 두통에는 200가지 이상의 다양한 통증이 있다.

두통의 중요한 원인 중 하나는 바로 뇌혈관이 확장하는 것이다. 에탄올은 탈수 외에도 대사 과정에서 포도당 수치를 낮춘다. 혈중 포도당이 낮아지면 혈관은 확장되고 상황은 악화된다. 혈관은 뇌 주변까지 혈액을 제대로 운반하지 못한다. 통증은 혈액 흐름의 변화로 인해 통각 수용체라고 부르는 신경이 자극을 받아 뇌로 정보를 보내기 때문에 생긴다. 지끈거리는 두통은 와인을 너무 많이 마셔서 심장이 펌프질할 때마다 팽창된 혈관에서 발생하는 비정상적인 압력 때문이다. 마찬가지로 메스꺼움 역시 통증 수용체를 자극하는 달갑지 않은 부작용이다. 이보다 조금 덜한 것은 '전날 밤 이후 아침' 증후군이라고 불리는 소리와 빛에 대한 과도한 민감성이다. 에탄올이 뇌세포를 마비시키는 효과가 사라지면서 빛과 소리 같은 물리적 자극이 정상적인 인지 수준을 압도할 정도로 증폭되면서 일어나는 현상이다.

음주의 효과는 전적으로 에탄올 때문만은 아니다. 특히 레드와인의 경우에 그렇다. 우리가 마시는 와인에는 문제의 부산물인 아세트알데하이드가 있다. 그리고 탄닌, 발효된 씨앗, 줄기에서 나오는 다른 화학물질이 같이 들어 있다. 이런 물질도 두통에 영향을 준다. 실제로 일부 음주자는 화이트와인보다 레드와인으로 인한 숙취가 좀 더 심하다고 말한다. 레드와인은 화학적으로 더 복합적이고, 그중에서 특히 탄닌이 인간 생리에 영향을 미치기 때문이다. 한편으로 사람들은 왜 술에 취할까? 특히 어떤 사람들이 어떤 이유로 술에 중독되는 것일까? 이러한 질문에는 인간의 생리, 정신 상태, 자유의지 또는 아마도 가장 중요한 유전학처럼, 관점에 따라 다른 답이 있을 수 있다. 알코올 중독의 유전적 근거는 인간의 행동 장애와 마찬가지로 상당히 복잡하다. 많은 유전자가 관여하지만, 이와 함께 환경적 요소도 강하게 작용한다. 유전적으로 에탄올에 의존하기 쉬운 사람도 사회적 요소, 행동 변화 또는 다른 문화적·사회적 이유로 알코올 중독자가 되지 않을 수 있다.

알코올 중독에 빠지는 사람도 있고 그렇지 않은 사람도 있는 이유를 이해하기 위해, 알코올 중독과 관련된 유전자 중 비교적 확실한 몇 가지를 살펴보자. 에탄올은 인체 중에서도 특히 간에서 처리된다. 이 과정에서 특히 중요한 효소인 ADH와 ALDH가 깊이 연구되어 있다. 사람마다 ADH와 ALDH 효소를 조절하는 유전자 변이가 상당히 많이 존재한다는 것도 밝혀졌다. 예를 들어 ALDH2 유전자의 특정 변이는 특히 수만 년 전에 조상이 이미 극동에 살고 있던 아시아 계통의 사람에게 많이 있다. 이런 변이는 유럽이나 아프리카 혈통에는 드물지만, 현재 40퍼센트에 가까운 아시아인에게 관찰된다. ALDH2.2라고 불리는 부분적으로 활성을 상실한 효소 단백질이 ALDH2.2 유전자에서 만들어지고, 이 단백질은 아세트알데하이드를 잘 분해하지 못한다. 그 결과로 독성을 띠는 아세트알데하이드는 신체 조직 내에 축적된다. 처음에는 얼굴 홍조가 종종 나타나지만, 나중에는 불편을 느끼게 하는 생리학적 반응으로 나타난다. 그래서 ALDH 변이를 가진 사람들은 에탄올을 많이 섭취하지 못하는 경향이 있다. 그리고 이들은 알코올 중독 유병률이 낮다.

고대 아시아 혈통이지만 예외적인 집단도 있다. 약 1만 7000년 전에 동아시아에 거주하던 일부 용감한 사람들은 동쪽으로 이동하기로 했다. 그들은 시베리아에서 걸어서 육지가 드러난 베링해협까지 갔다. 걷거나 해안을 따라 배를 타고 북미 대륙으로 건너갔고, 태평양 연안을 따라 내려갔다. 그 후손은 5000년도 안 되는 동안에 북미와 남미 대부분으로 퍼졌다. 유전자도 따라서 왔으므로, 아메리카 원주민들 사이에서 ALDH2.2 유전자가 높은 확률로 발견될 것처럼 보였다. 그러나 연구 결과, 아메리카 원주민 집단에서 ALDH2.2 유전자 변이[1]는 발견되지 않았다.

CYP2E1 효소 변이도 알코올을 거부하는 행동과 관련되어 있다. CYP2E1

효소는 특히 뇌에서 활성이 높은데, 변이를 가진 사람들은 에탄올에 훨씬 더 민감하고 더 쉽게 취하며, 많이 마시지 않고 멈추는 경향이 있다. 그래서 이런 사람들은 알코올 중독 경향이 적다. 에탄올이 독성 수치에 도달하기 전에, 혹은 알코올 의존이 생기기 전에 그만 마시기 때문이다. 여기서 가장 관심을 끄는 것이 바로 적당히 마시게 하는 메커니즘이다. CYP2E1은 ALDH처럼 아세트알데하이드를 아세테이트로 산화시킬 수 있지만, 이 과정에서 활성산소를 만들어낸다. CYP2E1 변이는 에탄올의 충격을 강화하는데, 이를 연구하는 사람들은 활성산소가 뇌에서 모종의 작용을 하기 때문이라고 생각한다. 이미 알려진 ADH와 ALDH의 작용과는 전혀 다른 것이다.

신경생물학에서는 알코올 중독이 진행되는 동안 뇌에서 일어나는 현상을 연구한다. 그래서 알코올에 중독된 사람에게서 나타나는 기질을 설명하는 데 도움을 줄 수 있다. 인간의 뇌와 다른 포유류와 척추동물의 뇌는 쾌락을 추구하는 방식으로 진화했다는 것이 신경생물학의 핵심이다. 쾌락은 먹고, 마시고, 놀고, 선행하고, 성관계를 하는 등 우리가 삶에서 하는 가장 기본적인 활동을 강화한다. 만약 이런 활동이 즐겁지 않다면, 우리는 지금 우리가 하는 것만큼 자주 활동하지 않았을 것이다. 쾌락은 개체의 생존과 종의 영속에 결정적으로 중요하기 때문에, 우리의 신체는 쾌락 자극을 뇌에 전달하고, 쾌락 기억을 간직하기 위해 화학적으로 정교한 방법을 발전시켜 왔다. 그리고 복잡한 신경화학에 관여하는 보상 시스템이 뇌의 여러 부분에 생겨났다.

에탄올의 영향을 특히 많이 받는 뇌 영역은 복측피개부VTA, 측좌핵, 전두

---

1 최근 연구에 따르면 ALDH2.2 유전자 변이는 약 4000년 전 중국 남부 지방에서 생겨났다. 2009년 기준으로 대만인의 49퍼센트, 일본인의 40퍼센트, 한국인의 30퍼센트가 ALDH2.2 유전자 변이를 가지고 있는 것으로 조사되었다.

엽이다. 모두 뇌에서 보상 시스템에도 관여하는 영역이다. 뇌의 보상 시스템은 에탄올이나 다른 약물에 영향을 받는데, 전문 용어로 중변연계 도파민 시스템이라고 한다. 뇌 구조상 복측피개부와 측좌핵에, 약물에 영향을 받는 주요 신경전달물질을 모두 포함해 이렇게 부른다. 복측피개부에 자극이 가해지면 도파민이 분비되고 쾌락이 유발된다. 도파민은 화학적인 전달자로 작용해 측좌핵을 활성화한다. 측좌핵 활성화는 동기 부여와 보상 추구에 관여한다. 뇌에서 발생하는 쾌락의 최적 조건이 있다면, 바로 이런 것이다. 측좌핵은 더 많은 도파민을 받을수록, 쾌감은 더 강렬해지고, 보상을 추구하는 반응은 역시 강해질 것이다.

과학자들은 GABA 수용체를 가진 신경세포가 뻗어 나가서 복측피개부와 측좌핵으로 구성되는 보상회로까지 연결된다는 것을 밝혀냈다. 에탄올에 둘러싸인 GABA 수용체는 오작동을 일으키고, 자극받은 신경세포는 도파민을 방출하고, 이어서 다른 신경전달물질인 엔도르핀도 만든다. 엔도르핀은 마비나 웰빙의 느낌에 관련되어 있다. 그래서 엔도르핀이 많이 존재하면 통증 수용체가 마비된다. 흔히 말하듯이, 고통이 사라진다.

에탄올이 보상 시스템에 끼치는 영향은 다른 약물과는 사뭇 다르다. 에탄올처럼 도파민을 통해서 보상 시스템에 영향을 주는 코카인과 암페타민이 좋은 비교 대상이다. 그러나 이 물질들은 에탄올과 달리 도파민 수용체에 직접 작용할 수 있다. 따라서 중독 강도 측면에서 코카인과 암페타민은 매우 직접적이고 극복하기도 매우 어렵다. 뇌에 존재하는 도파민 수용체가 모두 영향을 받을 수 있기 때문에, 훨씬 더 파괴적이다. 종류가 다른 중독의 영향을 비교하기는 쉽지 않지만, 코카인과 암페타민 중독은 특히 끔찍하다. 이런 약물은 도파민 수용체에 집중되어 더 심한 중독을 유발하기 때문이다. 알코올 중독은 역시 사람을 피폐하게 만들지만, 에탄올은 수용체에 집중적으로 결합하지 않기 때문에 중독의 차원이 다르다. 에탄올이 영향을 끼치는 도파민 수용체는 측좌핵과 보상 계통에 국한된다. 반면 에탄올은 뇌 전체에 널리 분포하는 GABA, NMDA 등의 다른 수용체에도 영향을 미친다. 이것들은 중요한 차이점이고, 알코올 중독을 다른 중독과 같은 것으로 취급하기 어렵게 만든다.

알코올 중독 유전학은 지금까지 수십 년 동안 연구되었다. 쌍둥이를 비교하는 연구에서 시작해, 최근에는 '유전체 상호 연관성 연구' 방법이 개발되었다. 쌍둥이 연구에서는 일란성 쌍둥이와 이란성 쌍둥이들의 행동 데이터를 비교해 어떤 형질이 어느 정도로 유전되는지 알아낸다. 반면, 유전체 상호 연관성 연구에서는 전체 유전체 배열 데이터를 사용해 신체 이상과 관련된 유전체의 영역을 찾아낸다. 알코올 중독은 매우 복잡하다. 따라서 그 결과를 해석하는 데 때때로 주의가 필요하다. 그러나 지금까지는 특정 유전자에 의해서 알코올 중독이 될 위험성은 50퍼센트에서 60퍼센트까지로 나타났다. 이는 환경의 영향이 거의 같은 정도임을 의미한다. 비록, 단일 유전자 변이 몇 종류가 알코올 중독 위험을 증가시키는 것으로 알려졌지만, 알코올 중독은 유전자만으로 결정되지 않는다. 유전학자, 유전체학자, 행동학자 모두가 알코올 중독은 많은 유전자에 의해 조절되는 여러 종류의 다양한 질병이며, 한 종류의 알코올 중독이 존재하지 않는다는 점에 대체로 동의한다. 시카고에서 온 사람에게서 관찰되는 알코올 중독, 디트로이트에서 온 사람의 알코올 중독, 옆집 사람에게서 볼 수 있는 알코올 중독은 모두 유전자 수준에서는 매우 조금 유사할 뿐이다. 알코올 중독에 관련된 개인 행동에는 충동적이고 외향적인 행동, 이완적인 억제, 위험 추구, 감각 추구 등이 포함되며, 모두 복잡한 유전적 원인이 있다. 알코올 중독에 대한 정확한 유전적 근거는 대체로 수수께끼로 남아 있다.

◆ ◆ ◆

우리가 막 끝낸 글을 살펴보니, 금주 맹세를 받겠다는 허튼 생각을 떨쳐버리기도 어렵고, 와인 한 잔을 따르는 유혹을 참아내기도 어렵다는 것을 알게 되었다. 이미 언급했던 것처럼, 사람은 좋게만 생각하려는 경향이 있는데, 언제나 주의가 필요하다. 우리가 경험했던 모든 부분에서 그랬듯이 말이다. 와인을 포함해 어떤 알코올이라도 절제하는 것이 좋다. 과음에서 비롯되는 일시적인 영향을 피할 뿐만 아니라, 장기적으로 알코올 중독을 방지하기 위해서다. 그러나 우리가 이 책을 통해 찬양하듯이, 인류의 삶에서 특별한 역할을 해왔던 와인은 과거부터 문명의 상징이었고, 우리의 세상살이 경험을 향상시켰다. 간단히 말해서 와인을 대체할 수 있는 것은 아무것도 없다. 그렇다고 일반적인 권고 외에는 다른 대안도 제시할 수 없다. 적당하게 마시자.

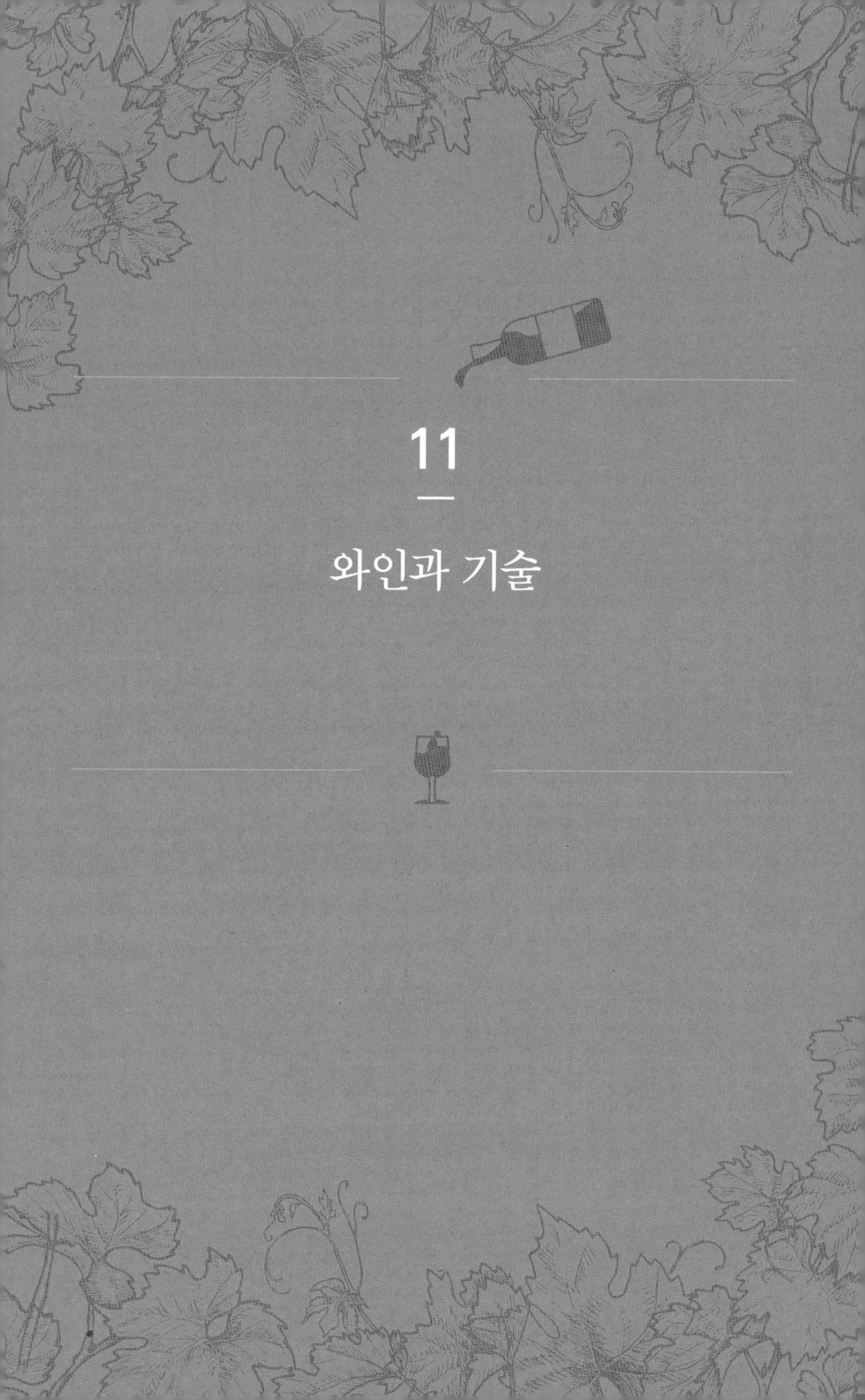

11

와인과 기술

와인은 언제나 기술의 산물이었다.

신석기시대의 토기가 생산물을 저장하는 목적으로 활용되면서,

지금 우리가 알고 있는 와인 제조 기술도 개발했다.

오늘날 와인 제조는 첨단 기술 산업이다.

우리는 최근에 서늘한 땅에 묻힌 단순한 점토 용기에서 만들어진

와인 한 병을 얻게 되어 매우 기뻤다.

6000~8000년 전, 아주 초기의 와인은 이렇게 만들었다.

코카서스 동부에서 재배된 최고의 '르카치텔리Rkatsiteli' 포도에서 만들어진 와인은

옅은 황색을 띠었고 단맛은 전혀 남아 있지 않았다.

정말 놀랍게 신선했으며,

은은한 견과류 향기는 수천 년을 이어온 듯했다.

가난한 농부들은 수 세기 동안 전통적인 방식으로 와인을 만들었다. 소나 양 혹은 거위를 키우기도 하는 음침한 창고에서 마치 골동품 같은 장비를 사용했다. 18세기까지도 전설적인 와인 생산지인 부르고뉴는 마을 전체가 겨울 동안 사실상 동면에 들어갔다. 다른 산업 활동은 거의 없는 수준이었다. 보르도처럼 번성을 누리는 와인 수출 지역에서도 와인 제조업자들은 그들의 선조가 과거부터 해왔던 만큼만 사업을 하는 경향이 있었다. 와인은 대부분 그 지역에서 소비하기 위해 만들거나 혹은 적당한 규모로 운송업자에게 판매했다. 메도크의 전원 지역을 따라 점점이 찍혀 있는 인상적인 19세기 샤토를 지은 사람은 농부가 아니라 상인이거나 다른 도시의 거주자들이었다. 최고 와인을 빼고는 모두 복불복인 경향이 있었고, 대부분 산화되었거나, 거칠어졌거나, 묽어졌거나, 신맛이 났다. 알코올에 중독되는 것과는 거리가 멀었고, 음주의 유일한 장점은 그냥 안전한 음료라는 것이었다.

19세기에 루이 파스퇴르는 부패 원인이 박테리아의 증식 때문이라는 것을 밝혀냈다. 과학이 처음으로 와인 제조에 끼어든 것이다. 20세기는 현대의 과학기술이 관여하면서 모든 것이 변했다. 과거 와인 제조법의 발전은 시행착오의 결과였으나, 파스퇴르는 과학지식으로 와인 생산을 도울 수 있다고 설파했다. 이미 프랑스의 화학자 앙투안 라부아지에Antonie Lavoisier는 발효의 화학적 기본 원리를 알아냈고, 이탈리아의 과학자 아다모 파브르니 Adamo Fabroni는 효모가 와인 발효를 일어나게 한다는 것을 발견했다. 그러나 1860년대에 효모와 당분의 지속적인 상호작용 결과로 와인이 발효된다는 사실을 발견한 사람은 파스퇴르다. 아황산염을 첨가하는 전통적인 방법에도 불구하고, 박테리아가 효모를 압도하고 빠르게 자라는 경우도 많았다. 그 원인은 산소가 너무 많이 존재하기 때문이라는 것도 파스퇴르가 증명했다. 이것이 바로 핵심 메시지였다. 좋은 와인을 생산하기 위해서는, 제조 공정에서 산소를 가능한 한 모두 제거해야 한다는 것이다. 파스퇴르의 지적은 바로 스파클링와인의 품질을 크게 향상시키는 결과로 이어졌다. 1차 발효를 마친 와인을 내압 와인병에 옮기고 2차 발효가 확실히 일어나도록 설탕과 효모를 정기적으로 첨가하기 시작했기 때문이다. 그러나 전체적으로 보면, 19세기 후반에 필록세라의 폐해로 인해, 와인 제조 기술 발전의 상당 부분은 20세기로 미루어졌다.

일반 와인의 품질은 20세기 전반부에 크게 향상되었다. 「금주법」에 발목이 잡혀 있던 미국만 예외였고, 주요 와인 생산지 전체적으로 와인 품질이 향상되었다. 품질 향상은 주로 포도밭과 생산실 관리를 개선해 달성되었다. 몇몇 국가에서 원산지 호칭법이 제정되었고, 여기에 부분적으로 힘입어 와인의 품질 개선 작업도 추진되었다. 이 법에서는 특정 지역 또는 원산지명에 관련해, 그리고 지역별로 혹은 작은 세부 지역에 따라 법적으로 어떤 포도를 재배할 수 있는지, 포도밭은 어떻게 관리해야 하고, 만일 와인 라벨에 원산지명 표식을 부착하는 경우 어떻게 포도를 재배해야 하는지가 명시되어 있다. 그리고 이렇게 만든 와인은 높은 가격에 팔렸다. 그러나 이러한 규제 때문에 더 나은 방법을 시험하기보다는, 알고 있는 가장 좋은 방식을 고수하려는 경향이 생겼다. 그래서 규제는 혁신을 방해할 수도 있다.

의미 있는 수준의 새로운 와인 제조법은 제2차 세계대전 이후 등장했다. 와인 과학 관련 대학교의 영향력이 강해지던 시기다. 프랑스에서 와인 양조학은 플랑송이 1870년에 설립한 몽펠리에 대학교의 포도 과학 연구소에서 시작되었다. 플랑송은 와인 양조학 분야에서 지금도 여전히 존경받고 있다. 지난 세기 동안 프랑스에서 가장 유명한 와인 양조학자는 보르도 대학교의 에밀 페노Émile Peynaud다.

20세기 전반부까지 활발하게 활동을 이어온 페노는 단순히 실험실에서 연구만 하는 사람이 아니었다. 그는 보르도 지역 수많은 와인 제조자의 영원한 컨설턴트였다. 나중에는 세계적으로 활동하는 와인 생산 컨설턴트가 되었다. 그리고 오늘날 와인 세계에 필수적인 양조 컨설턴트라는 새로운 영역을 개척했다. 그렇지만 그의 제자가 참여하는 〈비행하는 와인 양조학자〉에 등장하는 유명인의 모습은 결코 아니었다. 지칠 줄 모르는 실험 학자였던 페노는 와인 제조를 예술이 아니라 과학이라고 믿었다. 그가 조언한 새로운 방법을 채택하면 비록 비용은 더 들지만, 엄청난 발전이 가능할 것이라고 주장했다. 그의 컨설팅은 포도밭부터 시작했는데, 포도밭에서 포도 수확량을 줄여야 한다고 강력하게 주장했다. 가지치기를 하고, 과도하게 익었거나 형편없는 포도송이를 솎아내야 한다고 했다. 포도나무가 익는 과정을 주의 깊게 관찰하고, 최적의 시점에서 포도를 수확해야 한다고 촉구했다. 그가 컨설팅을 시작했을 당시, 보르도 지역의 포도는 대부분 너무 일찍 수확되고 있었다. 이러한 관행으로 수확 시기가 늦어 생길 수 있는 날씨의 위험은 줄지만, 와인이 대부분 도수가 약하거나 밋밋하고 혹은 시어버릴 수 있다는 것을 의미하기도 했다. 페노는 이런 방식을 모두 바꿨다. 또한 그는 최고의 와인을 위해서는 최고의 포도송이만을 골라 사용해야 한다고 설파했다. 포도밭의 특별한 구역에서 생산되거나 혹은 한 종류의 포도나무에서 생산되는 포도는 그 와이너리의 대표 제품을 만드는 데 사용하라고 했다. 그 대신에 다른 포도로는 2등급 와인을 만든다. 페노의 접근 방식은 노동집약적이고 포도를 선별하는 비용이 추가되지만, 멋지게 이를 상쇄하는 최고의 제품을 만들었다.

페노의 조언은 양조장에서도 주요했다. 양조장은 포도가 으깨진 이후의 장소다. 그는 엄격하게 위생 기준을 지켜야 박테리아의 성장을 막을 수 있다고 주장했다. 그리고 와인 제조업자들에게 와인을 숙성시킬 때 사용하는 지나치게 오래된 오크 통은 모두 교체하라고 권유했다. 무엇보다도 발효 중에 발생하는 열을 조절해야 한다고 믿었다. 우리는 6장에서 지나치게 낮은 온도에서는 효모가 비활성화되고 높은 온도에서는 과활성화된다는 점에 주목했다. 페노는 발효 온도를 최적으로 유지해야 한다고 단호하게 말했다. 그의 신념은 전통적인 대형 오크 발효통을 폐기하는 것이었다. 그 대신에 샴페인 지역에서 처음 개발된 기술인 냉각 코일이나 냉각 재킷을 개별적으로 장착한 스테인리스 발효 탱크로 대체하자고 주장했다. 지금은 일반화된 온도 조절이 가능한 발효통은 발효가 진행되는 동안뿐만 아니라 발효 전 포도즙을 냉각시킬 때, 또 발효 후 어린 와인에 안정적 환경을 제공하는 데 사용할 수 있기 때문이다.

이러한 장비의 장점은 특별히 알제리와 같은 지역이나 심지어 프랑스 남부 지역 일부에서 고품질의 와인을 만들 수 있다는 것이다. 더운 지역에서는 이런 장비가 없다면 과거의 싸구려 와인 말고는 아무것도 만들 수가 없다. 페노가 선호했던 생산 방식은, 일부 와인의 경우, 1차 발효 후에 추가로 '말로락틱malolactic' 발효를 시키는 것이다. 말로락틱 발효는 1차 발효된 포도즙에 많은 거친 능금산을 훨씬 부드러운 젖산으로 바꾸는 박테리아를 접종시키면 시작된다. 이러한 변환 과정에서 와인의 신맛을 희생시키는 대신 방향

그림 11.1 에밀 페노(왼쪽)와 메이너드 아메린(오른쪽)

성 성분이 때때로 만들어진다. 와인의 맛이 부드러워지는 현상은 저절로 일어나지만, 페노가 등장하기 전까지는 산성 성분이 줄어들기 때문에, 대부분 문제점이라고 생각했다. 지금도 특별한 조건에서는 말로락틱 발효의 득과 실이 여전히 논쟁의 대상으로 남아 있다.

페노는 와인을 담그는 전통 기술에 과학적인 시각을 도입해 보르도 와인의 품질에 혁명을 이끌었다. 외국의 와인 제조자들 사이에도 반향을 불러일으켰다. 생산자가 그의 조언을 마음에 새길수록, 고급 클레레트는 해가 갈수록 더 좋아지고 신뢰도도 높아졌다. 보르도에서 소규모로 생산되는 와인의 품질은 물론이고, 나중에는 다른 지역의 와인의 품질도 모두 상승했다. 이후 20세기 후반부에는 와인 산업이 상업적으로 변신했고, 그 영향으로 와인 품질은 더욱 향상되었다.

당시 페노가 와인 산업에 기여한 영향력은 대단했지만, 제2차 세계대전 이후까지 그만한 위상을 가진 와인 양조학의 현인이 또 있었다. '메이너드 아메린Maynard Amerine'은 페노와 거의 정확하게 동시대를 살았고, 캘리포니아 주립대학교 데이비스 캠퍼스의 교수였다. 그 역시 학자였지만 마찬가지로 한쪽 발은 굳건히 바깥 세계를 딛고 있었다. 아메린이 캘리포니아의 많은 와인 생산자에게 컨설팅하고 있을 시점에, 와인 산업은 금주령과 제2차 세계대전이라는 시련을 겪고 르네상스에 진입하고 있었다. 와인 산업에서 미국의 장점은 기후와 포도 품종에 있었다. 아메린은 전쟁 이전에 이미 그의 동료 앨버트 윈클러Albert Winkler와 같이 일하면서 같은 포도나무도 다른 장소에서 키우면 다른 와인을 생산한다는 사실을 알아냈다. 가장 중요한 변수는 온도였다. 품종과 무관하게 서늘한 지방에서 키운 포도나무는 포도가 여무는 시간이 더 오래 걸렸다. 포도 껍질은 더 얇고, 더 신맛을 내며, 더 짙은 색이고 추출물도 그랬다. 따뜻한 곳에서 자란 포도는 빨리 익었고 당도도 높았다. 동시에 특정 품종은 특정 온도 구간에서 아주 좋은 특성을 나타냈다. 윈클러와 아메린은 '윈클러 척도'로 알려진 것을 사용해 지역별 온도를 기준으로 캘리포니아에서 지역별로 잘 적응하는 품종을 보여주는 지도를 만들었다. 전쟁이 끝난 후에는 와인의 맛을 감각적으로 평가하는 영역에도 관심을 가지고 탐구했으며, 저서 『와인: 감각적 평가Wine: Their Sensory Evaluation』를 남겼다. 이 외에도 캘리포니아에서 와인 제조업체에 어떤 품종을 재배할 것인지에 대해 적극적으로 조언하고, 캘리포니아 전역에서 활동하면서 오늘날 우리가 알고 있는 캘리포니아 와인 산업의 발전을 창출하도록 많은 와인 제조업체를 훈련시켰다.

◆ ◆ ◆

제2차 세계대전 이후 와인 제조에서 과학적 노력에 따른 성과가 이어졌다. 포도 재배자들은 재배 방식이나 관리 방법뿐만 아니라 그들의 포도밭 어느 위치에 어떤 품종을 키워야 하는지 더욱 관심을 기울이게 되었다. 한편 와인 제조자는 포도에서 와인으로 전환되는 과정을 더 정밀하게 제어하고, 공정상의 모든 단계를 주의 깊게 모니터하며, 바람직한 범위에서 벗어나면 즉시 관리하기 시작했다. 이러한 결과, 21세기 초에는 알아서 저절로 발효되는 와인은 거의 없어졌다. 품질을 중요하게 생각하는 와인 생산자는 모두 포도밭과 양조장에서 발생하는 일을 전부 실시간으로 추적하는 실험실 시설을 각각 갖추게 되었다. 포도나무를 심는 최적의 간격은 품종과 재배 조건에 따라 미리 결정되었다. 세세한 가지치기와 간헐적 솎아내기는 줄기에 달린 열매의 수를 줄였다. 그리고 포도나무에 남은 열매에 대한 영양 공급은 늘어나게 되었다. 가능한 한 최대로 농축된 와인을 만들고자 한다면, 포도가 여물기 전에 미리 약 3분의 1을 솎아낼 수도 있었다. 포도송이를 개별적으로 햇빛에 더 노출시키려면 잎을 솎아내면 되었다. 익어가는 포도에서 정기적으로 당분과 페놀류 물질의 농도를 모니터하고, 정점에 이르는 순서대로 포도를 수확해야 한다. 완전히 숙성된 포도만 얻게 되는 것이다.

그러나 가장 좋은 수확 시기를 만약 잘못 판단했거나 악천후 때문에 수확기를 당겨야 한다면, 이런 문제는 현재의 기술적으로 해결할 수 있다. 와인의 색, 맛, 향이 옅어지는 것을 방지하고 포도 추출을 증가시키려면, 발효 개시 전에 포도를 냉장 상태로 침윤시켜 둔다. 이 과정은 저온 '마세라시옹'이라고 부른다. 또 역삼투는 공정 후반부에서 휘발성 산이나 과도한 알코올을 제거하는 데 도움을 준다. 역삼투압 장치는 우중 수확으로 수분량이 초과한 포도즙의 발효를 시작하기 전에 수분을 제거할 수도 있다. 진공 증발기를 사용해도 포도의 수분이 목푯값에 도달하지 않을 때 사용한다. 한외여과는 와인을 맑게 해줄 뿐만 아니라 산화된 페놀을 제거하는 데도 사용된다. 한외여과는 과량의 쓴맛 탄닌을 처리할 수 있는데, 산소 미량 공급으

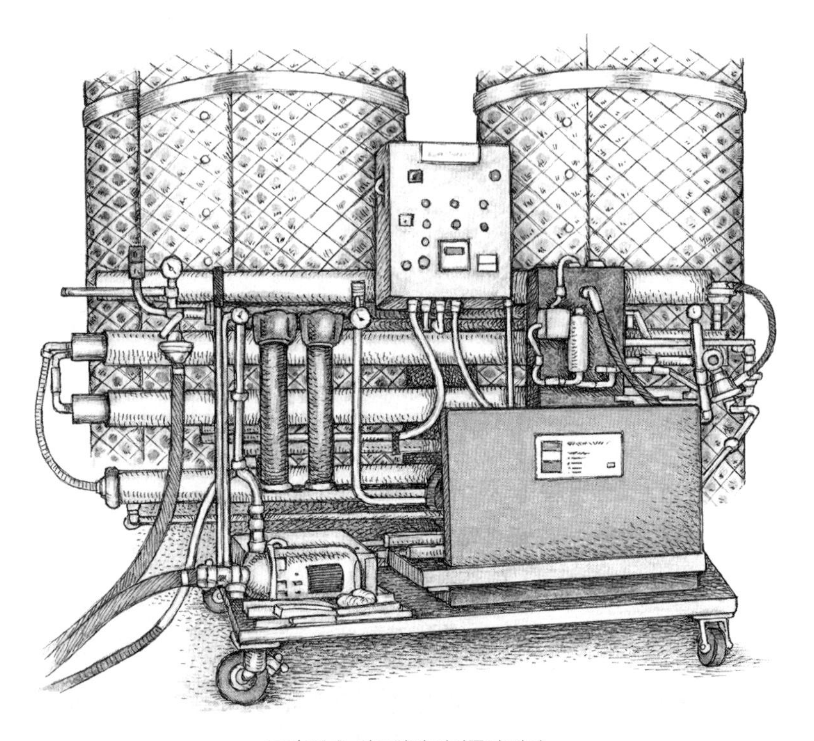

그림 11.2 양조장의 역삼투압 장치

이 장치는 정교한 기술을 사용해 막 발효된 와인에서 작은 분자를 걸러낸다. 수확기에 근처의 비로 인한 과도한 수분을 포도즙에서 추출하거나, 원치 않는 맛을 제거하거나, 지나치게 높은 알코올 농도를 낮추기 위해 종종 사용된다.

로 탄닌을 줄이는 방법을 선택하지 않는 제조자가 사용하는 방법이다. 적절한 시점에 적절한 위치에 적은 양의 산소를 투입하는 산소 미량 공급은 실제로 부드럽고 쓴맛이 가신 와인이 만들어지도록 돕는다. 전기투석은 타르타르산염 수치와 산도를 조절하고, 원하지 않는 칼륨을 제거하며, 다양한 목적으로 활용된다. 이러한 현대 기술과 방법이 등장하기 전에, 매년 포도 품질의 변화를 보정할 수 있는 가장 좋은 방법은 발효 시간을 조정하고 숙성 시기가 다른 품종을 혼합해 맞추는 것이었다. 지금은 이런 헛수고는 하지 않는다.

오늘날에는 와인 생산자가 공정 중에 사용할 수 있는 설비 종류를 나열하자면 끝이 없다. 포도밭에서 발생하는 문제 대부분을 해결할 수 있는 기술은 바로 생산자의 손에 있다. 그러나 그럼에도 불구하고 아직 변하지 않는 것이 하나 있다. 포도밭 농사가 제대로 되었다면, 목표하는 와인을 생산하기 위해 와인 생산자가 공정에 관여할 필요가 적어진다. 그렇더라도 마지막에는 와인을 숙성시켜야 한다. 정확하게 목표하던 어린 와인이 얻어졌다고 해도, 여전히 결정할 것이 많다. 기본적으로 결정해야 하는 것은 와인을 숙성시키는 설비다. 스테인리스스틸이나 유리같이 와인과 상호작용을 하지 않는 불활성 재료를 사용하거나, 아니면 변함없이 오크를 선택해야 한다. 오크 숙성을 선택하면 여러 종류의 참나무가 기다리고 있다. 이들은 나뭇결의 강도, 나무속에 들어 있는 물질과 와인에 영향을 미치는 여러 변수에 따라 다르다. 약 225리터 용량의 작은 통이 표준이 되었지만, 와인 생산자는 오크 통 내부를 심하게 태울지 아닐지를 또 선택해야 한다. 전통적으로 오크 통 장인들은 화롯불 위에서 나무판을 구부리는데, 다른 이들보다 더 불에 심하게 태우는 장인도 있다. 태운 정도가 다르기 때문에 와인은 오크 통에 따라 영향을 받는다. 와인 생산자는 또 얼마나 자주 배럴을 교환할 것인지 결정해야 한다. 오크 통은 사용할 때마다 추출되는 물질이 줄어들기 때문이다. 오크 통에 와인을 저장하는 기간도 문제다. 와인은 오크 통에 오래 머물수록 오크 화합물을 더 많이 흡수하고, 외부로부터 확산되어 들어오는 소량의 산소에 더 오래 노출될 것이다. 오래 둔다고 해서 반드시 더 좋은 것은 아니다. 와인의 맛은 기본적으로 오크 통의 선택에 달려 있다. 와인 제조사가 시간에 쫓기거나 새 오크 통 가격이 문제가 될 경우, 오크 칩이나 혹은 더 저급한 것도 첨가한다.

◆ ◆ ◆

페노의 과학적 처방은 영혼이 없고 표준화된 제품에 대한 산업 공식과 같다는 이유로 종종 공격받았다. 그러나 그는 실제로 날카로운 관찰력의 소유자이며, 포도나무 재배와 양조뿐만 아니라 테루아에 대해서도 절묘하게 파악하고 있었다. 그래서 포도나무의 재배 방법은 지역에 따라 달라야 한다고 주장했다. 그의 접근 방식 덕분에, 헐값에서 최고가의 와인이 만들어지는 놀라운 정도의 실질적 개선도 있었다. 그 덕분에 우리는 좋은 와인을 즐기며 살고 있다. 그런데 페노가 주장하는 관리의 엄격함의 영향으로 와인 제조에 최적의 제조법과 심지어 최적의 제품이 존재한다고 믿으려는 유혹을 강하게 받는 사람도 생겼다. 이러한 믿음은 파커 세대의 비평가들로 이어지면서 더 견고해졌다. 만일 와인 제조업자가 포도즙을 발효할 때 완전한 조건을 맞추는, 세상에 없는 기술을 사용할 수 있다면 아마도 그 와인은 훌륭하겠으나, 특별히 흥미롭거나 혁신적이지는 않을 것이라는 점은 분명하다. 현대의 테이블 와인은 반세기 전의 와인보다 훨씬 더 높은 수준이지만, 획일적으로 되어가는 경향이 있기 때문이다.

와인의 생산 규모 역시 엄청나게 달라졌다. 여러 포도밭에서 심지어는 수 킬로미터 떨어진 곳에서 구매한 포도로 병마다 혹은 매년 일관된 기준에 부합하는 제품을 대량 생산할 수 있다는 사실을 보고 있자면 그저 놀라울 뿐이다. 이런 일관성은 와인 브랜드를 개척하려거나 유지하려는 생산자에게 필수적이다. 하지만 나중에는 뒤앙스라는 대가를 치르게 마련이다. 놀랍도록 좋은 와인이 산업적인 규모로 생산되고 있지만, 대단하다거나 정말 흥분되는 그런 와인은 아니다. 정말 매력적인 제품은 언제나 소규모로 그리고 일반적으로 특별한 장소에서 생산되기 때문이다. 이러한 조건에서라면 와인 생산자는 매회 생산분을 각각 다르게 취급하고, 개별적인 특징에 맞추어 취급할 수 있다. 이와 같이 집중적인 관리를 할 수 있는 것은 와인 생산자가 여기에 재능이 있거나 숙련되었기 때문이 아니다. 대규모로 생산을 할 만한 규모의 경제가 아니어서 발생하는 고비용을 상쇄시키는 충분한 대가가 지급되어야 가능하다.

전통적인 와인 제조 기술에 기후 과학과 화학이 추가되었다. 이런 방식이 좋든 혹은 아니든 상관없이, 포도와 테루아 사이에 무게 중심의 이동은 피하기 어렵다. 포도 품종에 따라 재배 가능한 특정 지역과 재배하기 어려운 지역이 확인되면서 추상화되었던 테루아는 그 자체의 신비감을 다소 상실했다. 반면에 포도 자체는 상당한 정도로 기술의 영역에 종속되었다. 예를 들자면 1976년 파리에서 열린 블라인드 시음회에서 프랑스 심사위원단은 캘리포니아에서 생산된 샤르도네와 카베르네 소비뇽을 최고급 '화이트 버건디'와 '레드 보르도'를 구별해 내는 데 매우 애처로울 정도로 상당한 어려움을 겪었다. 설상가상으로 내퍼밸리의 카베르네 소비뇽이 최고의 영예를 얻었다. 역설적으로 캘리포니아 와인 제조사들은 의식적으로 프랑스 모델을 모방하기 위해 노력했고, 이러한 사실 때문에 그들의 승리는 대서양 건너 동료들에 대한 에두른 칭찬이 되었다. 그러나 이런 결과 역시 세계적으로 와인 스타일이 수렴하고 있다는 증거다. 이는 또한 포도 품종이나 테루아보다는 최신 기술이 점점 지배적이 되면서 가능해진 것이다. 20세기 말에 평론가들은 와인의 세계화에 통탄하기 시작했고, 이런 발전은 많은 사람에게 아쉬운 상실감을 안겨주었다.

당연히 여전히 이러한 추세를 거부하는 독불장군도 많다. 이탈리아와 슬로베니아 국경 프리울리의 조스코 그라브너 같은 사람은 고대의 선조들이 했던 것처럼 땅에 묻은 거대한 점토 항아리에서 와인을 만드는데, 이런 와인은 여전히 고급으로 평가받는다. 그의 이웃 '스탄코 라디콘'은 파쇄한 백포도를 거대한 오크 발효통에 몇 달씩 담가두었는데, 이것은 그의 조부가 사용하던 제조 공정 혹은 장치를 따라서 모방한 것이다. 현재의 표준적인 제조 방식에서 근본적으로 벗어나려는 이와 같은 시도는 이탈리아 북부의 소도시 '고리치아Gorizia'에서 일어나고 있다. 그라브너와 라디콘 같은 와인 생산자는 오늘날 가장 흥미로운 와인을 만들고 있다. 그렇다고 모든 사람의 입맛에 맞거나 그 와인의 애호가들조차도 매일같이 마시고 싶은 와인은 아니다. 이런 와인 생산자나 이들의 제품이 과거와 다를 수 있지만, 현대의 혁신적인 와인 생산자 대부분은 여전히 테루아를 무시하지 못하고 있다. 모두 테루아라는 땅 쪼가리에 경제적으로 그리고 정서적으로 애착을 느끼기 때문이다. 그리고 그들의 노력은 와인 제조가 기술적으로 완벽해야 실제로 테루아의 장점이 최고로 발휘될 수 있게 한다는 것을 보여주었다.

호주의 '펜폴즈Penfolds'에서 생산하는 '그레인지 허미티지Grange Hermitage' 같은 와인은 누구도 부인할 수 없는 훌륭한 와인이지만, 특정 지역을 지칭하는 테루아의 개념과 무관하다. 그레인지 생산자는 멀리 떨어진 것과는 무관하게 최고의 포도밭에서 최고의 시라즈 품종 포도를 수매한다. 이유는 시라즈 품종의 특성을 분명히 드러내기 위해서다. 요즘은 신맛의 조화를 위해 다른 포도를 조금 섞는 경우도 종종 있다. 다른 와인과 달리 그레인지는 강력하고 개별성이 강한 와인이다. 그러나 주변에는 단일 포도밭에서 나온 포도로 만드는 시라즈 제품도 있다. '헨슈케Henschke'의 전설적인 '힐 오브 그레이스Hill of Grace'는 그렇게 생산된다. 기술적 완성도는 테루아나 품종의 특성에 영향을 주지 않음을 알 수 있는 두 가지 사례다. 와인 생산자가 제조상 오류를 회피하는 기술을 많이 활용했다고 해서, 포도밭이나 품종의 특성이 쉽게 사라지지는 않았기 때문이다.

다른 한쪽에서는 판매자의 꿈이 이루어지고 있었다. 기술이 와인 제조 과정에 끊임없이 관여하게 되었고, 그 결과로 대규모의 소비자들의 마음을 끄는 스타일로 와인이 표준화되었기 때문이다. 과거에 쏟아져 뒹굴던 싸구려 와인에 비교하면, 상당히 괜찮은 와인을 현대 와인 산업이 운영되는 방대한 규모로 생산할 수 있다는 것은 기술의 승리다. 그러나 대량 생산되는 깔끔한 와인은 특히 음식과 함께 즐기기는 좋지만, 특정한 조건에서 재배되고 개별적으로 양조되는 최고의 수제 와인과는 거리가 멀다. 좋은 와인과 완벽한 와인은 전혀 다른 것으로, 테루아와 노동의 투입보다는 높은 수준의 예술성으로 구분되는 것이다. 그런데도 와인에 담긴 놀라움의 요소를 좋아하는 사람들은 과학이 발전함에 따라 기대하는 것이 많다. 과학은 와인에서 독창성과 독특함의 적이 아니다. 과학이 포도밭에서 비롯된 문제를 숨기기보다는 원래 포도의 품질을 높이기 위해 사용되는 한, 우리는 뜻밖의 흥미로운 발견을 기대할 수 있다.

◆ ◆ ◆

와인 사기라는 주제에 대해 살펴보자. 우리는 어떤 와인이 좋은지 아닌지를 과학적으로 혹은 감각적으로 설명하려고 한다. 그러나 어떤 와인이 다른 와인에 비해 우수하다는 생각 때문에 가짜 와인은 항상 존재했다. 그리스인과 로마인도 와인에 엉터리 라벨을 붙이거나 속이는 데 대해 자주 불평했다고 한다. 그 옛날 로마인인 플리니 디 엘더는 가짜 와인이 넘쳐난다는 사실에 분노했다. 로마에는 한때 팔레르노Falerno 와인이 엄청나게 유행했다. 당연히 대부분은 진품이 아니었다. 중세 영국 최고의 시인 초서Chauser는 스페인 제품을 구매할 때 특히 주의하라고 와인 구매자에게 경고

했다. 한편 토머스 제퍼슨은 파리에서 체류할 때 클라레를 좋아했는데, 포도밭에서 직접 구매하는 신통한 방법을 바로 알게 되면서부터, 와인 상인들의 속임수를 믿지 않았다. 근대 와인 사기의 기원은 실제로 제퍼슨 시대부터 추적해 볼 수 있다. 18세기 후반은 제퍼슨이 와인을 본격적으로 구매하기 시작하던 때였다. 그리고 코르크 마개가 사용되기 시작했고, 와인병은 눕혀서 겹쳐 쌓기를 하게 되었다. 그래서 영국의 귀족들은 오래 보관할 특별한 와인을 나중에 마시기 위해 아래쪽에 눕혀두기 시작했다. 최고급 클라레, 마데이라Madeira, 포트Port, 호크Hock, 일부 버건디 같은 와인이다. 병 숙성을 하는 동안 어떤 와인에는 복잡 미묘한 맛이 더해진다는 사실을 알게 된 이후부터 시작된 전통이다.

병 숙성 동안 산소가 와인의 화학물질과 부분적으로 상호작용하면서 와인의 진화가 일어난다. 산소는 코르크 마개 아래 갇힌 공기 중에 포함되어 있거나 소량은 코르크로 투과되어 들어온다. 보르도에서 생산되는 와인처럼 오래 추출해서 만든 쓰고 떫은 듯한 와인은 저장고에서 병 숙성을 시키면 특히 좋아진다. 숙성할수록 와인에 포함된 알코올과 산이 부드러워지고 탄닌이 분리되기 시작하기 때문이다. 이런 와인은 처음에는 구매자가 나중에 마시려거나 그의 후손들을 위한 것이었다. 결국 이런 와인은 손자에게 물려주고, 그 대신 자신의 조부가 저장해 둔 와인을 마시게 되었다. 병 포장 때문에 2차 시장이 발전할 수 있는 조건이 만들어졌다. 결국 와인이 오래될수록 더 귀해지고 가치는 높아져만 갔다. 이때부터 라벨은 병 속에 든 와인만큼 귀해지기 시작했다. 와인은 라벨이 부착되지 않은 상태로 포도주 생산자의 오래된 지하 창고에서 보관되었고, 구획별로 와인병을 쌓아 구분했다. 그래서 아마 사실은 아닌 듯하지만, 한편으로 상당히 그럴 듯한 와인 창고 이야기가 있다. 창고 담당 직원이 공포에 질려 울면서 계단을 뛰어 올라와 "주인님! 마스터! 지하 창고가 물에 잠겨서 술병들이 사방에 떠다니고 있습니다"라고 말하자 와인 창고 관리자는 침착하게 웃으며 "걱정할 필요 없어요. 내 책상에 있는 라벨들은 모두 안전하고 멀쩡해요!"라고 말했다. 허리케인 샌디가 뉴욕시를 덮쳤을 때, 뉴욕시의 와인 저장고에는 이런 요행이 없었다. 이곳에서 발생한 홍수 때문에 끝이 없을 것 같은 법정 소송이 이어졌다. 와인은 특히 보험에 가입되어 있지 않았기 때문이다. 이런 이야기가 주는 교훈은 분명하다. 생산자에서 소비자로 이어지는 공급망에는 과거부터 바꿔치기 및 불법 행위의 가능성이 항상 있어왔다는 것이다. 그리고 이런 가능성은 와인병의 등장으로 더욱 다양해지고 새로워졌다.

20세기 중반에 두 가지 트렌드가 나타났다. 첫째는 전쟁 이후 재정적 스트레스에 시달리고 있던 귀족의 후손 중 상당수는 자신들이 오래된 와인을 많이 가지고 있다는 사실을 알게 되었다. 이런 사실은 경매상의 눈길을 피할 수 없었고, 경매상은 적극적으로 두 번째 트렌드를 개척했다. 이어서 수집가는 가능하면 오래된 최고급 클라레나 필록세라 이전의 값비싼 와인을 점점 더 요구했다. 1960년대가 되면서 이런 와인에 대한 욕구는 엄청나게 커졌고, 경매 가격은 치솟았다. 그러나 이런 와인은 전성기를 충분히 지났을 가능성이 크다. 그 이유는 처음에는 아무리 맛이 강하고 탄닌이 풍부한 와인이더라도, 그리고 병 숙성 동안에 얼마나 훌륭하게 진화했더라도, 결국 와인은 오래되면 변질되기 때문이다. 영원한 와인은 없다. 최고급 와인은 원래부터 꼭 마셔서 없어지는 운명을 타고나지는 않았다. 최고급 와인 가격이 치솟을수록 사기 세계에서 수익성은 높아지고 발각될 가능성은 낮아진다. 그래서 보통의 다른 사기 사건에 비교해, 와인 사기는 눈에 띄는 일부만 드러났다.

벤저민 월리스Benjamin Wallace가 저술한 흥밋거리 역사 이야기가 담긴

그림 11.3 로덴스톡의 Th. J. 와인 중 하나
경매에서 맬컴 포브스에게 팔렸으나
아무도 마시지 못했다.

『억만장자의 식초The billionare's vinegar』에서는 토머스 제퍼슨이 직접 등장하는 가장 악명 높은 비교적 최근의 스캔들을 소개한다. 1980년대 중반에 경매장이나 혹은 부유한 와인 마니아 동호인들이 참석하는 엄선된 시음회에, 오래되어 보이는 보르도 와인병이 모습을 드러내기 시작했다. 이 와인병에 표시된 연도는 1784년 또는 1787년으로 오래되었을 뿐만 아니라 "Th. J."라는 이니셜이 새겨져 관심을 끌었다. 경매를 위탁한 독일인 수집가 하디 로덴스톡Hardy Rodenstock은 파리 주택이 철거되는 과정에서 벽으로 둘러싸인 지하실의 숨겨진 장소에서 발견되었을 뿐만 아니라, 이니셜이 토머스 제퍼슨을 의미한다고 주장했다. 이것은 제퍼슨이 1789년 파리를 떠나 미국으로 이주할 때 미처 운반하지 못했던 와인이라는 것을 의미했다. '몬티셀로'의 제퍼슨 재단의 전문가들은 이에 대한 인증을 거부했지만, 1985년 말 런던에서 1787년식 '라피트Lafite'가 당시까지 최고 금액의 네 배인 15만 6000달

러에 팔린 영향이 컸다. 구매자는 미국 출판계의 거물 맬컴 포브스Malcolm Forbes였다. 그는 와인을 강렬한 조명 아래 전시해 대중에게 공개했다. 그 결과 코르크 마개가 쪼그라들어 와인 속으로 빨려 들어갔다고 알려졌다. 포브스는 이 와인을 마실 계획이 없었겠지만, 이 불행한 사건 때문에 금전적으로 고귀하고 오래된 액체는 누구도 맛을 보지 못했다.

이후 로덴스톡은 1986년 샤토에서 열린 비공개 시음회에서 제퍼슨의 창고에서 나온 1787 무통Mouton을 내놓았다. 참석자 모두 훌륭한 와인이고, 여전히 맛이 좋고, 병에서 잘 숙성되고 있다고 이구동성으로 감상을 표명했다. 이런 성공 이후에 로덴스톡은 1784년식 샤토 디켐Chateau d'Yquem을 가지고 경매시장으로 돌아왔다. 샤토 디켐은 매우 달콤한 와인인데, 200년이 지난 후에 가장 마시기 좋다는 와인이다. 그 전에 팔린 라피트의 진위 여부에는 논란의 여지가 있었지만, 디켐은 5만 7000달러에 팔렸다. 시음회와 판매는 계속되었고, 1988년 뉴올리언스에서 열린 115 빈티지 라피트 시음회에 로덴스톡은 1784년산 한 병을 내놓았다. 그러나 완전한 실패였다. 보도에 따르면 다른 오래된 라피트처럼 산화된 느낌을 주지 않았고 게다가 질적으로도 달랐다. 그 와인은 짙은 색에 신맛이 느껴졌고, 산화된 최고급 와인이 그러하듯 유리잔에서 우아하게 흘러내리지도 않았다. 사람들이 당황했지만, 로덴스톡은 얼마간 시간이 지난 후에 제퍼슨 저장고에서 나온 와인 네 병과 다른 18세기 와인을 엄청나게 부유한 수집가 빌 코흐Bill Koch에게 개인적으로 팔았다. 중개인을 통해 완료된 거래는 모두 40만 달러의 가치에 근접했다.

로덴스톡의 와인 사업이 꽃을 피우면서 그가 오래된 와인을 발굴하면 오히려 더 놀라운 일이 되었고, 그가 제공하는 와인 시음회는 더 고상하고 사치스러워졌다. 동시에, 한쪽에서는 그의 와인이 진품인지에 대한 의심이

상당히 커졌고, 이는 아마 1980년대가 끝나는 무렵에 오래된 와인의 경매 가격을 전반적으로 하락시킨 원인이었을 수 있다. 결국 주로 로덴스톡에게 와인을 구매한 어떤 개인의 와인 저장고를 감정한 결과 상당수가 가짜 와인으로 추정되었다. 검사를 위해 실험실로 보내진 와인 중에는 제퍼슨의 1787년 라피트가 포함되어 있었다. 바닥에 가라앉은 침전물은 200년 된 와인의 특성에 상당하지만, 액체로부터 유래한 삼중수소와 방사성탄소 수치는 와인의 기원을 한참 이후인 1960년대 또는 1970년대로 제시했다. 이렇게 밝혀지자 독일인 주인은 이 와인이 침전물이 남아 있는 오래된 병에 새 와인을 넣은 가짜라고 인정할 준비를 하고 있었다. 그러나 심지어 법적 조치와 공방이 시작되고 과학적인 실험이 더 진행되었음에도, 로덴스톡 자신은 계속해서 번창했다.

2005년이 되어서 빌 코흐가 제퍼슨 와인 네 병에 대해 의심하기 시작하면서 큰 변화가 일어났다. 그는 사설탐정을 고용했는데, 와인병의 글씨를 현대식 치과용 드릴을 사용해 새겼다는 것을 발견했다. 유죄를 확실히 입증하는 다른 정황증거가 등장했고, 코흐는 뉴욕에서 로덴스톡을 상대로 직접 소송을 제기했다. 이 소송은 법원에서 관할권이 없다고 판결했기 때문에 2008년에 기각되었다. 그러나 그 무렵 로덴스톡과 와인 세계의 많은 유명 인사들이 모두 신뢰를 잃었다. 상황은 종결되었다. 지금도 이 사기 사건과 관련된 법적인 혹은 와인 감정 파문이 모두 해결되려면 아직 멀었다.

윌리스가 그의 책에서 강조했듯이, 흔히 있는 신용 사기처럼 피해자들은 자발적으로 사기꾼에게 협력한다는 사실이 이런 부끄러운 이야기의 핵심이다. 와인 세계에서 잘 알려진 일부 유명인들은 제퍼슨 와인이 처음 판매되기 전에 이미 있었던 경고 표시를 무시했다. 그리고 가짜 와인을 뛰어나고 우아하며 오랫동안 변하지 않은 먼 과거를 대표하는 와인이라고 단언했다. 그들의 찬사는 분명히 와인 그 자체와는 거리가 멀었고, 술을 마시는 사람들에게 와인이 이랬으면 하고 막연히 바라는 것뿐이었다. 인간의 뇌는 신비로운 기관으로, 현실을 정확하게 반영할 수도 있고 그렇지 않을 수도 있는 오류를 만들어낸다.

그러나 로덴스톡 사건은 여러 사기 사건 중에서 가장 널리 알려지고 가장 오랫동안 진행된 사건일 뿐이다. 수집가들이 희귀 와인 한 병에 엄청난 가격을 지불할 용의가 있는 한, 진품이든 아니든 간에 기꺼이 공급해 줄 사람은 나타날 것이다. 특히 20세기 후반부에 생산된 최고급 와인 중에 가짜가 있을 가능성이 높다. 가치가 계속 치솟고 있고, 기계로 제조된 특징이 없는 병에 담겨 있기 때문이다. 위조업자들이 손쉽게 최고 수준까지 만들 수 있도록, 현재는 거의 모든 종류의 와인을 위조할 수 있는 정확한 레시피가 있다는 소문이 무성하다. 그러나 더 단순한 사기도 가능한데, 가짜나 오래된 병에서 떼어낸 인기가 많은 라벨로 오래된 와인을 새롭게 탄생시키는 것이다. 사실, 라벨의 위조 행위가 얼마나 무신경하게 이루어지는지 놀라울 뿐이다. 때때로 가짜 라벨은 단순한 철자 오류로 구별할 수 있다. 그러나 최고급 와인 생산자들은 지폐를 인쇄하듯이 라벨에 표식을 삽입하거나 혹은 강력 접착제로 라벨을 부착해 위조를 방지하고 있다. 병 또한 더욱 독특하게 만들고 있다.

가장 최근에 발생한 올드 와인 사기는 로덴스톡 방식의 판박이였다. 재정적인 측면에서 규모가 상당히 커졌을 뿐이다. 놀라운 미각을 자랑하는 인도네시아 와인 감정가 루디 쿠니아완Rudy Kurniawan이 2003년 캘리포니아 남부의 '메가테이스팅megatasting' 현장에 처음 등장했다. 그리고 짧은 시간 동안에 엘리트 와인 소비자들 사이에서 굉장한 와인 전문가로서의 이미지를 형성해 나갔다. 처음에 그는 경매시장에서 희귀 와인 가격을 올리는 바람잡이였다. 이후에는 보르도와 부르고뉴의 인기 있는 와인을 내놓는 경매 시장의 주요 위탁인이 되었다. 2006년에 두 번의 뉴욕 경매시장에서 그의 소유로 알려진 와인 창고의 와인 품목들은 모두 3500만 달러 이상으로 거래되어 세상을 놀라게 했고, 솔직히 말도 안 되는 엄청난 수익을 올렸다. 일단 충격이 진정되자, 그 경매에서 희귀한 와인이 너무 많았다는 데 의문이 제기되었다. 2009년이 되면서 쿠니아완의 손을 거쳐 간 와인이 진품인지에 대한 의구심이 제기되었다. 이 인도네시아인은 이때까지 심지어 아주 기본적인 조심도 하지 않았다. 그는 병에 표시된 "빈티지" 이후 몇 년 동안은 생산하지 않은 와인 여러 상자를 경매에 내놓았다. 정말 속 보이는 사기극이었다. 그 와인 포도를 생산하는 포도밭 소유주가 자신들이 재배한 포도로 만든 와인이 아니라고 확인해 주기 위해서 경매에 참가할 필요를 느낄 정도였다.

2012년 초 FBI 요원들이 로스앤젤레스 교외에 있는 쿠니아완의 집을 급습해 와인 위조에 사용하는 용품들을 찾아냈다. 그 증거물은 코르크 마개, 수많은 포일 뚜껑, 19세기 이후의 와인에 대한 수백 개의 가짜 라벨, 저렴한 버건디 와인을 대량으로 구입했다는 기록이었다. 쿠니아완은 2013년 12월 우편 사기 혐의 두 건으로 유죄판결을 받았고, 2014년에는 징역 10년을 선고받았다. 한편 초대형 와인 수집과 화려한 와인을 삼키는 세상이 다시 한 번 체면을 구기는 동안에, 쿠니아완의 에피소드는 새로운 스캔들 뒤로 사라졌다.

그러나 와인 사기는 부유하고 과시적인 사람들만이 겪는 문제라고 결론 짓기 전에, 불량 와인이 보통 사람들에게 영향을 끼친, 비교적 최근에 발생한 몇 가지 사례를 보자. 오스트리아의 와인 수출 산업은 1985년에 거의 망할 뻔했다. 일부의 와인 생산자들이 소량의 '디에틸렌 글리콜diethylene glycol'

을 그들의 화이트와인에 첨가했다는 사실이 밝혀졌기 때문이다. 디에틸렌 글리콜은 자동차 부동액에 많이 사용되는 물질이다. 부동액 첨가는 신맛이 강한 가벼운 와인을 더 달게 그리고 묵직하게 느끼게 했고, 이웃 독일의 순수한 와인 소비자는 부동액 와인을 더 좋아하게 되었다. 디에틸렌 글리콜 때문에 상해를 입은 사람은 없었다. 그리고 오스트리아 와인 산업의 구조조정은 결과적으로 생산된 와인의 품질을 크게 향상시켰다. 그러나 이듬해 이탈리아에서는 값싼 와인을 마신 후 최소 20명이 사망했다. 알코올 농도를 높이기 위해 메탄올을 섞었기 때문이다.

와인 사기는 가장 성공적인 와인 생산지에도 있다. 와인 붐이 시작되었을 1973년에는 오랜 역사를 자랑하는 '샤토 퐁네카네 5e 크뤼Cinquième Cru Château Pontet-Canet'를 소유한 보르도의 기업 '크루즈 & 필스 페레르Cruse & Fils Frères'는 기록 조작과 관련된 스캔들에 휘말리게 되었다. 일반 레드와인에 '아펠라시옹 콩트롤레 보르도'라고 잘못된 라벨을 붙였다. 비록 이 스캔들에 개인적으로 관련되지는 않았지만, 가족의 수장 헤르만 크루즈Herman Cruse는 자살했고, 사업은 망신을 당했다. 그리고 샤토를 잃어버렸다. 그동안 소비자들은 제값을 못 하는 제품에 비싼 값을 지불한 것을 알게 되었다. 어느 때보다 와인 가격 상승기였던 1998년에, 또 다른 유명한 클라레 생산업체이고 마고의 중심부에 있는 '샤토 지스쿠르 3e 크뤼Trisième Cru Château Giscours'도 스캔들에 휘말렸다. 이 와이너리는 1995년 생산된 빈티지 와인 중 2등급 와인에 다른 연도와 다른 지역의 와인을 섞어 희석했고, 우유와 유기산 같은 불순물을 첨가한 혐의로 기소되었다. 직원 2명이 기소되었고, 소송 결과는 공개되지 않았다. 이러한 에피소드에도 불구하고, 보르도의 와인 가격은 계속 오르고 있다.

보르도의 최대 라이벌 지역인 부르고뉴가 최근 들썩이고 있다. 2012년 중반 프랑스 당국은 부르고뉴의 최대 와인 생산업체이자 운송업체 중 하나인 '라보에 루아Labouré-Roi'에 대한 조사를 시작했다고 발표했다. 전 세계의 소비자들에게 판매될 150만 병이라는 엄청난 양의 와인에 관련된 사기 혐의였다. 혐의는 원산지가 다른 외부의 와인을 혼합한 것, 유명한 포도로 만든 발효액을 값싼 테이블 와인으로 양을 늘린 것, 라벨을 엉터리로 표시한 것이 포함되었다. 사기 혐의는 와인의 맛을 감정한 것이 아니라, 라보에 루아의 와인은 당연한 증발 손실이 있음에도 와인의 양이 줄지 않았다는 것을 밝혀낸 감사에 의한 것이다. 이제는 규모로 보면 이런 와인 사기는 옛날이야기가 되어버렸다. 심지어 고급 와인으로 한정해도 그렇다. 2008년 이탈리아 언론에서는 고가의 '브루넬로 디 몬탈치노Brunello de Montalcino' 브랜드로 판매되는 수백만 리터의 와인이 법에서 요구하는 100퍼센트 '산조베제Sangiovese' 포도로 만들어지지 않고, 몬탈치노 외부에서 재배되는 값싼 포도가 섞였다는 의혹이 제기되었다. 이 '브루넬로폴리Brunellopoli' 스캔들은 너무 광범위하게 반향을 일으켰기 때문에 미국 정부는 실험실에서 순수한 산조베제로 확인되지 않는 한 모든 브루넬로 와인의 수입을 금지하겠다고 위협했다.

이 위협은 말로만 끝나지 않았다. 이론적으로 재배 지역이나 품종을 모두 확인할 수 있기 때문이다. 포도나무가 자라는 여러 지역에 따라서 탄소, 산소, 수소의 안정적 동위원소 구성이 다르고, 식량이 생산되는 세계 여러 지역의 동위원소 구성 비율에 대한 데이터베이스가 존재한다. 동위원소의 구성은 와인 제조 과정을 거쳐도 변치 않기 때문에, 모든 와인의 원산지를 분석할 수 있다. DNA를 활용하는 두 가지 기술을 통해서도 포도의 품종을 확인하는 것이 가능하다. 첫 번째는 와인병의 라벨 인쇄에 사용하는 잉크에 포도나무 자체의 DNA를 주입하는 것이다. 호주 와인 업체의 일부는 이 방법을 사용해 자사 제품을 추적 및 인증하고 있다. 두 번째 접근법은 포도주에서 DNA를 직접 분리하는 것이다. 발효는 최종 생산물에 있는 DNA를 파괴하지 않고 식품을 가공하는 방법 중 하나다. 병에 담긴 와인의 DNA가 분리되고 염기배열을 알아내면, 포도나무 혈통 대장에서 다른 포도나무와 비교해 와인을 만드는 데 사용하는 포도나무 품종을 찾아낼 수 있다. 이 방법은 멸종 위기에 처한 철갑상어 종에서 나온 캐비어를 식별하기 위해 수년간 사용되었다. 적절한 설비만 있으면 가공된 캐비어에서 추출된 DNA를 쉽게 분리할 수 있고, 어류 염기서열 데이터베이스와 비교해 어종이 어디서 왔는지 확인할 수 있다. 이러한 방법을 사용하면 와인 또는 식품의 출처에서 나온 DNA는 종이나 기원의 종류를 식별하기 위한 바코드로 사용된다.

여기서 설명한 품종의 고유성을 확인하는 방법은 최신 기술이며 미래에나 사용될 것이다. 하지만 역사의 교훈은 분명하다. 최고급 포도주들은 여태까지 생산된 것보다 더 많은 양이 소비되었을 것이다. 반면에 저가의 와인에서는 소의 피나 배터리에 사용하는 황산, 그리고 여러 불순물을 섞여 생기는 위험이 사라질 것 같지 않다. 특히 기후변화로 인해 열악한 재배 환경에 처한 생산자들이 점점 더 압박당하고 있기 때문이다. 오래된 희귀 와인을 사는 사람들은 항상 위험을 감수해 왔다. 세계의 유명 레스토랑에서는 특정 연도를 넘는 희귀한 와인을 주문할 때, 고객들에게 잔을 흔들어보고, 냄새 맡고, 한입 삼킨 후에는 와인을 되짜 놓을 수 없다고 경고하고 있다. 와인의 상태에 따라 아마도 마땅히 소비자는 그런 권리를 가져야 하는 것이다. 누군가는 위험을 감수해야 한다. 그리고 와인의 원산지를 보장하는 것은 다른 문제지만, 와인 시장에서는 매수자 위험 부담 원칙이 공정한 것으로 보인다. 게다가 정말 귀한 와인을 찾는 사람들을 위해 인터넷에는 위조된 오래된 병을 구별하는 방법에 대한 이런저런 유용한 조언이 이미 넘치고 있다.

일상적인 와인 소비자에게는 큰 변화가 없을 것이다. 와인에 장난을 쳐서 돈을 벌 수 있다면, 누군가는 그런 일을 할 것이다. 우리가 마시는 와인이 우리가 원했던 와인인지 확인하고 싶다면, 현재는 맛을 보고 평가하거나 와인에 대한 지식 또는 공적 감시에 주로 의존할 수밖에 없다. 기술을 사용하는 다른 방법도 있지만, 규제 완화의 시대에 공적 감시가 과거보다 강화될 것 같지는 않다. 누군가가 스마트폰을 통해 방대한 데이터베이스와 연결되는 와인 테스트 앱과 측정용 탐침을 개발하지 않는 한, 소비자들은 대부분 여전히 혼자서 문제를 해결할 수밖에 없을 것이다.

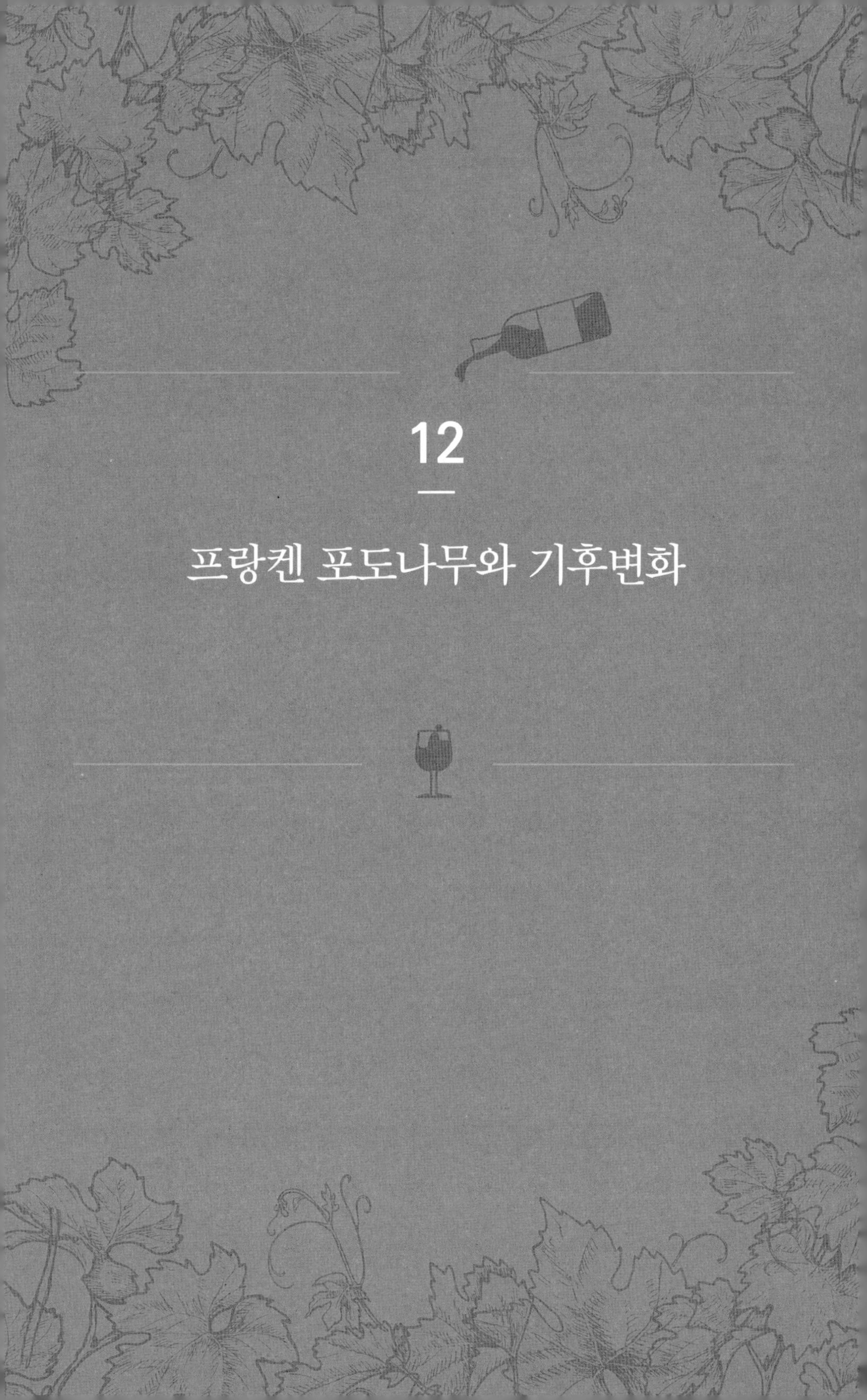

12

프랑켄 포도나무와 기후변화

로마인들은 스코틀랜드의 턱밑까지 밀고 올라가,

잉글랜드 전역에서 포도를 재배하고 와인을 만들었다.

남부 잉글랜드의 토양은 샴페인 지역과 비슷했지만,

열악한 기후로 포도 작황은 좋지 않았다.

이런 한계 지역에는 21세기까지도 소수의 고집이 세고 괴팍하며 막무가내인

와인 제조자가 남아 있다.

그러나 기후 온난화의 영향으로 상황은 변하고 있다.

그래서 우리는 현재 판매되는 영국 스파클링와인 하나를 골랐다.

전통적인 샴페인 포도 품종으로 만들었지만, 전혀 뜻밖의 맛이다.

고운 기포를 따라 청량하고 상쾌하며, 마지막에는 따뜻한 빵 느낌마저 났다.

몇 병을 더 살 수 있었으면 좋았을 것이다.

이 책은 와인의 오랜 과거를 돌아보는 것으로 시작했다. 이제 마지막이 가까워지면서 관심사를 미래로 옮겨보자. 되돌아보자면 지구상의 기후변화는 무서울 정도로 불안정했다. 지구 전체가 꽁꽁 언 눈 덩어리인 적도 있었고, 남극에 공룡이 서식하던 때도 있었다. 운석의 충돌, 태양을 도는 지구 궤도의 변화, 대규모 화산 폭발과 대기 성분의 변화는 여러 요인 중 일부에 불과하다. 이들의 상호작용으로 지구를 둘러싼 기후와 환경이 엄청나게 변화해 왔다. 와인 산업이 언제 어떻게 변하더라도, 미래를 생각해 보면 기후 상황은 그대로 유지되지 않을 가능성이 크다. 앞서 현대의 기술이 우리가 마시는 와인 품질에 어떻게 영향을 미치는지 간단히 살펴보았다. 머지않은 미래에 심각한 기후변동이 있을 가능성이 고조되고 있다. 이제 기술이 어떻게 기후변화의 영향을 완화할 수 있는지 알아보자. 유전공학이 기술적 해결책이 될 가능성이 높다.

유전자를 변형시키거나 특정 품종의 상호 교배, 유전자를 잘라내어 다른 생명체의 게놈에 옮기는 등 인간이 관여하는 것은 모두 유전공학이라고 할 수 있다. 이렇게 기준을 넓혀보면, 인류는 수백 년 동안 포도나무에 유전공학을 적용한 것이다. 유전공학이 바로 우리가 여러 종류의 다양한 와인을 즐길 수 있게 만든 주역인 셈이다. 그러나 전통적인 방식의 유전공학은 정밀하지도 않을뿐더러 오랜 시간이 걸린다. 특히 교배를 통해 원하는 대로 형질이 얻어지지 않을 때마다 좌절하기 마련이다. 반면에 현대의 유전공학 기술은 시간을 단축시키고 실패 확률을 줄여준다. 이미 우리가 알고 있듯이, 수천 종의 포도와 포도나무 그루터기의 유전자 염기배열을 통해 와인 포도의 유전자 족보가 만들어졌다. 이 족보는 와인 제조에 관련된 포도 품종을 확인하고 추적하는 데 중요한 자료다. 이뿐만 아니라 어떤 조합의 교배가 원하는 형질을 가지게 되는지 예측하는 데 사용할 수 있다.

포도나무의 유전체에는 2만 개가 넘는 유전자가 있다. 포도나무 세포가 생존하는 데 필수적인 유전자는 이 중 일부에 불과하다. 나머지 유전자는 포도와 포도나무의 형질을 결정한다. 예를 들어 필수 유전자는 씨를 만들거나 포도의 색을 내는데, 형질유전자는 와인을 맛있게 만들거나 다른 와인과 구별되는 특징을 만든다. 지금까지 특정 기능에 관련된 유전자 마커가 포도 유전자의 족보에 등록된 것은 많지 않다. 그러나 이런 유전자는 포도 품종에 따라 유전자 염기배열이 달라지기 때문에 쉽게 찾아낼 수 있다. 그리고 와인의 어떤 특성에 관여하는 유전자가 발견된다면, 유전자에서 가까운 위치에 존재하는 서로 연결된 유전자 마커를 찾아낼 수 있다. 예를 들어, 어떤 유전자 마커가 효율적으로 당분을 생산하는 특성이나 혹은 특별히 매력적인 포도 색깔의 형질과 가까이 연결되어 있다면, 포도를 재배하는 사람은 포도나무의 유전자 족보 책을 훑어보고, 이러한 특성을 가진 유전체를 가진 품종들을 골라내 이로부터 교잡종을 만들 수 있다. 포도나무의 유전자 족보 때문에 포도 재배자는 쉽게 육종학자가 될 수 있는 것이다. 유전자 족보가 더 정교해질수록 포도 품종을 개선시키는 육종 능력도 향상될 것이다. 그래서 포도를 재배하는 사람들은 앞으로 200년이 지나도 과거 수천 년 전의 선조들과 기본적으로 같은 일을 하겠지만, 선조들이 몰랐던 와인 제조에 유용한 포도의 특성을 좋게 만드는 유전적 교잡 방법을 알게 될 것이다.

유전공학은 좋은 유전자를 한쪽에서 다른 쪽으로 옮겨준다. 유전자 분자를 잘라서 옮기거나 혹은 교배시키거나 하는 방법만 다를 뿐이다. 농업 분야에서 잘 알려진 유전공학의 사례는 유전자조작 옥수수인데 해충의 침입을 막고 빠르게 성장하도록 개발되었다. 유전자조작이라는 방식으로 자연이 침해된다는 논란이 있지만, 유전공학은 농업이나 축산 분야에서 엄청난 가치를 만들 수 있다. 예를 들어 포도나무의 형질을 개선해 더 입맛 당기고 순수하며 알코올 도수가 높은 와인을 만들 수 있기 때문이다. 포도나무는 필록세라 같은 해충에, 포도송이는 곰팡이에 내성을 가질 수 있다. 실제로 2005년 기준으로 약 30여 종의 유전자조작 품종이 생겨났다. 유전자조작 포도의 재배는 지난 수년 동안 다소 감소했지만, '아그로박테리움agrobacterium', '보트리티스Botrytis', '클로스트리듐', 선충류가 옮기는 '네포바이러스nepovirus', 사탕무 황색 바이러스 같은 바이러스, 세균, 곰팡이의 감염에 견디는 고저항성 포도 품종들이 개발되어 있다. 2002년 미국 어바나 샴페인의 일리노이 대학교 과학자들은 2,4-D로 알려진 제초제가 어떻게 포도를 전멸시키는지 조사했다. 그리고 토양 세균인 '랄스토니아 유트로푸스Ralstonia eutrophus'에서 제초제를 분해하는 효소를 만드는 유전자를 찾아냈다. 제초제 분해 유전자는 '챈셀러Chancellor'라는 특별한 포도 품종에 옮겨져 유전자조작 변종이 만들어졌고 '임프로브드 챈셀러Improved Chancellor'라는 이름으로 개발되어 있다.

코넬 대학교의 연구자들은 토양 곰팡이 트리코데르마 하지아눔Trichoderma harzianum에서 잘라낸 유전자가 도입된 캘리포니아 포도나무를 포장시험 하고 있는데, 보트리티스나 백분병균에 저항성이 있을 것으로 기대하고 있다. 호주 과학자들은 과일이 갈색으로 변하는 것을 막는 유전자를 포도의 게놈에 집어넣었다. 갈변 현상은 폴리페놀 산화효소가 많이 생겨 발생하는 현상이다. 이 효소는 과일에 흔한 퀴논이라는 식물 페놀 분자를 뭉쳐서 갈색 색소를 만든다. 분자생물학자들은 다른 생물체의 어떤 유전자를 '설타나Sultana' 포도의 유전체에 삽입해 폴리페놀 산화효소를 억제하는 방법을 찾아냈다. 유전공학적 품종 개선은 이처럼 성공적으로 보이지만, 와인 포도를 생산하는 데 유전자조작 된 포도가 받아들여질 것인지는 두고 봐야 할 것이다. 유전자조작 된 식물이나 동물, 즉 GMO에 대한 수용성은 지역에 따라 다르기 때문에 불확실한 측면이 있다. 유럽연합 국가의 사람들은 GMO를 경계하는 반면에 미국과 호주 사람들은 GMO를 수용하는 편이다. 유럽 사람들은 대부분 진화를 믿지만 미국인 50퍼센트는 믿지 않는다는 사실과 비교하면 흥미로운 측면이다. 그러나 사람들의 생각은 변한다. 10년 전에만 해도 호주인들은 GMO를 결사반대했다. 여론조사에 따르면 지금은 절반 이상의 호주인들도 GMO를 받아들인다고 알려졌다. 이러한 수용성 덕분에 GMO 포도나무의 미래는 현재 미국과 호주에서 앞서 개척되고 있다.

1999년은 사람을 대상으로 한 유전자조작에 대한 논의가 많이 진행된 해였다. 당시 프린스턴 대학교의 유전학자 리 실버Lee Silver는 논란거리를 던졌다. 그가 저술한 『리메이킹 에덴Remaking Eden』에서 유전자조작을 통제하지 않으면 인류는 유전자 부자와 유전자 가난뱅이로 나뉠 것이라 주장했다. 웰스가 저술한 타임머신에서 '엘로이'와 '모록'으로 분리되는 섬뜩한 미래의 모습까지는 아니지만, 그는 부자들은 신기술의 혜택을 누릴 것이고 가난한 사람들 특히 개발도상국에서는 그렇지 못할 것이라는 『용감한 신세계』적 관점을 가졌다. 포도와 관련해 풍요나 소비가 아니라, 여론의 중요한 이슈는 유전자조작의 적절성에 관한 것이다. 그러나 유전적으로 순수한 포도를 생산하는 구대륙과 유전적으로 오염된 포도를 만드는 신대륙으로 이분법적 미래를 그려보는 것은 아직 이론상으로만 가능하다. 현재 와인 무역은 완전히 글로벌화되었기 때문에 대륙을 경계로 유전자조작이 가능한 신대륙과 그렇지 않은 구대륙으로 나뉘는 변화를 상상하기는 어렵다. 포도의 유전자조작 기술 개발은 분명히 산업적으로 강하게 요구되지만, 문화적으로 유연하게 수용되는지에 달려 있다는 것이다.

◆ ◆ ◆

이 책 앞부분에서 한 테루아에 대한 논의 과정에서, 훌륭한 와인을 생산하려면 특별한 어떤 장소가 필수적인지, 아니면 그렇게 보일 뿐인지, 이때까지 그냥 그래왔는지 살펴보았다. 그리고 완벽한 테루아를 결정하는 국지적 기후의 중요성을 언급했지만, 지금은 세계적으로 기후변화가 발생하고 있다. 기후변화 혹은 그 영향이 얼마나 빠르게 진행되는지, 그리고 우리가 경험하는 것이 주기적 변화인지 장기적인 추세인지는 논란의 여지가 많은 정치 이슈다. 그러나 기후는 변하고 있다. 지구상에서 포도나무를 재배하는 특정 지역의 조건 역시 기후변화에 따라 변하고 있다.

우리는 예상치 않았던 장소에서 기후변화의 증거를 보게 된다. 영국해협 양쪽에 있는 프랑스 샴페인과 영국 사우스다운스South Downs 지역에서 볼 수 있는 암석들은 지질학적으로 같고, 같은 암석에서 만들어진 두 지역의 토양 역시 같다. 지형적으로도 유사하고, 지리적으로 위도는 1도 차이도 나지 않는다. 그러나 한쪽에서는 세계적인 고급 와인을 생산하고, 다른 쪽 평화로운 목초지에서 양 떼가 풀을 뜯고, 목동들은 동네 펍에서 맥주를 들이켠다.

이십 수년 전 프랑스 친구가 영국 친구에게 재미있다는 듯이 『불가능의 와인Les Vins de l'impossible』이라는 제목의 책을 주었다. 기이한 사람들이 포

그림 12.1 영국 루이스타운 근처 사우스다운스 전경
풀을 뜯는 양 떼 뒤쪽 중간 지점 경사지에는 언젠가 포도나무가 심길 수 있을 것이다. 윌 하코트 스미스(Will Harcourt-Smith)의 사진을 변형했다.

도나무를 어떻게든 키워내는 예상 밖의 이상한 장소를 독자에게 소개하는 책이다. 그중에서 잉글랜드가 눈에 띄는데, 이 책이 출판되던 1990년 잉글랜드는 매우 적은 양의 와인을 생산했다(혹은 생산했을 것이다). 실제로 잉글랜드 지역에서는 어디나 흐리고 비가 내렸다. 햇빛은 부족하고 숙성 기간은 너무 짧았다. 그러나 그런 동안에도 기후변화는 진행되었다. 1961년부터 2006년까지 잉글랜드 남부의 연간 평균기온은 2도 상승했다. 큰 변화처럼 들리지 않지만, 남쪽으로 위도가 300킬로미터 이상 내려간 것에 해당하기 때문에, 기후 관점에서는 매우 심각한 변화다. 법령 개정으로 와인의 생산이 촉진되기도 했지만, 주로 온난화의 영향으로 남부 잉글랜드에는 부티크 와인 사업이 현재 크게 유행하는 중이다. 가장 잘나가는 분야는 바로 스파클링와인을 제조하는 곳이다. 이 지역의 최고품 발포주는 해협 저편의 제품과 품질 측면에서 필적한다. 블라인드 테스트에서 영국 와인이 가끔 유명한 샴페인 브랜드를 이긴다.

그렇지만 샴페인의 포도 재배자에게도 당분간은 문제가 없다. 그들은 프랑스 가장 북쪽의 주요 와인 제조 지역, 위도상으로 포도 재배가 가능한 경계에 살고 있다. 샴페인 지역에서 스파클링와인을 만드는 전통은, 샴페인의 비발포 와인에서 다소 신맛을 강하게 느끼기 때문에 생겨났을 것이다.[1] 온난화 추세가 지속되면서, 샴페인 지역민들의 상황이 나아졌다. 빈티지 생산으로 표시하는 좋은 생산 연도의 횟수도 역시 많아졌다. 그런데도 장기적으로는 우려해야 할 이유가 있다. 샴페인 지역에서는 두 가지 품종 피노 누아르와 샤르도네가 가장 널리 잘 자란다. 두 품종 모두 서늘한 지역에서 재배된다. 피노 누아르는 열매가 맺어지면 14도에서 16도 사이의 좁은 온도 범위에서 가장 잘 자란다. 반면에 샤르도네는 덜 까다로워 18도까지는 괜찮다. 현재 샴페인 지역의 기온은 두 품종 모두에 적절하게 잘 유지되고 있다. 단기적으로 온난화의 지속은 포도나무를 재배하기에 적당한 땅을 늘릴 수 있으나, 과도한 기온 상승은 어떤 시점에는 피노 누아르의 생산량을 강압적으로 감소시킬 것이다. 그리고 결국에는 전통적 와인 생산지인 이곳의 와인 생산 방식에 변화를 가져올 수 있다.

---

1 일반적으로 기온이 낮은 지역에서 재배된 포도는 신맛이 강하다. 발포 와인으로 만들려면 신맛이 누그러져 좋다. 탄산이 완충작용을 하기 때문이다.

◆ ◆ ◆

기후 온난화에 대응하는 방편으로 고도가 높고 서늘한 지역에서 포도나무를 재배하는 방법을 생각할 수 있다. 그러나 모든 지역에서 이러한 해결 방법이 가능한 것은 아니다. 샹페인에서 남쪽으로 500킬로미터 떨어진, 위도가 4.5도 정도 낮고, 완만한 구릉지대인 메도크에서는 절대 불가능하다. 보르도 지역 전체가 이미 전통 품종을 재배할 수 있는 한계 온도의 최고치에 도달했다. 우려스러운 예측에 따르면, 다음 25년 혹은 그즈음의 내륙 기온은 자그마치 7도, 해안 지역은 5도까지 상승할 수 있다. 심지어 기온이 비교적 낮은 정도로 상승해도 '세미용Semillon'이나 '소비뇽 블랑Sauvignon Blanc' 같은 전통적인 화이트와인 포도 품종은 재배지에서 밀려나고, 결국에는 다른 품종이 재배될 수 있다. 기온 상승은 아마도 지금 재배 중인 적포도 품종의 생존에도 악영향을 주거나, 적어도 와인 생산 방식에 상당히 영향을 끼칠 수 있다. 강력한 태양 빛과 함께 기온이 높아지면, 포도는 빨리 익는다. 와인의 구조를 결정하는 유기산이나 다른 성분 대신에 당분을 더 많이 생산한다.

호주에서 시도된 실험에서 밝혀진 것은, 가지치기를 통해 포도가 익는 시간을 제한하면 과육 성분의 불균형을 줄일 수 있다는 것이다. 혹은 포도가 어떤 지역에서 한꺼번에 익어 수확 시기의 문제를 일으키는 것을 막을 수도 있다. 그러나 이러한 접근 방식에도 한계가 있고, 전통적인 포도 생산 지역에서 기후변화의 영향은 심각한 것이다. 보르도처럼 특별한 스타일의 와인으로 명성이 높은 지역이 특별히 걱정스럽다. 와인 애호가라면 짙은 탄닌 조직과 다소 절제된 과일 향미를 가진 클라레를 기대한다. 캘리포니아의 뜨거운 센트럴밸리 스타일의 짙은 과일 향을 앞세운 와인이 보르도에서 만들어진다면 시장은 어떻게 반응할지 아무도 알 수 없다. 유명 샤토의 소유주는 이런 문제에 대해 반드시 생각해 볼 필요가 있다. 이미 많은 사람이 이런 고민을 하기 시작했다.

그러나 보르도와 프랑스 다른 지역의 상황은 복잡하다. 대자연의 문제뿐만 아니라 국가에서 정한 원산지 통제 명칭에 관한 법 때문에도 그렇다. 이 법은 어떤 품종이 어디에서 재배될 수 있고, 또 어떻게 블렌딩될 수 있는지 엄격하게 명시하고 있다. 그래서 기후변화에 적응하는 품종으로 바꾸면, 보르도 와인 제조자는 자동으로 보르도 명칭이나 심지어 포이야크나 생테스테프 같은 높이 평가되는 지역 명칭에 대한 권리를 몰수당할 것이다. 일단 목록에서 탈락한 와인은 고가에 팔리지 않는다. 기후변화에 대응해 적절한 품종을 키우는 재배자에게 현실은 역인센티브로 작용할 것이다.

미국은 와인 제조 지역을 표시하는 자체적인 시스템을 갖추고 있다. 그러나 시장은 주로 재배되는 품종에 의해 구성되므로, 와인 제조자는 재배하는 포도를 선택하는 데 더 융통성을 가진다. 그런데도 기후변화는, 구세계에 그런 것처럼 신세계에서도 영향을 주고 있다. 2006년 유타대학교의 마이클 화이트Michael White와 동료들은 북미 대륙의 미래 기후 모델에서, 이번 세기말쯤 미국 본토에서 우수한 와인을 만들 수 있는 면적은 81퍼센트만큼 감소할 수 있다고 결론지었다. 전통적인 와인 생산지는 가속적으로 더운 기후로 변해가고 낮은 품질의 품종으로 바뀔 거라고 시사했다. 지나치게 더운 계절이 길어지는 것 때문에도 여러 지역에서 포도 재배가 사라질 것이라고 했다. 또 그들은 대부분 현재 지나친 강수량으로 문제가 있는 곳인, 미국의 서해안과 북동부 일부 지역에서 좋은 와인 포도는 제한적으로 재배될 것으로 예상했다.

와인 제조자가 견뎌내야 하는 것이 높은 기온, 여기에 동반할 수 있는 가뭄, 산불이 전부는 아니다. 온난화가 진행되면서 변덕스러운 기후도 잦아진다. 포도나무 재배자도 농부 중 농부인데, 싫어하는 것이 있다면 바로 예측 불가능성이다. 게다가 포도나무는 재배 조건이 까다롭고 병충해에 취약하다. 재배 초기 개화 시기에 조건이 열악하다면, 예를 들어 포도송이의 개수가 적으면 수확량이 적어진다. 이것도 항상 나쁘지는 않다. 그 이유는 포도나무는 자라면서 적은 수의 포도송이에 많은 것을 몰아주어 농축된 열매를 맺을 수 있기 때문이다. 그러나 이상적인 재배 조건이 따르지 않으면, 포도송이 개수를 줄여도 결과는 엉망일 수 있다. 비슷하게 재배 기간 동안 날씨가 너무 덥고 습하면 곰팡이 병에 걸린다. 반면에 열매를 맺을 때 너무 덜 덥거나 일조량이 부족하면 당분이 증가하기 시작하고 능금산이 줄어들어, 포도알이 여무는 시점에 도달하지 못한다. 반대로 기온이 너무 높고 습하면 포도가 페놀 숙성에 도달하기 전에 당분 숙성이 완료된다. 이는 와인을 만들면 부드럽지 않고 거친 탄닌과 페놀류가 남는다는 것을 의미한다.

기후 온난화는 지중해성 기후 지역에서는 겨울 한파나 봄철 우박 혹은 여름 가뭄처럼 모순적으로 표현될지도 모르는 극단적인 기상이변의 확률을 높였다. 이전 몇 년은 괜찮았지만, 2012년 유럽의 포도 재배 시기는 비참했고, 미국은 기록적 고온으로 고통받았다. 남부 유럽은 매우 건조했고 북부의 극단적으로 낮은 기후는 와인 생산에 피해를 입혔다. 프랑스의 와인 생산은 전체적으로 20퍼센트 감소했고, 제조된 와인의 품질은 가지각색이었다. 샴페인 지방에서도 수년간 이어진 성공에도 불구하고 생산량은 40퍼센트가 감소했다.

기후 모델링은 엄청나게 까다로운 일이다. 기후 예측이 모두 앞날의 일을 맞히는 것도 아니다. 과학자는 기술 혁신을 통해 기후변화를 상쇄하는 방법을 찾게 될 것이라고 확신에 차 있지만, 기후변화의 기세는 달라지지 않을 것처럼 보인다. 시간이 얼마나 남았는지 모르지만, 장기적으로는 캘리포니아의 포도밭은 높은 지대로 옮기는 것을 고려하게 될 것이다. 비록 개발이 완료된 지역의 좋은 고지대는 이미 누군가가 차지했지만 말이다. 그리고 리슬링, 피노 누아르, 샤르도네 같은 서늘한 기후 품종에서 네블리비오, 진판델, 카리냥같이 더운 조건에서 잘 자라는 품종으로 옮겨가게 될 것이다.

기존의 포도 품종과 재배 방법을 가지고 열정적으로 노력한다면 기성 지역에서의 우월적 지위를 연장할 수 있고, 유전공학 기술도 도움이 될 수 있다. 그렇더라도, 사람들은 수십 년 이내 내퍼밸리에서 고급 와인을 생산하는 지역이 50퍼센트까지도 줄어들 것으로 생각한다. 그사이에 미국 서부 해안 지역에서, 와인 생산의 선두는 윌라멧밸리 같은 오리건주의 서늘한 지역과 워싱턴주로 옮겨 갔을 것이다. 워싱턴주의 '왈라왈라Walla Walla', 좋은 품질의 카베르네 소비뇽이 이미 재배되는 캐스케이드 동쪽, 그리고 심지어 50년 전에는 포도나무가 자라지도 못했던 예상 밖의 시애틀 근교 '퓨젓사운드Puget Sound' 지역으로 말이다. 심지어 능숙한 포도 재배자에게는 캐나다 브리티시컬럼비아주의 오카나간밸리Okanagan valley도 북방 한계가 될 수 있다. 미국의 동부 지역에서는 기후 온난화에 따라 '핑거호Finger lake', '허드슨 계곡Hudson valley' 저지대와 롱아일랜드가 모두 유명 재배지로 부상할 모양새다.

세계적으로 유명한 와인 생산 지역 역시 미지의 지역으로 이동하게 될 것이다. 태즈메이니아와 뉴질랜드 남섬의 일부가 호주와 뉴질랜드의 고급 와인 생산에 매우 중요한 지역이 될 것으로 예상된다. 그리고 유럽에서는 우리가 보았던 잉글랜드 남부가 역시 매우 중요해 보인다. 만약 포도 재배가 다른 형태의 토지 사용 수익성을 압도하게 된다면 그렇게 될 것이다. 포르투갈과 스페인의 고온 건조한 지역에서 와인 재배지는 이미 고지대로 옮겨가기 시작했다. 종합하면 우리는 대단히 예외적인 시기를 살고 있다. 앞으로 잦은 산불이나 홍수 같은 재해를 가져올지 모르는 큰 변화에 대응하려면 와인 재배자들은 빠르게 행동해야 할 것이다.

◆ ◆ ◆

이런 상황은 지금까지 익숙했던 것과 다른 스타일 혹은 다른 포도로 만든 와인을 즐기는 방법을 소비자인 우리가 배워야 한다는 것을 의미하는 것일까? 현재의 기후변화 추세가 장기적으로 지속된다면 확실히 그렇게 해야 할 것이다. 그러나 아무도 장기적인 시점이 언제인지 모르고, 혹은 인간의 창의력으로 그런 사태를 완화시키는 무엇을 찾아낼 수 있을지 모른다. 그러나 기존 재배 지역을 떠날 수 없는, 많은 이유가 있는 와인 제조자도 있을 것이다. 이들은 가능한 한 모든 수단을 다해 안정적인 제품을 좋아하거나 혹은 그렇다고 생각하는 소비자들에게 공급하려 할 것이다. 그러나 기후변화에 대응하기 위한 노력은 해야 한다. 오리건 대학교의 기상학자 그레고리 존스Gregory Jones는 북반구에서 포도 재배에 적합한 토양의 지리적 분포는 향후 100년 동안에 북쪽으로 275에서 550킬로미터까지 이동할 것으로 예측했다. 또한 "대부분 알겠지만, 재배법이나 기술을 모두 활용한 시도(품종 개발이나 유전, 포도밭, 와인 제조 공장)에서 가장 큰 범위의 대응 수단이다"라고 앞으로의 방향을 제시했다.

기술의 진보는 무한하다. 포도 재배자는 자신들이 현상 유지를 위해 끊임없이 쉬지 않고 달려야만 하는 『거울 나라의 엘리스Through the Looking Glass』의 붉은 여왕과 같은 처지라는 것을 인식하게 될지 모른다. 와인 제조자들은 와인의 색과 맛을 유지하기 위해, 어쩔 수 없이 기술의 진보에 의지해 포도밭과 생산 공정을 변화시키는 자신들의 모습을 보게 될 것이다. 와인의 맛과 기대치에 대단히 보수적인 애주가의 희망사항일 뿐이다.

참고문헌

와인에 대한 문헌은 방대하다. 이 책을 집필하는 데 참고하고 인용한 주요 자료에 관한 해설을 장별로 달고 목록을 제시했다.

1. **와인의 뿌리**: 와인과 사람

고대의 와인이나 다른 발효 음료에 관한 최고의 참고문헌은 맥고번의 『고대 와인(Ancient Wine)』과 『역사의 개봉(Uncorking the Past)』이다(McGovern, 2003; McGovern, 2009). 『역사의 개봉』은 『술의 세계사』라는 제목으로 국내에 번역·출간되었다. 최초의 와인이 아레니에서 생산되었다는 증거는 버나드(Barnard) 등이 쓴 「화학적 증거(Chemical Evidence)」에서 찾아볼 수 있다(Barnard, 2011). 제노폰의 인용문은 참고문헌 4에 등장한다(McGovern 2003). 아부 후레이라에 대한 일반 정보는 무어 등이 저술한 『유프라테스 강변의 마을(Village on the Euphrates)』, 하지 피루즈 테페 와인 잔류물은 맥거번 등이 저술한 「신석기 시대의 수지를 넣은 포도주(Neolithic Resinated Wine)」를 참조했다(Moore, Hillman and Legge, 2000; McGovern, Glusker and Exner,1996). 부라모즈 등의 「조직적 특성 분석(Genetic Characterization)」에서는 전통적인 코카서스 포도 품종을 다루고 있다(Vouillamoz, 2006). 고대 이집트 와인에 대해서는 푸가 저술한 『포도주와 포도주 제의(Wine and Wine Offering)』와 맥거번 등의 「고대 이집트 허브 포도주(Ancient Egyptian Herbal Wines)」 분석을 참고했다(Poo, 1995; McGovern, 2009). 초기 포도 재배에 대하여 장 등의 「중국의 초기 포도 재배 증거(Evidence for Early Viticulture in China)」와 맥거번 등의 「프랑스 포도재배의 시작(Beginning of Viniculture in France)」 참고(Jiang, 2009; McGovern, 2013). 스탠디지의 『여섯 잔에 잠긴 세계사(History of the World in Six Glasses)』는 고대 세계의 와인 소비에 대한 흥미롭고 다양한 내용을 제공하며(Standage, 2005), 언윈의 『와인과 포도나무(Wine and the Vine)』와 『짧게 쓴 와인의 역사(Short History of Wine)』에서는 좀 더 심도 있는 상세한 내용을 찾아볼 수 있다(Unwin, 1996; Phillips, 2000). 본문에 등장하는 프랭클린의 인용문은 1787년 아베 앙드레 모렐레 신부에게 쓴 편지에서 나온 것이다. 전 세계의 금주령에 대한 포괄적인 내용은 블로커의 『알코올과 절제의 현대사(Alcohol and Temperance in Modern History)』 참조(Blocker, Fahey and Tyrrell, 2011).

Barnard, H., A. N. Dooley, G. Areshian, B. Gasparyan, and K. F. Faul. "Chemical Evidence for Wine Production Around 4000 BCE in the Late Chalcolithic Near Eastern Highlands." *Journal of Archaeological Science*, 38(2011), pp.977~984.

Blocker, Jack. S. Jr., David M. Fahey, and Ian R. Tyrrell(eds.). 2003. *Alcohol and Temperance in Modern History: An International Encyclopedia*. Santa Barbara, Calif.: ABC-CLIO.

Jiang, H.-E., Y.-B. Zhang, X. Li, Y.-F. Yao et al. 2009. "Evidence for Early Viticulture in China: Proof of a Grapevine (Vitis vinifera L., Vitaceae) in the Yanghai Tombs, Xinjiang." *Journal of Archaeological Science*, 36, pp.1458~1465.

McGovern, Patrick E. 2003. *Ancient Wine: The Search for the Origins of Viticulture*. Princeton: Princeton University Press.

McGovern, Patrick E. 2009. *Uncorking the Past: The Quest for Wine, Beer and Other Alcoholic Beverages*. Berkeley: University of California Press.

McGovern, P. E., D. L. Glusker, and L. J. Exner. 1996. "Neolithic Resinated Wine." *Nature*, 381, pp.480~481.

McGovern, P. E., B. P. Luley, N. Rovira, A. Mirzoian et al. 2013. "Beginning of Viniculture in France." *Proceedings of the National Academy of Sciences of the United States of America* 110, No.25. pp.10147~10152.

McGovern, P. E., A. Mirzoian, and G. R. Hall. 2009. "Ancient Egyptian Herbal Wines." *Proceedings of the National Academy of Sciences of the United States of America*, 106, pp.7361~7366.

Moore, A. M. T., G. C. Hillman, and A. J. Legge. 2000. *Village on the Euphrates: From Foraging to Farming at Abu Hureyra*. Oxford: Oxford University Press.

Phillips, Rod. 2000. *A Short History of Wine*. London: Allen Lane.

Poo, Mu-chou. 1995. *Wine and Wine Offering in the Religion of Ancient Egypt*. London: Kegan Paul.

Standage, Tom. 2005. *A History of the World in Six Glasses*. New York: Walker.

Unwin, Tim. 1996. *Wine and the Vine: An Historical Geography of Viticulture and the Wine Trade*. London: Routledge.

Vouillamoz, J. F., P. E. McGovern, A. Ergul, G. Soylemezoğu et al. 2006. "Genetic Characterization and Relationships of Traditional Grape Cultivars from Transcaucasia and Anatolia." *Plant Genetic Resources*, 4, No.2, pp.144~158.

Xenophon. 2007. *Anabasis: The March Up Country*. H. G. Dakyns(Trans.). El Paso: El Paso Norte Press.

2. 우리는 왜 와인을 마시는가

음주 초파리의 수명 연장은 스타머 등의 「수명연장(Extension of Longevity)」, 자가 치료는 밀란 등의 「자가 치료를 위한 알코올 섭취(Alcohol Consumption as Self-medication)」, 그리고 성 박탈과 에탄올 선호도에 대해서는 쇼햇오피르 등의 「성박탈은 에탄올 섭취를 증가시킨다(Sexual Deprivation Increases Ethanol Intake)」에서 더 자세한 내용을 볼 수 있다(Starmer, 1977; Milan, 2012; Shohat-Ophir, 2012). 나무 두더지의 음주 습성은 빈스 등의 「발효된 꽃꿀의 만성 섭취(Chronic Intake of Fermented Floral Nectar)」에서 보고되었다(Wiens, 2008). 에탄올 섭취 및 알코올 중독에 대한 일반적인 내용은 레비의 「에탄올 생산의 진화 생태학과 알코올 중독(Evolutionary Ecology of Ethanol Production)」, 더들리의 「에탄올, 과일의 숙성 및 인간 알코올 중독의 역사적 기원(Ethanol, Fruit Ripening, and the Historical Origins of Human Alcoholism)」 및 밀턴의 「계통도상에서 발효(Ferment in the Family Tree)」에서 찾아볼 수 있다 (Levey, 2004; Dudley, 2004; Milton, 2004). 술 취한 원숭이 가설은 더들리의 『인간 알코올 중독의 진화학적 기원(Fruits, Fingers and Fermentation)』 및 스티븐스와 더들리의 『술에 취한 원숭이 가설(Drunken Monkey Hypothesis)』에 상세하게 기술되어 있다(Dudley, 2004; Stephens and Dudley, 2004). 아프리카 원숭이와 인간의 공통 조상에게 발생한 효소 돌연변이는 캐리건 등의 「호미노이드(Hominids)」에 보고되었다(Carrigan, 2014).

Carrigan, M. A., Uryasev, O., Frye, C. B., Eckman, B. L. et al. 2014. "Hominids Adapted to Metabolize Ethanol Long Before Human-directed Fermentation." *Proceedings of the National Academy of Sciences of the United States of America*, 112, No.2, pp. 458~463.

Dominy, N. J. 2004. "Fruits, Fingers and Fermentation: The Sensory Cues Available to Foraging Primates." *Integrative and Comparative Biology*, 44, pp.295~203.

Dudley, R. 2004. "Ethanol, Fruit Ripening, and the Historical Origins of Human Alcoholism in Primate Frugivory." *Integrative and Comparative Biology*, 44, pp.315~323.

Dudley, R. 2000. "Evolutionary Origins of Human Alcoholism in Primate Frugivory." *Quarterly Review of Biology*, 75, pp.3~5.

Levey, D. J. 2004. "The Evolutionary Ecology of Ethanol Production and Alcoholism." *Integrative and Comparative Biology*, 44, pp.284~289.

Milan, N. F., B. Z. Kacsoh, and T. A. Schlenke. 2012. "Alcohol Consumption as Self-medication Against Blood-borne Parasites in the Fruit Fly." *Current Biology*, 22, pp.488~493.

Milton, K. 2004. "Ferment in the Family Tree: Does a Frugivorous Dietary Heritage Influence Contemporary Patterns of Human Ethanol Use?" *Integrative and Comparative Biology*, 44, pp.304~314.

Shohat-Ophir, G., K. R. Kaun, R. Azanchi, and U. Heberlein. 2012. "Sexual Deprivation Increases Ethanol Intake in Drosophila." *Science*, 335, pp.1351~1355.

Starmer, W. T., W. B. Heed, and E. S. Rockwood-Sluss. 1977. "Extension of Longevity in Drosophila mojavensis by Environmental Ethanol: Differences Between Subraces." *Proceedings of the National Academy of Sciences of the United States of America*, 74, pp.387~391.

Stephens, D., and R. Dudley. 2004. "The Drunken Monkey Hypothesis: The Study of Fruit-eating Animals Could Lead to an Evolutionary Understanding of Human Alcohol Abuse." *Natural History*, 113, pp.40~44.

Wiens, F., A. Zitzmann, M.-A. Lachance, M. Yegles et al. 2008. "Chronic Intake of Fermented Floral Nectar by Wild Treeshrews." *Proceedings of the National Academy of Sciences of the United States of America*, 105, pp.10426~10431.

3. 와인은 별 부스러기다: 포도와 화학반응

이 장의 내용은 고등학교 생물학 교과서에서 배우는 기본 생물학과 생화학적인 지식에 기반을 두고 있다. 스스로 더 자세히 공부하려는 독자에게는 디샐과 하이타우스의 생물학 책을 권한다(DeSalle and Heithaus, 2007). 이와 관련해 화학, 생화학 및 생물학과 연관된 구체적인 내용은 레인이 저술한, 두 권의 최고의 단행본 『산소(Oxygen)』(Lane, 2002)와 광합성이 어떻게 작동하는지에 대한 놀라운 설명이 포함되어 있는 『생명 상승(Life Ascending)』(Lane, 2010), 와인에 대한 내용은 마르갈리트의 『와인 화학의 개념(Concepts in Wine Chemistry)』에서 찾아볼 수 있다 (Margalit, 2012). 주커먼이 발견한 외계 알코올 분자의 존재는 타이슨의 「은하수 주점(Milky Way Bar)」에서 흥미롭게 논의되었으며, 본문은 이 책에 인용했다 (Tyson, 1995). 수렴진화 생물학의 일반적인 내용은 휴스턴의 『생물학적 다양성(Biological Diversity)』에서(Huston,1994), 포도나무의 유전자 발현과 관련한 생물학 및 유전학은 그림플렛 등의 「조직 특이적 mRNA 발현 프로파일링(Tissue-specific mRNA Expression Profiling)」에서 찾아볼 수 있다(Grimplet 2007). 그리고 제3장에서 논의한 식물의 계통발생학은 리 등의 「종자식물의 기능적 계통 발생학 관점(Functional Phylogenomics View of the Seed Plants)」에서 찾아볼 수 있다(Lee et al., 2011).

DeSalle, Rob, and Michael R. Heithaus. 2007. *Biology*. New York: Holt, Rinehart and Winston.

Felger, R., and J. Henrickson. 1977. "Convergent Adaptive Morphology of a Sonoran Desert Cactus (Peniocereus striatus) and an African Spurge (Euphorbia cryptospinosa)." *Haseltonia*, 5 , pp.77~75.

Grimplet, J., L. G. Deluc, R. L. Tillett, M. D. Wheatley et al. 2007. "Tissue-specific mRNA Expression Profiling in Grape Berry Tissues." *BMC Genomics*, 8, No.1, p.187.

Huston, Michael A. 1994. *Biological Diversity: The Coexistence of Species*. Cambridge: Cambridge University Press.

Lane, Nick. 2010. *Life Ascending: The Ten Great Inventions of Evolution*. London: Profile.

Lane, Nick. 2002. *Oxygen: The Molecule That Made the World*. Oxford: Oxford University Press.

Lee, E. K., A. Cibrian-Jaramillo, S. O. Kolokotronis, M. S. Katari et al. 2011. "A Functional Phylogenomics View of the Seed Plants." *PLoS Genet*, 7, No.12. e1002411.

Margalit, Yair. 2012. *Concepts in Wine Chemistry*(3rd ed.). San Francisco: Wine Appreciation Guild.

Tyson, N. D. 1995.8. "The Milky Way Bar." *Natural History*, 103, pp.16~18.

4. 포도와 포도나무: 아이덴티티에 관한 주제

Revisio는 쿤츠(Kuntze)의 *Revisio generum plantarum vascularium*이다. 종자생물학과 무종자식물의 발견은 최근에 로라 등이 출간한 「씨 없는 열매(Seedless Fruits)」에서 논의된 내용이다(Lora, 2011). 프리드먼은 『다윈의 '가공할 미스터리'의 의미(Darwin's "Abominable Mystery")』에서 다윈의 '가공할 미스터리'에 대해 역사적 관점에서 설명했으며(Friedman, 2009), 포티는 『생존자』에서 현존하는 화석식물에 맞추어 토론했다(Fortey, 2011). 포도의 기원과 분자생물학 기술을 이용한 포도와 포도의 관계에 대한 방대한 양의 문헌이 존재한다. 주요 참고문헌으로는 디스 등의 「역사적 기원(Historical Origins)」(This, 2006), 소에지마와 웬의 「계통 발생 분석(Phylogenetic Analysis)」(Soejima and Wen, 2006); 트뢴들 등의 「분자 계통 발생(Molecular Phylogeny)」(Tröndle 2010); 제카 등의 「야생 포도(비티스)의 진화 시기와 방식[The Timing and the Mode of Evolution of Wild Grapes (Vitis)](Zecca et al., 2012); 마일스 등의 「유전자 구조(Genetic Structure)」(Myles, 2011); 르퀸프 등의 「중첩된 유전자 핵심」(Le Cunff et al., 2008); 로쿠 연구 팀의 연구 결과가 포함된 바실리에리 등의 「유전자 구조(Genetic Structure)」(Bacilieri, 2013); 자파터 연구팀의 연구 결과가 포함된 드앙드레 등의 「포도나무 뿌리줄기의 분자 특성(Molecular Characterization of Grapevine Rootstocks)」(de Andrés, 2007); 아로요가르시아 등의 「다중 기원(Multiple Origins)」(Arroyo-García et al., 2006); 테럴 등의 「진화와 역사(Evolution and History)」 (Terral et al., 2010)이 있다.

Arroyo-García, R., L. Ruiz-Garcia, L. Bolling, R. Ocete et al. 2006. "Multiple Origins of Cultivated Grapevine (Vitis vinifera L. ssp. sativa) Based on Chloroplast DNA Polymorphisms." *Molecular Ecology*, 15, No.12, pp.3707~3714.

Bacilieri, R., T. Lacombe, L. Le Cunff, M. Di Vecchi-Staraz et al. 2013. "Genetic Structure in Cultivated Grapevines Is Linked to Geography and Human Selection." *BMC Plant Biology*, 13, No.1, p.25.

de Andrés, M. T., J. A. Cabezas, M. T. Cervera, J. Borrego et al. 2007. "Molecular Characterization of Grapevine Rootstocks Maintained in Germplasm Collections." *American Journal of Enology and Viticulture*, 58, No.1, pp.75~76.

Fortey, Richard. 2011. *Survivors: The Animals and Plants That Time Has Left Behind.* London: Harper Collins.

Friedman, W. E. 2009. "The Meaning of Darwin's 'Abominable Mystery.'" *American Journal of Botany*, 96, No.1, pp.5~11.

Kuntze, Otto. 1893. *Revisio generum plantarum vascularium omnium atque cellularium multarum secundum Leges nomenclaturae internationales cum enumeratione plantarum exoticarum in itinere mundi collectarum: Pars I-[III].* Vol. 3A. Leipzig: Felix.

Le Cunff, L., A. Fournier-Level, V. Laucou, S. Vezzulli et al. 2008. "Construction of Nested Genetic Core Collections to Optimize the Exploitation of Natural Diversity in Vitis

vinifera L. subsp. sativa." *BMC Plant Biology*, 8, No. 1, p.31.
Lora, J., J. I. Hormaza, M. Herrero, and C. S. Gasser. 2011. "Seedless Fruits and the Disruption of a Conserved Genetic Pathway in Angiosperm Ovule Development." *Proceedings of the National Academy of Sciences of the United States of America*, 108, No.13, pp.5461~5465.
Myles, S., A. R. Boyko, C. L. Owens, P. J. Brown et al. 2011. "Genetic Structure and Domestication History of the Grape." *Proceedings of the National Academy of Sciences of the United States of America*, 108, No.9, pp.3530~3535.
Soejima, A., and J. Wen. 2006. "Phylogenetic Analysis of the Grape Family (Vitaceae) Based on Three Chloroplast Markers." *American Journal of Botany*, 93, No.2, pp.278~287.
Terral, J.-F., E. Tabard, L. Bouby, S. Ivorra et al. 2010. "Evolution and History of Grapevine (Vitis vinifera) Under Domestication: New Morphometric Perspectives to Understand Seed Domestication Syndrome and Reveal Origins of Ancient European Cultivars." *Annals of Botany*, 105, No.3, pp.443~455.
This, P., T. Lacombe, and M. R. Thomas. 2006. "Historical Origins and Genetic Diversity of Wine Grapes." *Trends in Genetics*, 22, No.9, pp.511~519.
Trias-Blasi, A., J. A. N. Parnell, and T. R. Hodkinson. 2012. "Multi-gene Region Phylogenetic Analysis of the Grape Family (Vitaceae)." *Systematic Botany*, 37, No.4, pp.941~950.
Trondle, D., S. Schroder, H.-H. Kassemeyer, C. Kiefer et al. 2010. "Molecular Phylogeny of the Genus Vitis (Vitaceae) Based on Plastid Markers." *American Journal of Botany*, 97, No.7, pp.1168~1178.
Zecca, G., J. R. Abbott, W.-B. Sun, A. Spada et al. 2012. "The Timing and the Mode of Evolution of Wild Grapes (Vitis)." *Molecular Phylogenetics and Evolution*, 62, No.2, pp.736~747.

5. 와인 효모: 와인과 미생물

빌갈리스 팀에서 연구한 효모와 곰팡이 계통학의 다이내믹스는 제임스 등의 「곰팡이의 초기 진화 재구성(Reconstructing the Early Evolution of Fungi)」(James, 2006), 리티 등의 「인구 유전체학(Population Genomics)」(Liti, 2009), 그리고 카발리에리 팀의 연구가 포함된 스테파니니 등의 「사회적인 말벌의 역할(Role of Social Wasps)」(Stefanini et al., 2012)에서 확인할 수 있다. 말벌의 역할에 대해서는 마지막 논문에 잘 정리되어 있다. 미생물 도시에 대한 인용문은 티제의 「더니든 이후 20년」(Tiedje, 1999)에서 인용했다.

James, T. Y., F. Kauff, C. L. Schoch, P. B. Matheny et al. 2006. "Reconstructing the Early Evolution of Fungi Using a Six-gene Phylogeny." *Nature*, 443, No.7113, pp.

818~822.

Liti, G., D. M. Carter, A. M. Moses, J. Warringer et al. 2009. “Population Genomics of Domestic and Wild Yeasts.” *Nature*, 458, No.7236, pp.337~341.

Stefanini, I., L. Dapporto, J.-L. Legras, A. Calabretta et al. 2012. “Role of Social Wasps in Saccharomyces cerevisiae Ecology and Evolution.” *Proceedings of the National Academy of Sciences of the United States of America*, 109, No.33, pp.13398~13403.

Tiedje, J. M. 1999. “20 Years Since Dunedin: The Past and Future of Microbial Ecology.” In *Microbial Biosystems: New Frontiers. Proceedings of the 8th International Symposium on Microbial Ecology*. C. R. Bell, M. Brylinsky, and P. Johnson- Green(ed.). Halifax: Atlantic Canada Society for Microbial Ecology. Available at http://plato.acadiau.ca/isme/Symposium29/tiedje.PDF.

6. **상호작용**: 포도밭과 양조장의 생태학

제6장에서 참고하는 역사적 문헌에는 테오프라스투스의 『식물에 대한 탐구(Enquiry into Plants)』(Theophrastus, 1916), 다윈의 『다양한 인공물에 대하여(On the Various Contrivances)』(Darwin, 1862), 마티너스 바이어링크와 세르게이 위노그라드스키에 대한 자료가 있는 웨인라이트와 레이더버그의 『미생물학의 역사(History of Microbiology)』(Wainwright and Lederberg, 1992)가 있다. 와인에 존재하는 미생물과 와인 색의 유전학은 모터와 괴벨의 「형광 제자리 혼성화(Fluorescence in Situ Hybridization)」(Moter and Göbel, 2000); 르누프 등의 「인벤토리 및 모니터링(Inventory and Monitoring)」(Renouf and Lonvaud-Funel, 2007); 포르투갈의 연구자인 바라타 등의 「미생물 생태(Microbial Ecology)」(Barata, 2012); 시마자키 등의 「핑크색 포도 열매(Pink-colored Grape Berry)」(Shimazaki, 2011); 보쿨리치 등의 「미생물의 생물학적 지리(Microbial Biogeography)」(Bokulich et al., 2014)에서 연구되었다.

Barata, A., M. Malfeito-Ferreira, and V. Loureiro. 2012. “The Microbial Ecology of Wine Grape Berries.” *International Journal of Food Microbiology*, 153, No.2, pp.243~259.

Bokulich, N. A., J. H. Thorngate, P. M. Richardson, and D. A. Mills. 2014. “Microbial Biogeography of Wine Grapes Is Conditioned by Cultivar, Vintage, and Climate.” *Proceedings of the National Academy of Sciences of the United States of America*, 111, No.1, pp.E139~148.

Darwin, Charles. 1862. *On the Various Contrivances by Which British and Foreign Orchids Are Fertilised by Insects: And on the Good Effects of Intercrossing*. London: Murray.

Moter, A., and U. B. Göbel. “Fluorescence in Situ Hybridization (FISH) for Direct Visualization of Microorganisms.” *Journal of Microbiological Methods*, 41, No.2 (2000), pp.85~12.

Renouf, V., O. Claisse, and A. Lonvaud-Funel. 2007. “Inventory and Monitoring of Wine

Microbial Consortia." *Applied Microbiological Biotechnology*, 75, No.1, pp.149~164.

Shimazaki, M., K. Fujita, H. Kobayashi, and S. Suzuki. 2011. "Pink-colored Grape Berry Is the Result of Short Insertion in Intron of Color Regulatory Gene." *PLoS One*, 6, No.6. e21308.

Theophrastus. 1916. *Enquiry into Plants, Books* 1-5. A. F. Hort(Trans.). Cambridge: Harvard University Press.

Theophrastus. 1916. *Enquiry into Plants, Books 6-9; Treatise on Odours; Concerning Weather Signs*. A. F. Hort(Trans.). Cambridge: Harvard University Press.

Wainwright, Milton, and Joshua Lederberg. 1992. "History of Microbiology." *Encyclopedia of Microbiology*, 2, pp.419~437. New York: Academic Press.

7. 미국에서 온 질병: 와인 산업을 거의 파멸시켰던 벌레

필록세라에 관한 오래된 문헌에는 플랑숑의 『아메리카 포도밭(Vignes américaines)』(Planchon, 1875)이 있다. 필록세라에 관한 최근의 우수한 여러 문헌 중에서 캠벨의 『식물학자와 포도주 양조업자(Botanist and the Vintner)』(Campbell 2004)와 게일의 『포도나무에서 죽어가기(Dying on the Vine)』(Gale, 2011)가 있다. 특히 두 번째 문헌에는 관련 주제에 대한 광범위한 인용에 해당하는 대규모의 참고문헌을 포함하고 있다. 필록세라의 수명 주기에 대한 중요한 연구는 그라네 등의 「필록세라의 수명표(Life Tables of Phylloxera)」(Granett, 1983)에서 볼 수 있으며, 프라이얼의 인용문은 그의 저서 『필록세라 이후(After Phylloxera)』(Prial, 1999)에서 인용한 것이며, 바르네지 등은 프랑스에서 필록세라 발생으로 인한 장기적인 건강 문제에 대해 날카롭게 평가했다(Banerjee, 2013).

Banerjee, A., E. Duflo, G. Postel-Vinay, and T. Watts. 2013. "Long-run Health Impacts of Income Shocks: Wine and Phylloxera in Nineteenth-century France." *Review of Economics and Statistics*, 92, pp.714~728.

Campbell, Christy. 2004. *The Botanist and the Vintner: How Wine Was Saved for the World.* New York: Algonquin Books of Chapel Hill.

Gale, George D., Jr. 2011. *Dying on the Vine: How Phylloxera Transformed Wine.* Berkeley: University of California Press.

Granett, J., B. Bisabri-Ershadi, and J. Carey. "Life Tables of Phylloxera on Resistant and Susceptible Rootstocks." *Entomology Experimental and Applied*, 34, No.1. 1983, pp.13~19.

Planchon, Jules-Émile. 1875. *Les vignes américaines : leur culture, leur résistance au phylloxéra et leur avenir en Europe.* Available at amazon.com in several facsimile reprints.

Prial, F. 1999.5.5. "After Phylloxera, the First Taste of a Better Grape." *New York Times.*

8. 테루아의 힘: 와인과 땅

테루아 개념에 대한 사회경제적 고찰과 테루아에 내포된 실질적인 문제는 바르함의 「테루아 해독하기(Translating Terroir)」(Barham, 2003)에서 확인할 수 있다. 테루아와 관련된 여러 일반적인 내용은 소머스의 『와인의 지리학(Geography of Wine)』(Sommers, 2008)에서 찾을 수 있다. 샴페인, 보르도, 부르고뉴를 포함한 프랑스 와인 산지의 테루아에 대한 중요한 개요는 윌슨의 『테루아(Terroir)』(Wilson, 1998), 카오르와 보르도의 토양에 대한 고전문헌은 각각 보들의 『뱅 드 카오르(Vin de Cahors)』(Baudel, 1972)와 세갱의 『자연적 요인의 영향(Influence des facteurs naturels)』(Seguin, 1971)이 있다. 토양 처리에 관한 기술에 관해서는 화이트의 『고급 와인을 위한 토양(Soils for Fine Wines)』(White, 2003)과 성공적인 내퍼 밸리의 테루아 개발은 스윈채트와 하월의 『와인 메이커의 춤(Winemaker's Dance)』을 참고했다(Swinchatt and Howell, 2004).

Barham, E. 2003. “Translating Terroir: The Global Challenge of French AOC Labeling.” *Journal of Rural Studies*, 19, pp.127~138.

Baudel, Jose. 1972. *Le Vin de Cahors*. Luzech: Cotes d'Olt.

Seguin, Gerard. 1971. *Influence des facteurs naturels sur les caracteres des vins*. Paris: Dunod.

Sommers, Brian J. 2008. *The Geography of Wine: How Landscapes, Cultures, Terroir and the Weather Make a Good Drop*. New York: Plume.

Swinchatt, Jonathan, and David G. Howell. 2004. *The Winemaker's Dance: Exploring Terroir in the Napa Valley*. Berkeley: University of California Press.

White, Robert E. 2003. *Soils for Fine Wines*. Oxford: Oxford University Press.

Wilson, James E. 1998. *Terroir: The Role of Geology, Climate, and Culture in the Making of French Wines*. Berkeley: University of California Press.

9. 와인과 오감

와인이 어떻게 우리의 감각을 자극하는지에 대한 전반적인 참고문헌은 맥거번의 『과거의 개봉(Uncorking the Past)』(McGovern, 2009), 셰퍼드의 『신경미식학(Neurogastronomy)』(Shepherd, 2012)에서 찾아볼 수 있다. 제9장의 기본적인 참고 자료로는 피콜리노와 웨이드의 『갈릴레오 갈릴레이의 감각에 대한 비전(Galileo Galilei's Vision of the Senses)』(Piccolino and Wade, 2008); 리거벨레어의 『개봉된 코르크(Uncorked)』(Liger-Belair, 2013); 매코이의 『와인의 황(Emperor of Wine)』(MaCoy, 2005), 루카츠의 『와인의 발명(Inventing Wine)』 (Lukacs, 2012) 등이 있다. 요코야마의 「분자 진화(Molecular Evolution)」 (Yokohama, 2002)는 척추동물의 색각에 대한 훌륭한 리뷰를 제공하며, 투린 등의 『구조-냄새 관계(Structure-odor Relations)』(Turin, 2003)는 냄새를 지각하게 되는 과정을 자세히 설명하고, 너지 등은 인간의 사색성에 대해 연구했다(Nagy et al., 1981). 와인의 감각적 평가에 관한 페이노의 고전적인 연구인 『와인의 맛(The Taste of Wine)』(Peynaud, 1997)은 찾을 수만 있다면 충분히 읽어볼 가치가 있다. 샴페인 기포와 잔의 모양 사이의 관계에 대해서는 『개봉된 코르크』 참고(Liger-Belair 2013). 발음하기 어려운 와이너리 이름이 주는 영향에 대해서는 만토나키스와 갈리피의

「유창하게 들리는 와이너리 명칭이 맛 인식에 영향을 미치는가?(Does How Fluent a Winery Name Sounds Affect Taste Perception?)」 참조(Mantonakis and Galiffi, 2011). 로버트 파커 현상에 대한 활발한 토론은 루카츠 『와인의 발명(Inventing Wine)』에 등장한다(Lukacs, 2012). 신경경제학에 대한 일반적인 참고 자료로 글림처의 『신경경제학 분석의 기초(Foundations of Neuroeconomic Analysis)』(Glimcher, 2011)가 있다. 이 장에서 논의된 신경경제학 연구에 대한 참고 문헌은 플래스만 등의 「마케팅 활동(Marketing Actions)」(Plassmann, 2008); 만토나키스 등의 「잘못된 믿음이 현재 소비를 형성(False Beliefs Can Shape Current Consumption)」 (Mantonakis 2013); 드멜로와 곤살베스의 「병에 담긴 메시지(Message on a Bottle)」(De Mello and Goncalves, 2009); 만토나키스 등의 「유창하게 들리는 와이너리 명칭이 맛 인식에 영향을 미치는가?」 (Mantonakis and Galiffi, 2013); 알멘베리와 알멘베리의 「부록 2」(스웨덴-얄리 실험 및 인용)(Alemberg and Almenberg, 2008)에서 찾아볼 수 있다.

Almenberg, Johan, and Anna Dreber Almenberg. 2008. "Appendix 2: Experimental Conclusions." In *The Wine Trials: A Fearless Critic Book*, Robin Goldstein, with Alexis Herschkowitsch(ed.). Austin, Tex.: Fearless Critic Media.

De Mello, L., and R. Pires Goncalves. 2009. "Message on a Bottle: Colours and Shapes in Wine Labels." *Munich Personal RePEc Archive*, Paper No.13122.

Glimcher, Paul W. 2011. *Foundations of Neuroeconomic Analysis*. Oxford: Oxford University Press.

Liger-Belair, Gérard. 2013. *Uncorked: The Science of Champagne*. Rev. ed. Princeton: Princeton University Press.

Lukacs, Paul. 2012. *Inventing Wine: A New History of One of the World's Most Ancient Pleasures*. New York: Norton.

Mantonakis, A., and B. Galiffi. 2011. "Does How Fluent a Winery Name Sounds Affect Taste Perception?" *Sixth AWBR International Conference Abstracts*, pp.1~7.

Mantonakis, A., A. Wudarzewski, D. M. Bernstein, S. L. Clifasefi, and E. F. Loftus. 2013. "False Beliefs Can Shape Current Consumption." *Psychology*, 4, No.3, p.302.

McCoy, Elin. 2005. *The Emperor of Wine: The Rise of Robert M. Parker, Jr., and the Reign of American Taste*. New York: Ecco.

McGovern, Patrick E. 2009. *Uncorking the Past: The Quest for Wine, Beer, and Other Alcoholic Beverages*. Berkeley: University of California Press.

Nagy, A. L., D. I .A. MacLeod, N. E Heyneman, and A. Eisner. 1981. "Four Cone Pigments in Women Heterozygous for Color Deficiency." *Journal of the Optical Society of America*, 71, pp.719~722.

Peynaud, Emile. 1997. *The Taste of Wine: The Art and Science of Wine Appreciation*. San Francisco: Wine Appreciation Guild.

Piccolino, M., and N. J. Wade. 2008. "Galileo Galilei's Vision of the Senses." *Trends in*

Neuroscience, 31, No.11, pp.585~590.

Plassmann, H., J. O'Doherty, B. Shiv, and A. Rangel. 2008. "Marketing Actions Can Modulate Neural Representations of Experienced Pleasantness." *Proceedings of the National Academy of Sciences of the United States of America*, 105, No.3, pp. 1050~1054.

Shepherd, Gordon M. 2012. *Neurogastronomy: How the Brain Creates Flavor and Why It Matters*. New York: Columbia University Press.

Turin, Luca, and Fumiko Yoshii. 2003. "Structure-odor Relations: A Modern Perspective." In *Handbook of Olfaction and Gustation*. pp.275~294. Hoboken, N.J.: Wiley-Blackwell.

Yokoyama, S. 2002. "Molecular Evolution of Color Vision in Vertebrates." *Gene*, 300, No.1, pp.69~68.

10. **자발적 광기**: 와인의 심리학적 효과

젠 커크먼의 공연은 '재미 아니면 죽음' 웹사이트(http://www.funnyordie.com/videos/d47e6a33a5/drunk-history-vol-5-w-will-ferrell-don-cheadle-zooey-deschanel)에서 확인할 수 있으며, 만일 과음 후 방이 빙빙 돌아가고 조언이 필요한 경우 다음 아카이브 웹사이트(http://arstechnica.com/civis/viewtopic.php?f=23&t=306174)가 도움이 될 수 있다. 알코올이 간에 주는 영향에 대한 생물학은 엡스타인의 「알코올의 영향(Alcohol's Impact)」(Ebstein, 1997)에 자세히 설명되어 있다. 알코올 처리와 인간의 알코올 중독의 유전학은 류와 세더바움의 「CYP2E1과 산화성 간 손상(CYP2E1 and Oxidative Liver Injury)」(Lu and Cederbaum, 2008); 오타 등의 「ALDH2 유전자좌의 진화와 인구 유전학(Evolution and Population Genetics of the ALDH2 Locus)」(Oota et al., 2004); 멀리건 등의 「대립 유전자 변이(Allelic Variation)」(Mulligan et al., 2003); 비에루트 등의 「알코올 의존의 게놈 전체 연관성 연구(Genome-wide Association Study of Alcohol Dependence)」(Bierut, 2010)에서 논의되었다. 또한 신경생물학에 관한 프랜시스 크릭의 훌륭한 논문인 『놀라운 가설(Astonishing Hypothesis)』도 참조(Crick, 1995).

Bierut, L. J., A. Agrawal, K. K. Bucholz, K. F. Doheny et al. 2010. "A Genome-wide Association Study of Alcohol Dependence." *Proceedings of the National Academy of Sciences of the United States Of America*, 107, No.11, pp.5082~5087.

Crick, Francis. 1995. *Astonishing Hypothesis: The Scientific Search for the Soul*. New York: Scribner's.

Epstein, M. 1997. "Alcohol's Impact on Kidney Function." *Alcohol Health Research World*, 21, pp.84~92.

Hinrichs, A. L., J. C. Wang, B. Bufe, J. M. Kwon et al. 2006. "Functional Variant in a Bitter-taste Receptor (hTAS2R16) Influences Risk of Alcohol Dependence."

American Journal of Human Genetics, 78, No.1, pp.103~111.
Lu, Y., and A. I. Cederbaum. 2008. "CYP2E1 and Oxidative Liver Injury by Alcohol." *Free Radicals in Biology and Medicine*, 44, No.5, pp.723~738.
Mulligan, C., R. W. Robin, M. V. Osier, N Sambuughin et al. 2003. "Allelic Variation at Alcohol Metabolism Genes (ADH1B, ADH1C, ALDH2) and Alcohol Dependence in an American Indian Population." *Human Genetics*, 113, No.4, pp.325~336.
Oota, H., A. J. Pakstis, B. Bonne-Tamir, D. Goldman et al. 2004. "The Evolution and Population Genetics of the ALDH2 Locus: Random Genetic Drift, Selection, and Low Levels of Recombination." *Annals of Human Genetics*, 68, No.2, pp.93~109.

11. 와인과 기술

와인 양조 기술에 관한 한 방대한 양의 문헌이 존재한다. 비록 상당 부분은 지적 재산권에 해당하지만 그렇다. 탁월한 기술적 문헌으로는 윈클러 등의 『일반 포도 재배(General Viticulture)』(Winkler, 1974); 재키슈의 『현대 포도주 양조(Modern Winemaking)』(Jackisch, 1985); 마거릿의 『와이너리 기술과 운영(Winery Technology)』(Margalit, 1996); 그리고 쉽게 읽을 수 있는 문헌으로서 콕스의 『포도나무에서 와인까지(From Vines to Wines)』가 있다(Cox, 2015). 스펜서와 페이노의 『와인의 이해와 제조(Knowing and Making Wine)』(Spencer and Peynaud, 1984)는 페이노의 역작으로 여전히 필독서로 남아 있으며, 미국판 고전은 아메린의 『와인 제조 기술(Technology of Wine Making)』(Amerine, 1980)이다. 현재의 와인 기술이 많이 참고하는 귀중한 문헌으로 버드의 『와인 기술 이해(Understanding Wine Technology)』(Bird, 2011)가 있으며, 쉽게 접근하기 훌륭한 개론서인 구드의 『와인 과학(Science of Wine)』(Goode, 2014)이 있다. 벤저민 월리스의 와인 사기에 대한 흥밋거리 고전인 『억만장자의 식초(The Billionaire's Vinegar)』 (Wallace, 2008)는 와인을 귀중한 수집품으로 현혹하는 일종의 속임수에 대한 재미있는 설명이며, ≪와인 스펙테이터(Wine Spectator)≫의 매회를 모두 정독하면 더 많은 사례를 찾을 수 있다.

Amerine, Maynard A. 1980. *The Technology of Wine Making* (4th ed.). Westport, Conn.: Avi.
Bird, David. 2011. *Understanding Wine Technology: The Science of Wine Explained* (3rd ed.). San Francisco: Wine Appreciation Guild.
Cox, Jeff. 2015. *From Vines to Wines: The Complete Guide to Growing Grapes and Making Your Own Wine* (5th ed.). North Adams, Mass.: Storey.
Goode, Jamie. 2014. *The Science of Wine: From Vine to Glass* (2nd ed.). Berkeley: University of California Press.
Jackisch, Philip. 1985. *Modern Winemaking*. Ithaca: Cornell University Press.
Margalit, Yair. 1996. *Winery Technology and Operations: A Handbook for Small Wineries*. San Francisco: Wine Appreciation Guild.
Spencer, Alan F., and Emile Peynaud. 1984. *Knowing and Making Wine*. New York:

Houghton Mifflin Harcourt.

Wallace, Benjamin. 2008. *The Billionaire's Vinegar: The Mystery of the World's Most Expensive Bottle of Wine*. New York: Crown.

Winkler, A. J., James A. Cook, W. M. Kliewer, and Lloyd A. Lider. 1974. *General Viticulture* (Rev. ed.). Berkeley: University of California Press.

12. 프랑켄 포도나무와 기후변화

포도 유전체의 기본 구성은 잘리온 등의 『포도나무 게놈 염기서열』(Jaillon et al., 2007)에서 밝혀졌으며, GMO 포도에 대한 개요는 로슬과 뷔히홀츠의 「최근 동향(Recent Trends)」(Reustle and Büchholz, 2009) 참조. 멀와 등의 「아그로박테리아 매개 형질전환(Agrobacterium-mediated Transformation)」(Mulwa, 2007)은 유전자 변형된 챈슬러 포도의 사례에 대해 설명한다. GMO 유기체에 대한 유럽의 태도는 파르도 등의 「생명공학에 대한 태도(Attitudes Toward Biotechnology)」(Pardo, 2002)에서 토론되었다. 와인과 기후변화에 관한 문헌은 날로 증가하고 있다. 그레고리 존스는 「미국 서부의 기후변화(Climate Change in the Western United States)」(Jones, 2005)에서 미국을 중심으로 그리고 동료들과 같이 「기후변화와 글로벌 와인 품질(Climate Change and Global Wine Quality)」(Jones, 2005)에서 기후변화가 전 세계에 미치는 잠재적 영향에 대해 광범위한 내용을 발표하였으며, 웹 등의 「모델링된 영향(Modelled Impact)」(Webb 2007)에서는 호주에 대한 경종을 울렸다. 헤이호 등은 「배출 경로(Emissions Pathways)」(Hayhoe, 2004)에서 캘리포니아에 대한 영향도 심각하다고 예상했고, 화이트 등은 「극심한 열(Extreme Heat)」(White, 2006)에서 향후 세기 동안 미국 전역의 프리미엄 와인 생산에 대해 상당히 끔찍한 예측을 내놓았다. 한나 등은 「기후변화(Climate Change)」(Hannah, 2013)에서 기후 온난화에 직면하여 포도 재배 관행을 수정할 필요성을 경고했다. 구드는 「가뭄의 기미가 있을 때의 열매 맺음(Fruity with a Hint of Drought)」(Goode, 2012)는 기후변화 상황의 복잡성을 가능한 방식으로 접근했다.

Goode, J. 2012. "Fruity with a Hint of Drought." *Nature*, 492, pp.351~353.

Hannah, L., P. R. Roehrdanz, M. Ikegami, A. V. Shepard et al. 2013. "Climate Change, Wine, and Conservation." *Proceedings of the National Academy of Sciences of the United States of America*, 110, No.17, pp.6907~6912.

Hayhoe, K., D. Cayan, C. B. Field, P. C. Frumhoff et al. 2004. "Emissions Pathways, Climate Change, and Impacts on California." *Proceedings of the National Academy of Sciences of the United States of America*, 101, pp.12422~12427.

Huetz de Lamps, Alain. 1990. *Les Vins de l'impossible*. Grenoble: Glénat.

Jaillon, O., J.-M. Aury, B. Noel, A. Policriti et al. 2007. 포도나무 게놈 특성화를 위한 프랑스-이탈리아 공공 컨소시엄 "The Grapevine Genome Sequence Suggests Ancestral Hexaploidization in Major Angiosperm Phyla." *Nature*, 449, No.7161, pp.463~467.

Jones, G. V. 2005. "Climate Change in the Western United States Grape Growing Regions." *Acta Horticultura*, 689, pp.41~49.

Jones, G. V., M. A. White, O. R. Cooper, and K. Storchmann. 2005. "Climate Change and Global Wine Quality." *Climatic Change*, 73, pp.319~343.

Mulwa, R. M. S., M. A. Norton, S. K. Farrand, and R. M. Skirvin. 2007. "Agrobacterium-mediated Transformation and Regeneration of Transgenic Chancellor's Wine Grape Plants Expressing the tfdA Gene." *Vitis-Geilweilerhof*, 46, No.3, p.110.

Pardo, R., C. Midden, and J. D. Miller. 2002. "Attitudes Toward Biotechnology in the European Union." *Journal of Biotechnology*, 98, No.1, pp.9~14.

Reustle, G. M., and G. Büchholz. 2009. "Recent Trends in Grapevine Genetic Engineering." In *Grapevine Molecular Physiology and Biotechnology*. Kalliopi A. Roubelakis-Angelakis(ed.). pp.495~408. Amsterdam: Springer Netherlands.

Silver, Lee M. 1998. *Remaking Eden*. New York: Avon.

Webb, L. B., P. H. Whetton, and E. W. R. Barlow. 2007. "Modelled Impact of Future Climate Change on the Phenology of Winegrapes in Australia." *Australian Journal of Grape and Wine Research*, 13, pp.165~175.

White, M. A., N. S. Diffenbaugh, G. V. Jones, J. S. Pal, and F. Giorgi. 2006. "Extreme Heat Reduces and Shifts Unites States Premium Wine Production in the 21st Century." *Proceedings of the National Academy of Sciences of the United States of America*, 103, pp.11217~11222.

찾아보기

옮긴이의 말

저자가 서문에도 언급한 것처럼 와인은 즐기는 것이지 공부해야 할 무엇은 아니다. 그런데도 이 책은 와인에 대한 깊이 있는 내용을 거의 망라하고 있다. 저자가 최고의 자연사 박물관의 큐레이터이고, 예일 대학교 출판부에서 출간한 책이라 스토리텔링 위주의 와인 서적과는 다를 수밖에 없었을 것이다. 와인의 기원부터 기후변화로 인한 포도밭의 미래에 대해 작가들의 해박한 지식과 혜안이 돋보이는 역작이며, 다른 와인 서적에서 찾아볼 수 없는 다소 어렵게 느껴질 만한 주제도 다루고 있다. 전문 학술 논문보다는 알기 쉽게, 그러나 대중을 위한 와인 서적보다는 다소 깊이 있는 내용을 많이 담고 있다.

그렇다고 이 책을 읽거나 와인에 대한 깊은 지식이 있어야 와인을 제대로 즐길 수 있다는 말은 아니다. 오히려 알면 알수록 술맛이 떨어지는 경우도 많다. 감추고 싶은 이면도 보이기 때문이다. 저자들은 현대사회에서 와인이 다양성은 사라지고 획일적이며 산업 중심적으로 변하는 것을 우려했고, 과거 유럽에서 생활의 일부였던 와인이 문화라는 이름으로 거창하게 포장되는 현실에도 다소 냉소적인 것 같다. 그러나 우리에게 와인은 물 건너온 새로운 문물이며 재미있는 즐길 거리다. 그래서 많은 와인 서적이 광고지라면, 이 책은 와인과 함께 들어온 정확하고 자세한 설명서인 셈이다.

그래서 번역하면서 막히거나 지치면 핑계 삼아 와인을 마셨고, 수집하는 코르크의 개수는 늘어났다. 저자들의 대화 속으로 빠져들었다가 헤어 나오길 거듭하는 동안 코로나 팬데믹이라는 터널의 끝이 보이기 시작했다.

2024년 1월

허원

지은이

●

이언 태터솔(Ian Tattersall)

영국 태생의 미국 고인류학자로서 미국자연사박물관의 명예 큐레이터이다. 마다가스카르, 예멘, 수리남, 베트남 등 다양한 지역에서 영장류학 및 고생물학 관련 현장 작업을 해왔으며, 1998년 *Becoming Human*으로 미국인류학협회의 '윌리엄 화이트 하우얼스상'을 수상했다. 저서로는 *Masters of the Planet*(2013), *A Natural history of Beer*(2019), *Understanding Human Evolution*(2022), *Distilled: A Natural History of Spirits*(2022) 외 다수가 있다. 국내에는 『거울 속의 원숭이(The Monkey in the Mirror)』(2006), 『인간되기』(2010), 『맥주의 역사』(공저, 2022)가 번역·출간되었다.

롭 디샐(Rob DeSalle)

분자생물학자로서 미국자연사박물관의 큐레이터이며 리처드 길더 대학원 교수이다. 분자계통분류학, 미생물의 진화, 유전체학 분야의 전문가이다. 저서로는 *The Brain: Big Bangs, Behaviors, and Beliefs*(2012), *A Natural History of Wine*(2015), *Distilled: A Natural History of Spirits*(2022) 외 다수가 있다. 국내에는 『미생물군 유전체는 내 몸을 어떻게 바꾸는가(Welcome to the Microbiome)』(공저, 2018), 『맥주의 역사』(공저, 2022)가 번역·출간되었다.

옮긴이

●

허원

현재 강원대학교 공과대학 생물공학과 교수로 재직하고 있다. 저서로 바이오산업을 분석한 『바이오벤처리포트』·『바이오 대박넝쿨』과, 오랫동안 강의해 온 양조학 관련 내용을 정리한 『지적이고 과학적인 음주탐구생활』이 있다.

와인의 역사

지은이 | 이언 태터솔·롭 디샐
옮긴이 | 허원
펴낸이 | 김종수
펴낸곳 | 한울엠플러스(주)
편집책임 | 최진희

초판 1쇄 인쇄 | 2024년 1월 31일
초판 1쇄 발행 | 2024년 2월 15일

주소 | 10881 경기도 파주시 광인사길 153 한울시소빌딩 3층
전화 | 031-955-0655
팩스 | 031-955-0656
홈페이지 | www.hanulmplus.kr
등록 | 제406-2015-000143호

Printed in Korea.
ISBN 978-89-460-8236-6 03570

* 책값은 겉표지에 표시되어 있습니다.

맥주의 역사

분자생물학자와 인류학자가
들려주는 흥미로운 맥주 이야기!

이집트인과 북유럽의 고대 게르만족은 맥주를 생활의 일부분으로 즐긴 반면, 로마를 비롯한 남부 유럽 지역에서는 와인을 선호하면서 맥주를 업신여기는 경향이 있었다. 한편 중세 시대에는 아이러니하게도 수도원을 중심으로 맥주 제조가 활발했는데, 이 책은 그 이유에 대해 중세 기독교 시대에는 십일조로 곡물이 넘쳐났고 이 곡물들을 보존하기 위해 수도원을 중심으로 양조 전통이 생겼기 때문이라고 설명한다. 양조는 수도원의 매우 유용한 수입원이었으므로 13세기 중반까지는 수도원이 양조업을 독점했으나, 중세 후기에 중세 도시들이 확장되고 세력이 막강해진 상공업자들에게도 맥주 양조가 허용되면서 수도원의 독점이 막을 내렸다.

맥주 양조 공정상 가장 많은 성분이자 모든 맥주 맛에 크게 영향을 미치는 물, 서양식 맥주 양조의 핵심 곡물인 보리, 맥주에서 셋째로 중요한 성분이자 단세포 진핵 생물인 효모, 9세기에 등장해 맥주 역사를 뒤흔든 홉에 대해 살펴봄으로써 맥주에 대해 더욱 과학적으로 설명한다. 이 밖에도 맥주를 먹으면 살이 찌는 이유, 맥주가 뇌에 미치는 영향, 우리의 5대 감각이 맥주를 즐기는 데 관여하는 과정 등도 상세히 분석한다.

지은이
롭 디샐
이언 태터솔

옮긴이
김종구
조영환

2022년 11월 4일 발행
신국판
360면